世纪英才中职示范校建设课改系列规划教材(电工电子类)

新编电子实训基本功

王国玉　冯　睿　主　编

易法刚　李文华　副主编

李占平　主　审

人民邮电出版社

北　京

图书在版编目（CIP）数据

新编电子实训基本功 / 王国玉，冯睿主编. -- 北京
: 人民邮电出版社，2011.12（2015.1重印）
世纪英才中职示范校建设课改系列规划教材. 电工电
子类
ISBN 978-7-115-26474-9

Ⅰ. ①新… Ⅱ. ①王… ②冯… Ⅲ. ①电子技术－中
等专业学校－教材 Ⅳ. ①TN

中国版本图书馆CIP数据核字(2011)第193977号

内 容 提 要

本书主要内容包括电子元器件的识别、电子元器件的测量、焊接和拆焊技术、电路图的识读、电子整机的装配、电子整机的测量与调试以及电子整机检修技术等基本技能和基本知识。本书第一篇是以收音机电路为载体，其原因是这种载体在全国都很容易购买，同时基本涵盖模拟电路的知识点，通过对其元器件的识别、仪表的使用、装配、调试与维修过程的讲解，深入浅出地介绍了电子技术中需要掌握的几种最基本的技能。第二篇是为了使读者对数字电路和模拟电路中常用的稳压电源有一个基本认识而增设。书中内容通俗易懂，符合初学者的认知规律。所以说本书是电子技术的启蒙教材，特别适合当前中职教育的需求。

本书适合作为中等职业技术学校以及技工学校电工电子类相关专业的基础课教材和培训教材使用，也特别适合作为从事电子生产和维修工作人员的培训和自学用书。

世纪英才中职示范校建设课改系列规划教材（电工电子类）

新编电子实训基本功

◆ 主　　编　王国玉　冯　睿
　副 主 编　易法刚　李文华
　主　　审　李占平
　责任编辑　丁金炎
　执行编辑　洪　婕

◆ 人民邮电出版社出版发行　北京市丰台区成寿寺路 11 号
　邮编　100164　　电子邮件　315@ptpress.com.cn
　网址　http://www.ptpress.com.cn
　北京艺辉印刷有限公司印刷

◆ 开本：787×1092　1/16
　印张：13.25　　2011年12月第1版
　字数：328千字　　2015年1月北京第3次印刷

ISBN 978-7-115-26474-9

定价：26.00 元

读者服务热线：(010)81055256　印装质量热线：(010)81055316

反盗版热线：(010)81055315

广告经营许可证：京崇工商广字第 0021 号

前言

Forword

电子基本功在电子技能中的重要作用不言而喻。在传统教学模式中，电子技能的基本功常常被分散在不同的教材和知识模块中，有关电子技能的训练也常常被当作局部实验来做，此举缺乏一定的系统性和可操作性，给教学带来了不便。在新的客观条件下，根据社会对该岗位群的要求和实际教学的需要，我们以全新的视角和手法编撰了这本《新编电子实训基本功》，弥补了传统教材的不足，体现了"以学生为本位，以职业技能为本位"的理念。

本书在理论体系、教材内容及其阐述方法等方面都做出了一些大胆的尝试，以强调基本功为基调，以"项目情景创设"、"项目教学目标"、"项目任务分析"、"项目基本技能"、"项目基本知识"和"项目学习评价"6 个要素为重点。通过基本技能的训练，培养学生建立学习电子技术的兴趣；强调学习理论知识以指导实践，充分体现理论和实践的结合；强调学生做中学、教师做中教、教学合一，理论实践一体化，使学生能够"无障碍读书"和"学以致用"；把学习电子技术的兴趣转化为学习新技术的动力，使学生树立起学习电子制作的信心；学习并掌握电子元器件的检测、常用仪器、仪表的使用方法及 PCB 制作和整机的装配调试等制作工艺，同时，在教与学、学与教的过程中潜移默化地培养学生的爱岗敬业精神、沟通合作能力和质量意识、安全意识及环保意识。本书作为"世纪英才中职示范校建设课改系列规划教材"的系列教材之一，注重理论知识的讲解，它与本系列教材中的《模拟电子技术(第 2 版)》共同构建了模拟电子技术课程的理论和实践教学体系。

本书由河南信息工程学校高级工程师、河南省学术技术带头人(中职)王国玉和新乡市第一职业中专高级讲师冯睿任主编，并完成全书统稿工作；其中，冯睿编写项目 1、项目 2 的基础知识和项目 8、项目 9 及项目 12。武汉市东西湖职业技术学校易法刚和新乡第一职业中专李文华担任副主编。参加编写工作的老师有李世英、卢山、侯爱民、黄瑞冰、罗正海、吴德刚、聂春芬、刘起义。全书由河南机电职业学院李占平主审。

另附教学建议课时表，任课教师可根据具体的情况做适当调整。

模块数	项目和名称	实操课时	理论课时	总课时
第一篇 电子技能 基本功	第一篇课时	33	17	50
	项目 1　电子元器件的识别	4	2	6
	项目 2　电子元器件的测量	4	2	6
	项目 3　焊接和拆焊技术	5	2	7
	项目 4　电路图的识读	4	2	6
	项目 5　电子整机的装配	4	2	6
	项目 6　电子整机的测量与调试	6	3	9
	项目 7　电子整机检修技术	6	4	10
第二篇 电子技能基 本功综合实训	第二篇课时	23	12	35
	项目 8　印制板的手工制作	4	2	6
	项目 9　直流稳压电源的制作	4	2	6

续表

模块数	项目和名称	实操课时	理论课时	总课时
第二篇 电子技能基本功综合实训	项目10　功放电路的制作	4	3	7
	项目11　声、光控延时开关电路的制作	5	2	7
	项目12　数字钟的制作	6	3	9
合计总课时		56	29	85

由于编者水平有限,书中难免存在错误和不妥之处,恳请读者批评指正。

编　者

目录

Contents

第一篇　电子技能基本功

电子技能基本功的优劣是电子电器专业基础理论知识和基本操作能力的综合体现。系统地学习电子技能基本功，可以为专业技能学习打下良好的基础。为了能够更好地、直观地理解和掌握这些知识和技能，本书将结合七管超外差式收音机（以后均称实验机型，读者也可选用其他机型参照本书学习）元器件的识别、测量、整机组装、调试和故障排除过程来阐述电子技能基本功。

在学习本课程时，需要准备一些常用的材料、工具以及仪器仪表，具体的工具器材项目及规格如下表所示。

	项　目	规　格
个人工具和器材	收音机（散件）	实验机型
	电烙铁	20W、35W
	焊锡丝	
	镊子	
	螺丝刀	
集体工具和器材	斜口钳	
	松香	
	吸锡器	
	收音机（成品）	实验机型
	烙铁架	
	配电盘	
	刮刀	
	吸锡绳	
	空心针管	
	钳子	
	尖嘴钳	
	无感螺丝刀	

续表

	项　目	规　格
集体工具	指针式万用表	MF47 型
	数字万用表	DT9205
	双踪示波器	XJ4328
	低频信号源	
	高频信号源	J2463
	直流稳压电源	DF1712B
	毫伏表	DF2174B
	稳压电源	DF1712A
	示波器	XJ432 型（20M）

项目 1　电子元器件的识别

项目情景创设

随着电子技术的发展，可以说电子技术的应用已无处不在。电阻器、电容器、半导体二极管（简称二极管）和半导体三极管（简称三极管）都是常用的电子元器件，掌握这些元器件的识读方法、了解它们的基础知识是学好电子实训基本功的基础。常用电子元器件如图 1-1 所示。

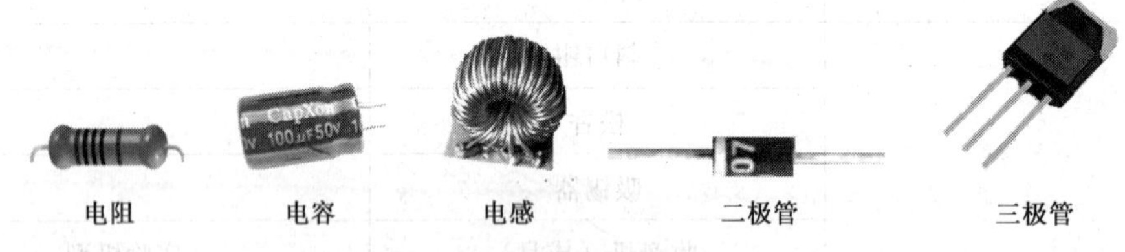

图 1-1　常用电子元器件

项目教学目标

项目教学目标		学时	教学方式
技能目标	① 了解电阻器的识读方法 ② 了解电容器的识读方法 ③ 变压器的认识 ④ 半导体二极管、三极管的识读方法	4 课时	教师演示，学生识读元件 重点：掌握电阻器、电容器变压器、半导体管的识读方法 教师指导、答疑

续表

项目教学目标		学时	教学方式
知识目标	① 了解电阻器、电容器、变压器的作用 ② 掌握二极管、三极管的结构和应用 ③ 熟悉各种元器件的分类和命名 ④ 初步了解贴片元器件的知识	2 课时	教师讲授、自主探究
情感目标	激发学生对本门课的兴趣，培养信息素养、团队意识	课余时间	网络查询、小组讨论、相互协作

项目任务分析

本项目要求学生通过学习电子元器件的识别，掌握下列基本技能和基本知识。

（1）电阻器的识别和基本知识。

（2）电容器的识别和基本知识。

（3）变压器的识别和基本知识。

（4）半导体管的识别和基本知识。

（5）收音机套件里其他元件的识别。

项目基本功

1.1　项目基本技能

任务1　电阻器的识别

1. 认识电阻器

表1-1所示的是实验机型收音机中所有的电阻类元件。读者可先从所要组装套件中根据元件的序号和色环颜色逐一进行区别，再结合本节内容来认识。

表1-1　　实验机型收音机电阻类元器件列表

序号	图　例	功率	色　环	序号	图　例	功率	色　环
R_1	3kΩ±1%	1/8W	橙黑黑棕棕	R_4	6.8kΩ±1%	1/8W	蓝灰黑棕棕
R_2	1.8kΩ±1%	1/8W	棕灰黑棕棕	R_5	100Ω±1%	1/8W	棕黑黑黑棕
R_3	510Ω±1%	1/8W	绿棕黑黑棕	R_6	1kΩ±1%	1/8W	棕黑黑棕棕

续表

序号	图例	功率	色环	序号	图例	功率	色环
R_7	5.1kΩ±1%	1/8W	绿棕黑棕棕	R_{13}	100Ω±1%	1/8W	棕黑黑黑棕
R_8	430Ω±1%	1/8W	黄橙黑黑棕	R_{14}	150Ω±1%	1/8W	棕绿黑黑棕
R_9	910Ω±1%	1/8W	白棕黑黑棕	R_{15}	100kΩ±1%	1/8W	棕黑黑橙棕
R_{10}	30kΩ±1%	1/8W	橙黑黑红棕	R_{16}	82Ω±1%	1/8W	灰红黑金棕
R_{11}	1.8kΩ±1%	1/8W	棕灰黑棕棕	R_{17}	1.5kΩ±1%	1/8W	棕绿黑棕棕
R_{12}	100Ω±1%	1/8W	棕黑黑黑棕	RP	4.7kΩ		

2. 常见电阻器的种类

电阻器按结构形式可分为固定电阻器和可变（可调）电阻器、电位器几大类。固定电阻和可变电阻器用 R 表示，电位器用 RP 表示，其图形符号如图 1-2 所示。

（1）固定电阻器

固定电阻器的电阻值是固定不变的，阻值大小就是它的标称阻值，其种类有碳膜电阻、金属膜电阻、合成膜电阻和线绕电阻等。

（2）可变（可调）电阻器和电位器

可变电阻器的阻值可以在小于标称值的范围内变化；电位器有 3 个抽头，除有改变阻值功能外，还有分压功能。实验机型收音机中的音量电位器 RP 就是这种元件（参见表 1-1 中 RP 的外形图）。

3. 电阻的主要参数

电阻的主要参数有标称阻值、阻值误差和额定功率。

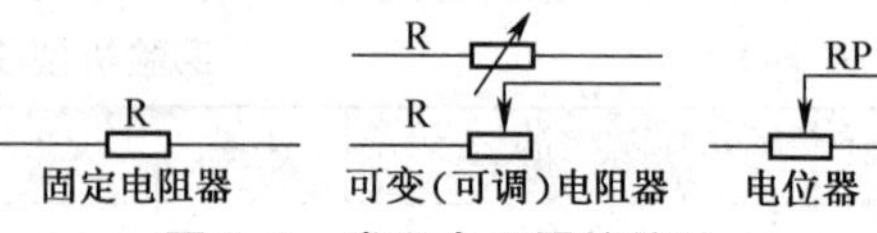

图 1-2　常见电阻器的符号

（1）标称阻值表示法

常见标称阻值的表示方法有直标法和色标法。

① 直标法：在电阻的表面直接用数字和单位符号标出电阻的标称阻值，其允许误差直接用百分数表示，如图 1-3 所示。直标法的优点是直观，但体积小的电阻不能采用这种标注法。

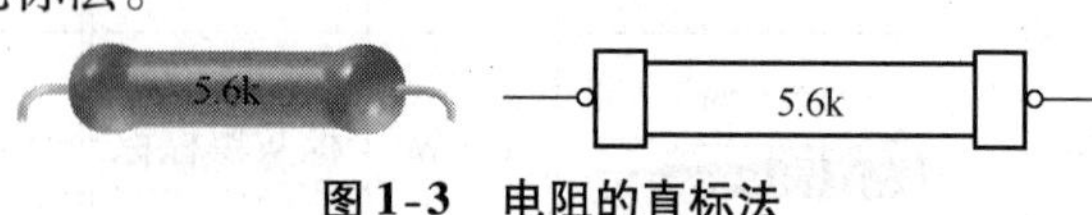

图 1-3　电阻的直标法

② 色标法：用不同色环标明阻值及误差。该种表示方法具有标志清晰并从各个角度都容易看清的优点。

普通电阻用 4 条色环表示电阻及误差，其中 3 条表示阻值，1 条表示误差，如图 1-4 所示。色环电阻颜色标记表示数值如表 1-2 所示。

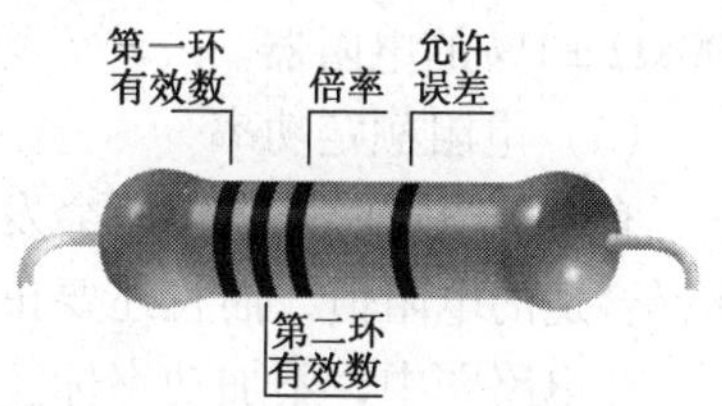

图 1-4　四色环电阻色环表示说明

四色环电阻的阻值 = 第一、第二色环数值组成的两位数 × 第三色环表示的倍率（10^n）

【例 1】　电阻器上的色环依次为红、黄、橙、金，如图 1-5 所示。

表 1-2　色环电阻颜色标记

颜色	黑	棕	红	橙	黄	绿	蓝	紫	灰	白	金	银	无色
有效数值	0	1	2	3	4	5	6	7	8	9			
倍率	10^0	10^1	10^2	10^3	10^4	10^5	10^6	10^7	10^8	10^9	10^{-1}	10^{-2}	
允许误差		±1%	±2%			±0.5%	±0.25%	±0.1%			±5%	±10%	±20%

查表 1-2 可知第一红环表示 2，第二黄环表示 4，第三橙环表示 3，第四金环表示 ±5% 的误差。

图 1-5　四色环电阻

利用上式可求得，2 与 4 组成 24 乘以 10^3 即为 24000，从而识别出该电阻为 24kΩ ±5% 的电阻器。

精密电阻用 5 条色环表示标称阻值和允许误差，如图 1-6 所示，其中 4 条表示阻值，1 条表示误差。

注意： 电阻标称值的单位是欧姆（Ω），实验机型收音机中的电阻全部采用五色环电阻。

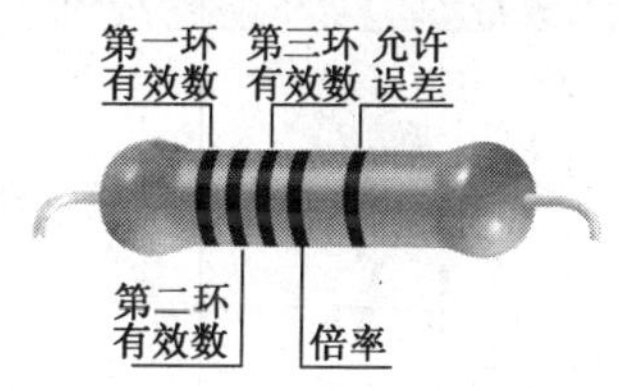

图 1-6　五色环电阻色环表示说明

五色环电阻的阻值 = 第一、第二、第三色环数值组成的三位数 × 第四环倍率（10^n）

（2）电阻阻值误差

电阻器的实际阻值并不完全与标称阻值相符，存在着误差。误差在色环电阻中也用色环表示，具体可依据表 1-2 判断。

【例 2】　实验机型收音机中电阻 R_{13} 的色环依次为棕、黑、黑、黑、棕，如图 1-7 所示。

查表 1-2 可知第一棕环表示 1，第二黑环表示 0，第三黑环表示 0，第四黑环表示 0，第五棕环表示 ±1% 的误差。

利用上式可求得，1、0、0 组成 100 乘以 10^0 即为 100，从而识别出该电阻为 100Ω ±1% 的电阻器。

【例 3】　实验机型收音机中电阻 R_{15} 的色环依次为棕、黑、黑、橙、棕，如图 1-8 所示。

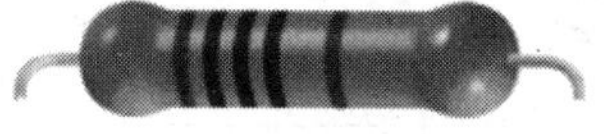

图 1-7　五色环电阻 R_{13}

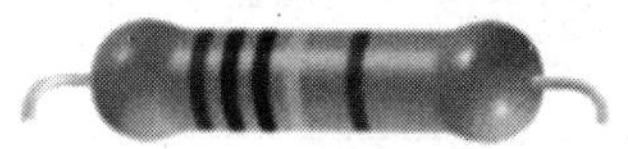

图 1-8　五色环电阻 R_{15}

查表 1-2 可知第一棕环表示 1，第二黑环表示 0，第三黑环表示 0，第四橙环表示 3，第五棕环表示 ±1% 的误差。

利用上式可求得，1、0、0 组成 100 乘以 10^3 即为 100000，从而识别出该电阻为

100kΩ ±1% 的电阻器。

（3）电阻额定功率

有电流流过时，电阻便会发热，而温度过高时电阻将会因功率不够而烧毁。所以不但要选择合适的电阻值，而且还要正确选择电阻额定功率。

在电路图中，不加功率标注的电阻通常为 1/8W，实验机型收音机的电阻全部为 1/8W。如果电路对电阻的功率值有特殊要求，就按图 1-9 所示的符号标注，或用文字说明。在实际应用中，不同功率电阻的体积是不同的，一般电阻的功率越大体积就越大，如图 1-10 所示。

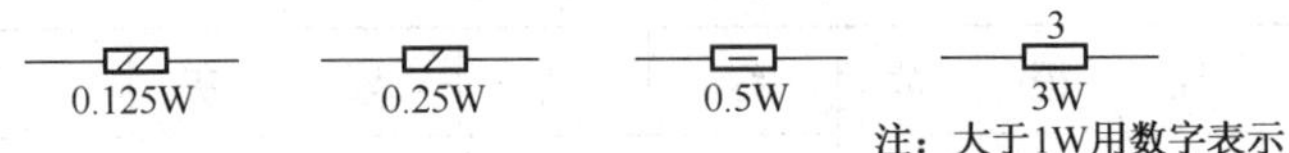

图 1-9　电阻功率标注

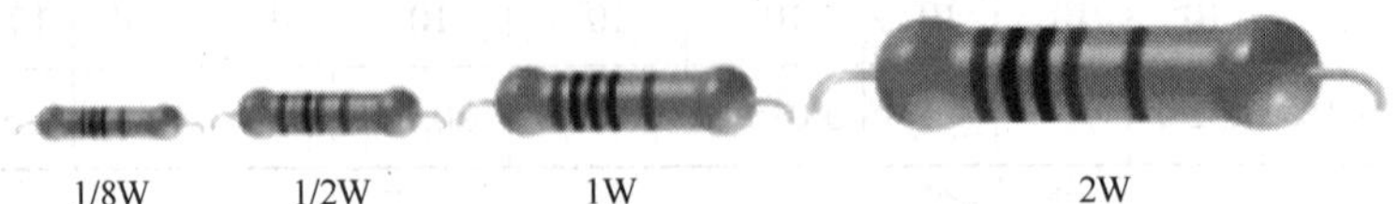

图 1-10　不同功率电阻的体积实物对比

任务 2　电容器的识别

表 1-3 所示的是实验机型收音机中所有的电容器。

表 1-3　实验机型收音机电容器列表

序号	图　例	类型	标称	序号	图　例	类型	标称
C_1		双联电容器		C_6		拉线电容器	
C_2		可调电容器		C_7		陶瓷电容器	200
C_3		陶瓷电容器	223	C_8		电解电容器	22μF
C_4		陶瓷电容器	6800	C_9		陶瓷电容器	200
C_5		陶瓷电容器	270	C_{10}		陶瓷电容器	200

续表

序号	图　例	类型	标称	序号	图　例	类型	标称
C_{11}		陶瓷电容器	01	C_{16}		陶瓷电容器	01
C_{12}		电解电容器	10μF	C_{17}		陶瓷电容器	01
C_{13}		电解电容器	100μF	C_{18}		电解电容器	100μF
C_{14}		陶瓷电容器	331	C_{19}		陶瓷电容器	01
C_{15}		电解电容器	47μF				

1. 电容器的符号

电容器用字母C表示。在电路图中，常见的不同种类的电容器符号如图1-11所示。

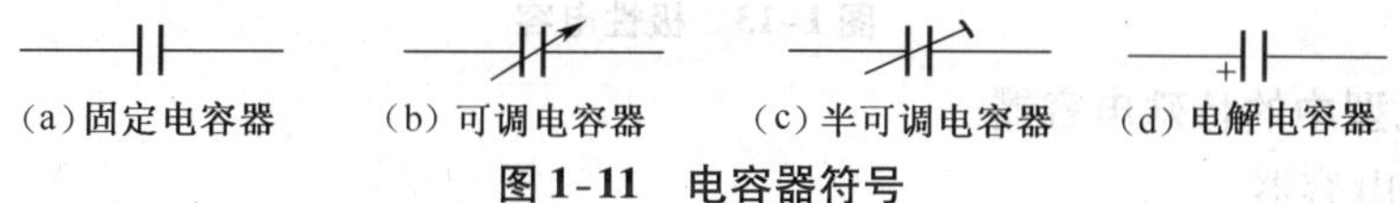

图1-11　电容器符号

2. 电容器的主要参数

(1) 标称容量

标在电容器外表上的电容容量数值是电容器的标称容量。电容容量的单位有法拉（F）、毫法（mF）、微法（μF）、纳法（nF）和皮法（pF）等。

它们之间的换算关系是：$1F = 10^3 mF = 10^6 \mu F = 10^9 nF = 10^{12} pF$。

(2) 额定耐压值

电容器的耐压值是表示电容器接入电路后，能连续可靠地工作，不被击穿时所能承受的最大直流电压。

3. 容量标注方法

(1) 直接标注法

直接标注法是在电容器表面直接标注容量值，通常将容量的整数部分写在容量单位的前面，容量的小数部分写在容量单位的后面。还有不标单位的情况，当用1~4位数字表示时，容量单位为皮法；当用零点零几或零点几表示时，单位为微法。

【例4】 如图1-12所示，实验机型收音机中C_{16}标称为.01，表示0.01μF；C_4标称为

6800，表示6800pF；C_5 标称为270，表示270pF。

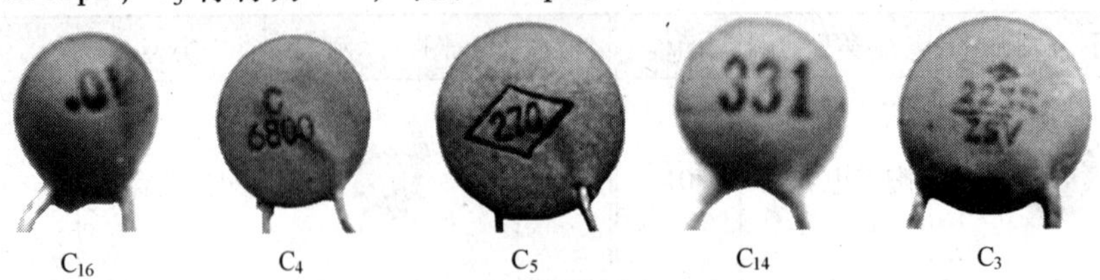

C_{16}　　C_4　　C_5　　C_{14}　　C_3

图1-12　电容器的直接标注法

（2）数码表示法

数码表示法一般用3位数表示电容器容量的大小。前面两位数字为容量的有效值，第三位表示有效数字后面零的个数，单位为皮法。

【例5】 如图1-12所示，实验机型收音机中 C_{14} 标称为331，表示330pF；C_3 标称为223，表示22000pF。

在这种表示方法中有一个特殊情况，就是当第三位数字用9表示时，表示有效值乘以 10^{-1}，例如，229表示 $22\times10^{-1}=2.2$pF。

4. 电容器的极性

有些电容有极性区分，使用时极性不能接反，否则电容不仅不能起到应有的作用，还会危害到电路的安全。常用的极性电容有铝电解电容和钽电容，它们标注极性的方法不同。电容的两个管脚当中，管脚长的为正极，管脚短的为负极。另一种判别方法为：铝电解电容在电容体上标有“－”，钽电容在电容体上标有“＋”，如图1-13所示。

铝电解电容　　钽电容

图1-13　极性电容

5. 实验机型中的特殊电容器

（1）双联电容器

双联电容器是用聚苯乙烯薄膜作介质的多平行板式电容器，如图1-14（a）所示。其内部由两组相互绝缘的金属铝片对应组成，外部用一个塑料小盒将定、动片密封起来。此类电容器有体积小、重量轻和防尘性能良好的特点。

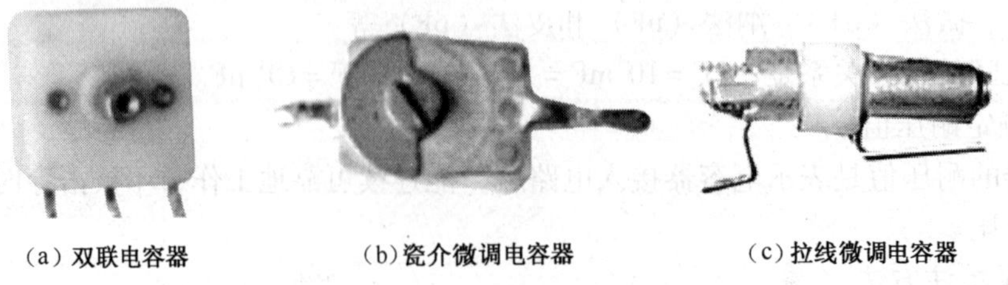

（a）双联电容器　　（b）瓷介微调电容器　　（c）拉线微调电容器

图1-14　特殊电容器的实物图

（2）瓷介微调电容器

瓷介微调电容器由两片镀有银面的瓷片构成，上面是动片，下面是定片，旋转动片可以改变电容器的容量，如图1-14（b）所示。接入电路时一般是动片接地，这样可以防止调节时的人体感应。此类电容器有耐磨、寿命长的优点，但也有易破裂的缺点。

（3）拉线微调电容器

拉线微调电容器以镀银瓷管基体为定片，外用细铜线密绕为动片，调节铜线的量就可以改变电容量，如图1-14（c）所示。它的优点是结构简单、体积较小，缺点是铜线拉开后不易复原。

任务3　变压器的认识

表1-4所示的是实验机型收音机中所有的变压器。

表1-4　实验机型收音机变压器列表

序号	符号	图例	名　称	应用场合
L_1	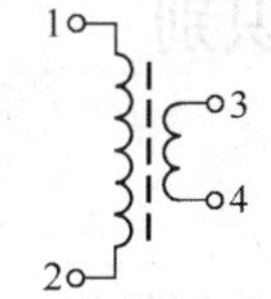		环形磁芯高频变压器	天线线圈
L_2	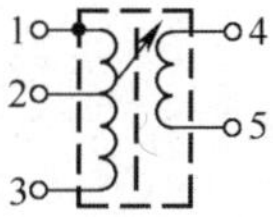	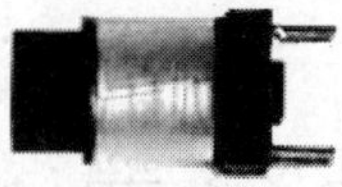	振荡线圈（黑磁芯）	本机振荡
T_1	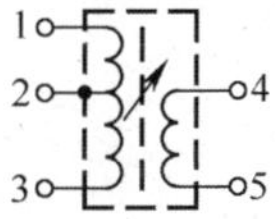		中频变压器（中周、白磁芯）	中放Ⅰ
T_2	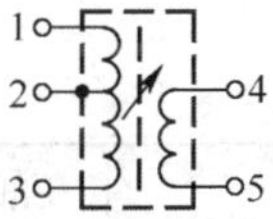		中频变压器（中周、红磁芯）	中放Ⅱ
T_3	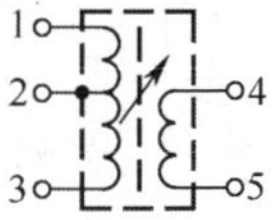		中频变压器（中周、绿磁芯）	中放Ⅲ
T_4	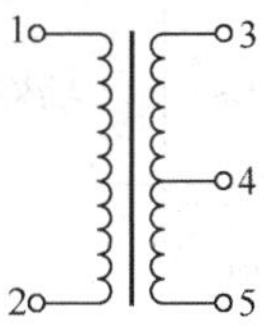		音频变压器（输入变压器）	低频功率放大
T_5	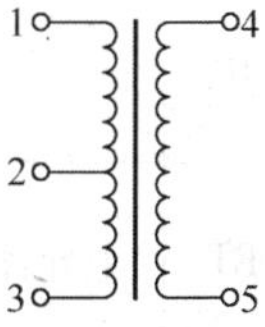		音频变压器（输出变压器）	低频功率放大

（1）变压器

音频变压器属于低频变压器，它用于变换电压和变换阻抗（变换阻抗主要是为了达到阻抗匹配），如表 1-4 中所示的实验机型收音机中的元件 T_4 和 T_5。

（2）中频变压器

一般收音机采用两级中放，有 3 个中频变压器，常称为中周。第一个中频变压器要求有较好的选择性，第二个中频变压器要求有适当的通频带和选择性，第三个中频变压器要求有足够的通频带和电压传输系数。由于对各中频变压器的要求不同，匝数比不一样，通常磁帽用不同的颜色标志，以示区别，所以不能互换使用。振荡线圈 L_2 的磁帽为黑色，中频变压器 T_1 中的磁帽为白色，中频变压器 T_2 中的磁帽为红色，中频变压器 T_3 中的磁帽为绿色。

任务 4　半导体二极管和半导体三极管的识别

1. 半导体二极管的识别

（1）半导体二极管的型号、命名方法及字母意义

国产半导体器件型号命名方法如图 1-15 所示，它由 5 部分组成。其型号组成部分的符号及字母表示的意义如表 1-5 所示。

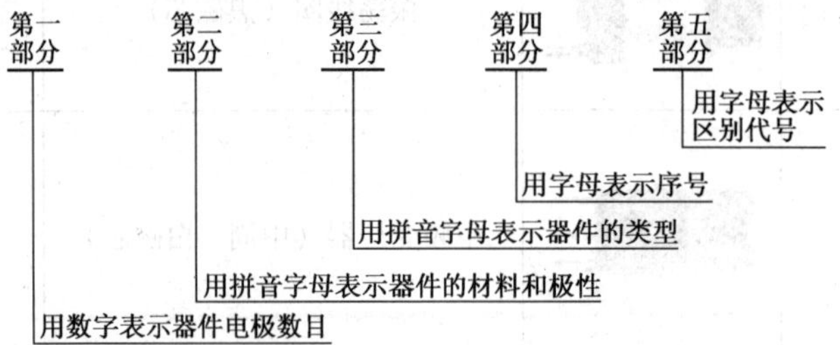

图 1-15　国产半导体器件型号命名方法

表 1-5　半导体管字母表示的意义

第一部分		第二部分		第三部分		第四部分		第五部分	
符号	意义	符号	意　义	符号	意　义	符号	意　义	符号	意　义
2	二极管	A	N 型、锗材料	P	普通管	X	低频小功率管	A	高频大功率管
		B	P 型、锗材料	V	微波管				
		C	N 型、硅材料	W	稳压管				
		D	P 型、硅材料	C	参量管				
3	三极管			Z	整流管	G	高频小功率管	Cs	场效应器件
				L	整流堆				
		A	PNP 型、锗材料	S	隧道管			FH	复合管
		B	NPN 型、锗材料	U	光电管				
		C	PNP 型、硅材料	K	开关管	D	低频大功率管	JB	激光器件
		D	NPN 型、硅材料	T	晶闸管				
				B	雪崩管			BT	半导体特殊器件
				N	阻尼管				

【例6】　如图1-16所示，实验机型收音机中的半导体管器件VD_4，其型号为2AP9。前3位符号的意义是：二极管，N型、锗材料，普通管。最后1位符号为此系列的细分种类，详细参数可查半导体手册。

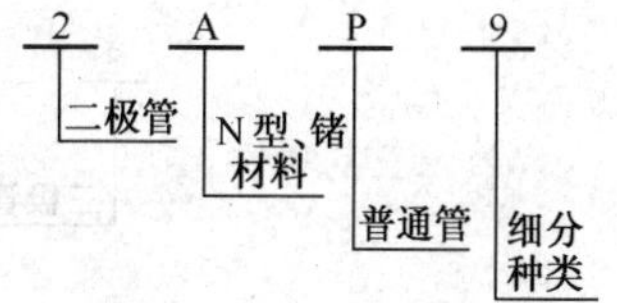

图1-16　二极管2AP9型号意义

(2) 常用半导体二极管的电路符号

常用半导体二极管的电路符号如图1-17所示。箭头指向方为负极。

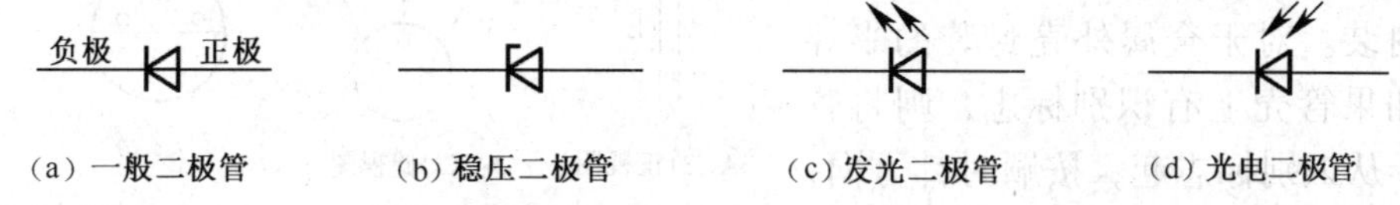

(a) 一般二极管　(b) 稳压二极管　(c) 发光二极管　(d) 光电二极管

图1-17　常用半导体二极管的电路符号

(3) 二极管极性的识别

整流二极管的实物中，带有标志的一端为二极管的负极；发光二极管的管芯中大头为负极，如图2－18所示。

整流二极管　发光二极管

图1-18　二极管极性的识别

2. 半导体三极管的识别

表1-6所示的是实验机型收音机中所有的半导体三极管类器件。

表1-6　实验机型收音机三极管类器件列表

序　号	图　例	型　号	作　用
VT_1		3DG201A	高放
VT_2		3DG201A	中放
VT_3		3DG201A	中放
VT_4		3DG201A	中放
VT_5		3DG201A	低放
VT_6		3AX31A	功放
VT_7		3AX31A	功放

(1) 半导体三极管的型号、命名方法及字母意义

半导体三极管的命名方法和字母意义如表1-5所示。

【例7】　如图1-19所示，实验机型收音机中的半导体管器件$VT_1 \sim VT_5$。它们的标称是3DG201A，前3位的符号标志为：三极管，NPN型、硅材料，高频小功率管；最后1位符号为此系列的细分种类，详细参数可查半导体手册。

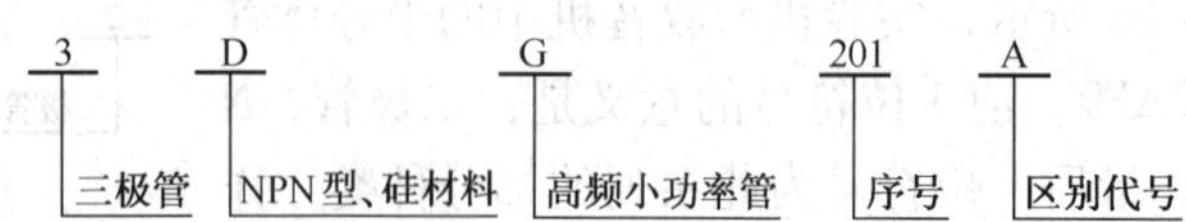

图 1-19　3DG201A 三极管字母的意义

(2) 常用半导体三极管的管脚识别

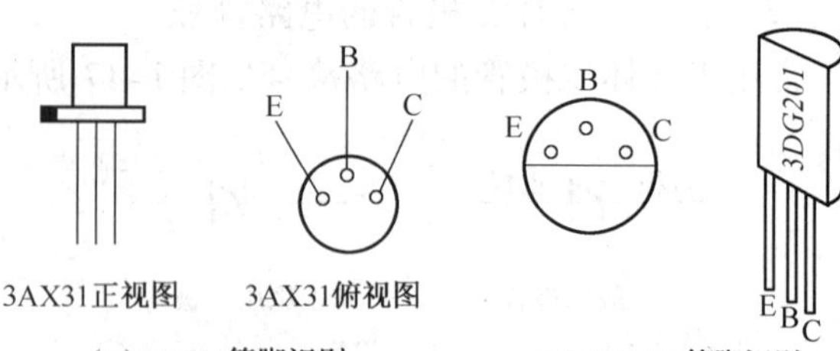

(a) 3AX31管脚识别　(b) 3DG201管脚识别

图 1-20　小功率半导体三极管电极的识别

小功率半导体管常用金属外壳和塑料外壳封装。对于金属外壳封装的半导体管，如果管壳上有识别标志，则将管底朝上，从识别标志起，按顺时针方向，3 个极依次为 E（发射极）、B（基极）、C（集电极）；若管壳上无识别标志，且 3 个极在半圆内，则仍将管底朝上，按顺时针方向，3 个极依次为 E、B、C，如图 1-20（a）所示。对于塑料外壳封装的管子，面对平面将 3 个极置于下方，从左到右，3 个极依次为 E、B、C，如图 1-20（b）所示。

任务 5　其他元器件的识别

实验机型收音机中，除了用到常用的电阻器、电容器、变压器、半导体二极管和半导体三极管外，还用到了一些其他元器件。其他元器件和附件如图 1-21 所示。

① 调谐指针：指示收音机所在频道位置，如图 1-21（a）所示。

② 磁性天线支架：对磁性天线起固定支撑作用，如图 1-21（b）所示。

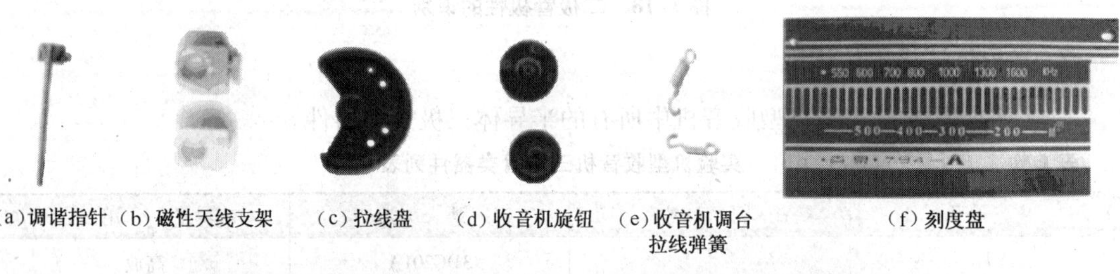

(a) 调谐指针　(b) 磁性天线支架　(c) 拉线盘　(d) 收音机旋钮　(e) 收音机调台拉线弹簧　(f) 刻度盘

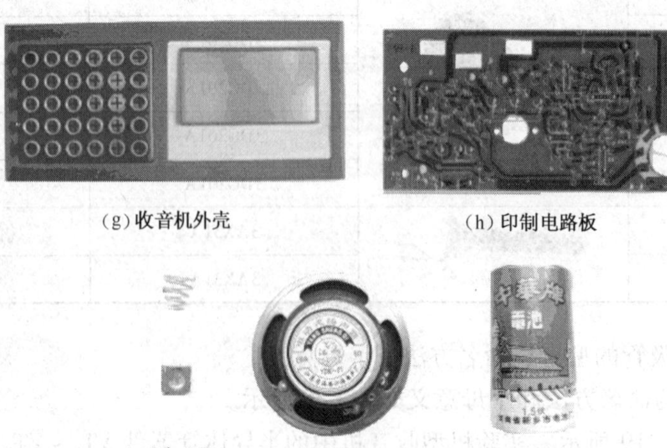

(g) 收音机外壳　(h) 印制电路板

(i) 电池盒弹簧　(j) 扬声器　(k) 一号电池

图 1-21　实验机型收音机中的一些附件

③ 拉线盘：固定在双联电容器上，通过拉线进行调谐，如图1-21（c）所示。

④ 收音机旋钮：分别固定在音量电位器和电路板上，用于音量调节和频道选择，如图1-21（d)所示。

⑤ 收音机调台拉线弹簧：用于避免调谐拉线的松弛，增大摩擦力，如图1-21（e）所示。

⑥ 刻度盘：显示收音机的调谐频率和频道位置，如图1-21（f）所示。

⑦ 收音机外壳：对收音机的机芯起支撑保护作用，使整机外形美观，如图1-21（g）所示。

⑧ 印制电路板：是用黏合剂把铜箔压粘在绝缘板上制成的，用铜箔作为连接各元器件的导体，形成完整的整机电路，如图1-21（h）所示。

⑨ 电池盒弹簧：保证电路与电池的接触良好，如图1-21（i）所示。

⑩ 扬声器：将电信号转变为声音信号，如图1-21（j）所示。

⑪ 一号电池：为收音机提供电能，如图1-21（k）所示。

1.2　项目基本知识

知识点1　电阻器的基本知识

电阻器是在电路中限制电流或将电能转变为热能等的电子元件，在日常生活中一般直接称为电阻。电阻是一个限流元件，它可限制通过它所连支路的电流大小，一般是两个引脚。将电阻接在电路中后，电阻器的阻值是固定的。阻值不能改变的电阻称为固定电阻器，阻值可变的称为电位器或可变电阻器。理想的电阻器是线性的，即通过电阻器的瞬时电流与外加瞬时电压成正比。

1. 常见电阻器的材料、结构和特点

表1-7所示是常见不同材料的电阻器及特点。

表1-7　　常见不同材料电阻器及特点

名　称	结　构	特　点	实物图
线绕电阻	用高阻合金线绕在绝缘骨架上制成，外面涂有耐热的釉绝缘层或绝缘漆	较低的温度系数，阻值精度高，稳定性好，耐热耐腐蚀，主要做精密大功率电阻使用。缺点是高频性能差，时间常数大	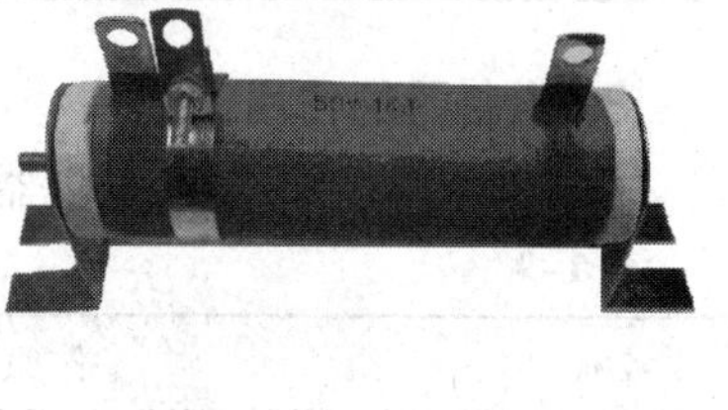
碳膜电阻器	在瓷管上镀上一层碳膜，将结晶碳沉积在陶瓷棒骨架上制成	成本低、性能稳定、阻值范围宽、温度系数和电压系数低，是目前应用最广泛的电阻器	

续表

名　称	结　构	特　点	实 物 图
金属膜电阻器	在瓷管上镀上一层金属而成，用真空蒸发的方法将合金材料蒸镀于陶瓷棒骨架表面	金属膜电阻比碳膜电阻的精度高，稳定性好，噪声、温度系数小。在仪器仪表及通信设备中大量采用	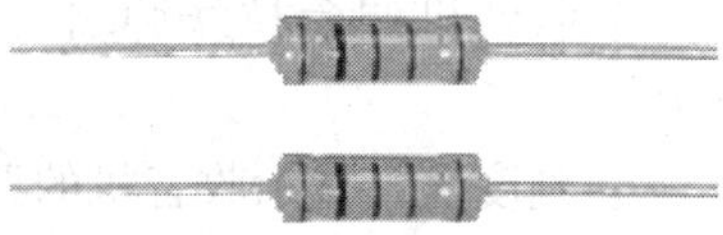
金属氧化膜电阻器	在瓷管上镀上一层氧化锡而成，在绝缘棒上沉积一层金属氧化物	热稳定性能好，耐热冲击，负载能力强	

2. 常见的特殊电阻器

随着电子技术和传感技术的发展，一些特殊的电阻器得到了广泛的应用。表 1-8 所示为一些常见的特殊电阻器的应用。

表 1-8　常见的特殊电阻器

名　称	特　点	实 物 图
保险电阻	在正常情况下起着电阻和保险丝的双重作用，当电路出现故障而使其功率超过额定功率时，它会像保险丝一样熔断，使连接电路断开，起保护作用	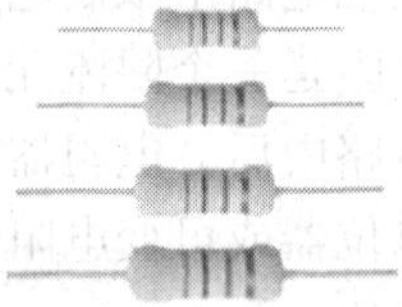
敏感电阻器	其电阻值对于某种物理量（如温度、湿度、光照、电压、机械力以及气体浓度等）具有敏感特性。当这些物理量发生变化时，敏感电阻的阻值就会随物理量变化而发生改变，呈现不同的电阻值	 光敏电阻 　压敏电阻

3. 电阻器的作用

电阻器的功能很多，电阻器常见的作用如表 1-9 所示。

表 1-9　电阻器的作用

名称	工作原理	图示说明
限流	为使通过用电器的电流不超过额定值或实际工作需要的规定值，以保证用电器的正常工作，通常可在电路中串联一个可变电阻。当改变这个电阻的大小时，电流的大小也随之改变。我们把这种可以限制电流大小的电阻叫做限流电阻	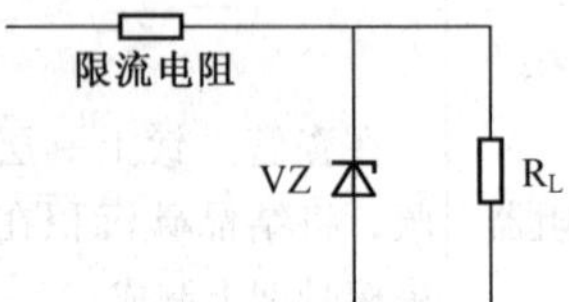 限流电阻　VZ　R_L　稳压电路

续表

名称	工作原理	图示说明
分流	当在电路的干路上需同时接入几个额定电流不同的用电器时，可以在额定电流较小的用电器两端并联一个电阻，这个电阻的作用是分流	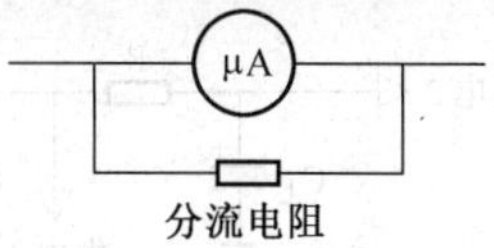 μA 分流电阻 微安表改装电流表
分压	一般用电器上都标有额定电压值，若电源比用电器的额定电压高，则不可把用电器直接接在电源上。在这种情况下，可给用电器串接一个合适阻值的电阻，让它分担一部分电压，用电器便能在额定电压下工作。我们称这样的电阻为分压电阻	 μA 分压电阻 微安表改装电压表
将电能转化为内能	电流通过电阻时，会把电能全部（或部分）转化为内能。用来把电能转化为内能的用电器叫电热器。如电加热器、电烙铁、电炉、电饭煲、取暖器等	电加热器加热部件

知识点 2 电容器、电感器的基本知识

1. 电容器

电容器，顾名思义，是“装电的容器”，是一种容纳电荷的元件。它是由两片接近并相互绝缘的导体制成的电极组成的储存电荷和电能的器件。广义地说，任何两个彼此绝缘且相隔很近的导体（包括导线）间都构成一个电容器。在物理课本中，我们学习过电容器的特点为“隔直流，通交流；通高频，阻低频”，正是由于这一特点，电容器得到了广泛应用。

（1）电容器的作用

电容器在电路中的作用很多。表 1-10 所示为电容器较常见的应用。

表 1-10 电容器的应用

名称	作用说明	说明
耦合	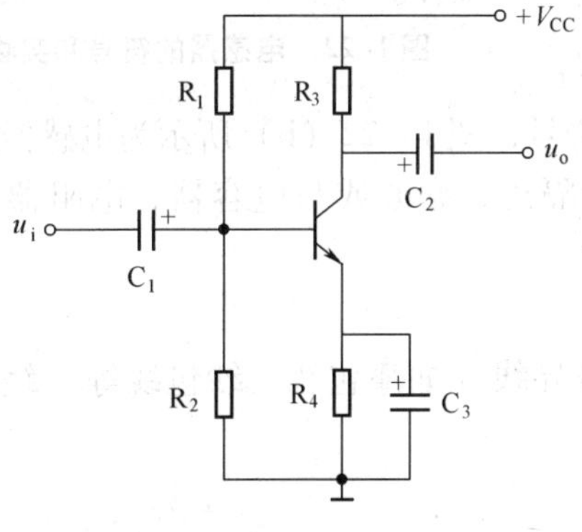 $+V_{CC}$, R_1, R_3, C_2, u_o, u_i, C_1, R_2, R_4, C_3	利用电容“隔直流，通交流”的特点，将交流信号由上一级向下一级传送，电容 C_1、C_2 起耦合作用
旁路		利用电容“隔直流，通交流”的特点，将交流信号对地短路，C_3 起旁路作用，相当于在电阻 R_4 旁边开了一条通路

续表

名称	作 用 说 明	说　　明
去耦	供电 2　R　$+V_{CC}$　C_1　C_2　C_3　供电 1	去耦电路又称退耦电路，其作用是去掉电源电路的有害耦合。C_1、C_2、C_3 组成去耦电路，其中 C_3 主要是滤除高频信号
滤波	$+V_{CC}$　R　C_1　C_2　C_3	利用电容“隔直流，通交流”的特点，将电源中的交流成分滤除，将脉动直流电变成稳恒直流电
选频	L　C　LC 串联选频　L　C　LC 并联选频	将电容和电感串联或并联，可以组成选频电路

（2）电容器的分类

电容器常见分类方法如表 1-11 所示。

表 1-11　　电容器的分类方法

分类方法	种　　类
按结构分类	固定电容器、可变电容器和微调电容器
按电解质分类	有机介质电容器、无机介质电容器、电解电容器和空气介质电容器
按用途分类	高频旁路、低频旁路、滤波、调谐、高频耦合、低频耦合、小型电容器
按制造材料分类	瓷介电容、涤纶电容、电解电容、钽电容、聚苯乙烯电容

2. 电感器和变压器

（1）电感器

电感器（电感线圈）是用绝缘导线（如漆包线、纱包线等）绕制而成的电磁感应元件，也是电子电路中常用的元器件之一，电感用字母 L 表示。

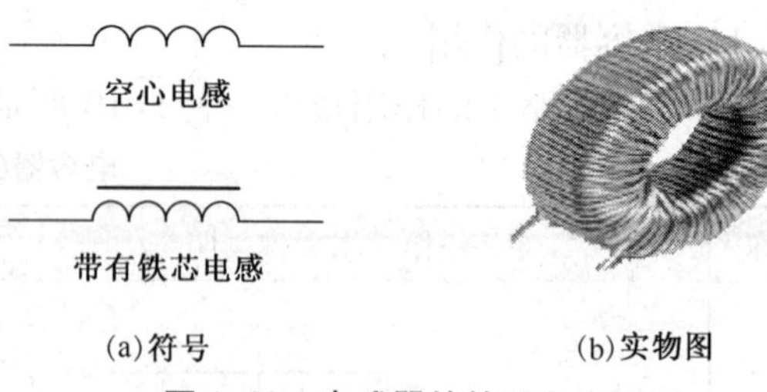

图 1-22　电感器的符号和实物

① 电感器的符号和实物如图 1-22 所示。图 1- 22（a）所示为电感器的电路图形符号，图 1- 22（b）所示为电感器的实物图。

② 电感器的主要作用：对交流信号进行隔离、滤波或与电容器、电阻器等组成谐振电路。

（2）变压器

变压器和电感器（电感线圈）都是用绝缘导线（如漆包线、纱包线等）绕制而成的电磁感应元件。

① 变压器的符号

变压器是利用电感器的电磁感应原理制成的部件。在电路中用字母 T 表示，其符号和实物如图1-23所示。

(a)变压器的符号　　(b)变压器实物图

图1-23　变压器

② 变压器的作用

变压器的初级（一次）、次级（二次）绕组的圈数（匝数）分别是N_1、N_2，初级和次级的电压、电流、阻抗分别是U_1、U_2、I_1、I_2、Z_1、Z_2。变压器的应用如表1-12所示。

表1-12　变压器的应用

作用		输入输出的变化关系	应用举例
电压变换	升压变换	$U_1/U_2=N_1/N_2$（$N_1<N_2$）	发电厂变压器、电视机高压包
	降压变换	$U_1/U_2=N_1/N_2$（$N_1>N_2$）	电源变压器
电流变换		$I_1/I_2=N_2/N_1$	电动车充电器
阻抗变换		$Z_1=(N_1/N_2)^2Z_2$	收音机输出变压器、功放输出变压器
信号耦合		隔断直流信号，传送交流信号	变压器耦合放大器

知识点3　半导体二极管的基本知识

半导体二极管又称晶体二极管，通常称二极管，其核心是一个PN结。PN结的特点是单向导电性，即当二极管加正向电压时，二极管导通；加反向电压时，二极管截止。将二极管的P型半导体和N型半导体各引出一个电极，用管壳封装后构成半导体二极管。

常见二极管的相关介绍如表1-13所示。

表1-13　常见二极管的相关介绍

名称	符号	作用	主要参数及工作特点
普通二极管	（二极管符号）	① 检波：从输入信号中解调出调制信号 ② 整流：利用二极管的单向导电性，将交流电变为脉动直流电 ③ 限幅：限制信号幅度不超过规定值 ④ 作为开关用：利用二极管的单向导电性起开关作用，开关速度很快	主要参数： ① 最大整流电流：指整流二极管长时间工作所允许通过的最大电流值 ② 最高反向工作电压：指整流二极管两端的反向电压不能超过规定的电压所允许的值。如超过这个允许值，整流管可能击穿 ③ 最大反向电流：它是指整流二极管在最高反向工作电压下工作时，允许通过整流管的反向电流。反向电流越小，说明整流二极管的单向导电性能越好 工作特点： 工作于正偏状态

续表

名称	符　号	作　　用	主要参数及工作特点
发光二极管		当发光二极管加上合适的正向工作电压时，发光二极管会发光。不同材料制成的发光二极管，能发出不同颜色的光。有发绿色光的磷化镓发光二极管；有发红色光的磷砷化镓发光二极管；有发红外光的砷化镓二极管；有双向变色发光二极管（加正向电压时发红色光，加反向电压时发绿色光）；还有三颜色变色发光二极管等	主要参数： ① 最大整流电流：指整流二极管长时间工作所允许通过的最大电流值 ② 最高反向工作电压：指整流二极管两端的反向电压不能超过规定的电压所允许的值。如超过这个允许值，整流管可能击穿 ③ 最大反向电流：它是指整流二极管在最高反向工作电压下工作时，允许通过整流管的反向电流。反向电流越小，说明整流二极管的单向导电性能越好 工作特点： 工作于正偏状态
稳压二极管		稳压二极管是用硅材料制成的特殊二极管。在外加电压合适、流过稳压管的电流合适时，稳压二极管两端的电压几乎不改变，起稳压作用	主要参数： ① 稳定电压：指稳压管中的电流为规定电流时，稳压管两端的电压值 ② 稳压电流：指稳压管在稳压范围内流过管子的电流 工作特点： 工作于反向击穿状态
光电二极管		光电二极管又称为光敏二极管。作用是把光信号转变为电信号，当不同亮度的光照射时，流过二极管的电流有很大差别	工作特点： 工作于反偏状态
变容二极管		变容二极管是利用 PN 结空间电荷具有电容特性的原理制成的特殊二极管，二极管所呈现的电容的大小与所加的反向电压有关，电容约为 5 ~ 300pF，常作为调谐电容使用	

知识点 4　半导体三极管的基本知识

半导体三极管又称晶体三极管，通常称三极管。它是由两个相距很近的 PN 结组成，有 3 个电极，分别称为发射极、基极和集电极，分别用字母 e、b、c 表示，也可用大写字母 E、B、C 表示。三极管按结构分类可分为 NPN 型和 PNP 型两种，符号如图 1-24 所示。

半导体三极管具有电流放大和开关作用。

1. 电流放大作用

三极管的工作区域分为 3 部分：截止区、放大区和饱和区，三极管要处于放大状态必须工作在放大区。

下面以 NPN 型三极管构成的放大电路为例，说明三极管的电流放大作用。如图 1-25 所示，当基极电压 U_{BB} 有一个微小的变化时，基极电流 I_B 也会随之有一个小的变化，受基极电流 I_B 的控制，集电极电流 I_C 会有一个很大的变化。基极电流 I_B 越大，集电极电流 I_C 也越大；反之，基极电流越小，集电极电流也越小，即基极电流控制集电极电流的变化。但是集电极电流的变化比基极电流的变化大得多，这就是三极管的电流放大作用。I_C 的变化量与 I_B 变化量之比叫做三极管的放大系数 β（$\beta = \Delta I_C / \Delta I_B$，Δ 表示变化量），三极管的电流放大系数 β 一般在几十到几百之间。

三极管的放大作用主要应用在模拟电路中。

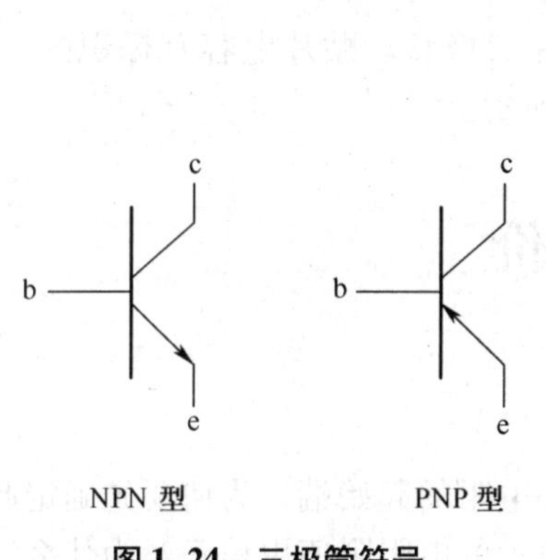

图 1-24　三极管符号

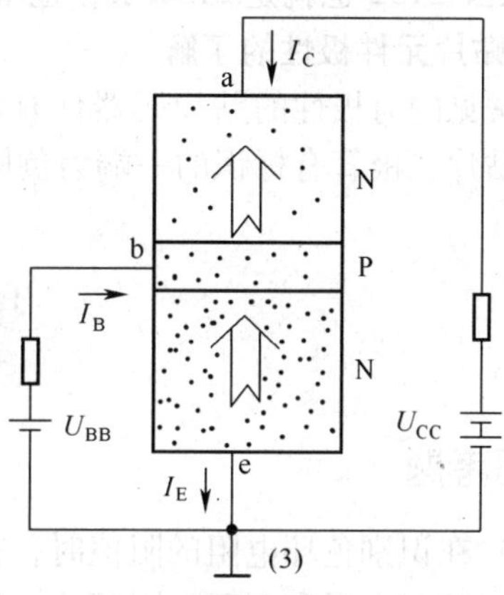

图 1-25　三极管的电流放大作用

2. 开关作用

当三极管工作在饱和区时，集电极和发射极之间相当于开关的闭合；当三极管工作在截止区时，集电极和发射极之间的电阻很大，相当于开关的断开；当三极管工作在开关状态时，三极管的工作区域是在饱和区和截止区之间转换，放大区仅是一个很快的过渡过程。

三极管的开关作用主要应用在数字电路中。

知识拓展　贴片元件的识读

随着电子技术的发展，电子设备向小型化、节能化方向发展，这主要得益于贴片元件的发展。

1. 贴片元件的认识

常用的贴片元件如图 1-26 所示。

2. 贴片电阻的识读

封装较小的贴片元件中，除了电阻阻值有标识外，其他元器件较少在元件上有标识（元件体积太小）。

贴片电阻的识读方法：贴片电阻阻值误差有 ±1%、±2%、±5%、±10%，常用的是 ±1% 和 ±5%。

贴片电阻阻值表示方法为数码表示法，常用三位数字或四位数字表示其数值。

用三位数来表示，前面两位表示的是有效数字，第三位数表示有效数字后有多少个零，

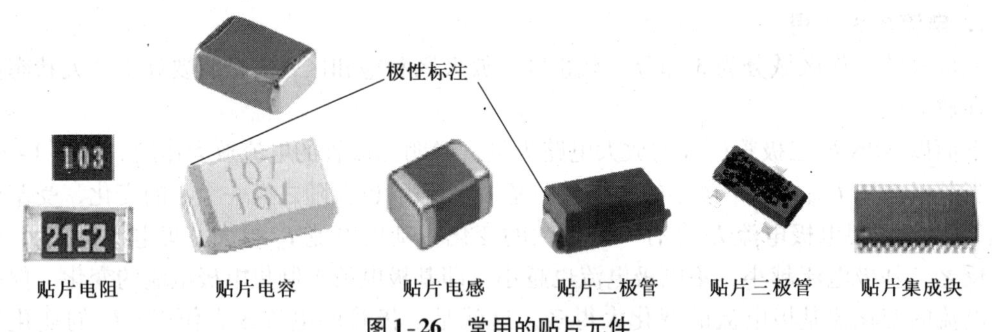

图 1-26　常用的贴片元件

基本单位是 Ω。例如，103 表示电阻的阻值为 10kΩ。三位表示法的电阻的误差是 ±5%。

用四位数来表示，前三位表示的是有效数字，第四位数表示有效数字后有多少个零，单位仍是 Ω。2152 也就是 21500Ω，也就等于 2. 15kΩ 。四位表示法的电阻的误差是 ±1%。

3. 贴片元件极性的了解

较常见的有极性的贴片元器件有贴片电容和贴片二极管。贴片电容有标识的一端为正极，而贴片二极管有标识的一端为负极，如图 1-26 所示。

项目学习评价

一、思考题

（1）在识别色环电阻的阻值时，首先要确定色环电阻的起始端，为何要先确定起始端？

（2）四环电阻和五环电阻相比，哪种表示方法表示的电阻阻值更精确？为什么？

（3）201、. 01 分别是两个电容器上标称的容量，它们的容量实际是多少？

（4）如果发光二极管接反，还能发光吗？如果稳压二极管接反，稳压值还是标称值吗？如果不是，稳压值是多少？

（5）要想三极管起到电流放大作用，外加的直流电压应该满足什么条件？

二、技能训练

将学生根据情况分组，进行如下训练。

1. 实验机型收音机中各种电阻器的识别

通过电路图上标注的各电阻的阻值，找到对应的元件，分别进行识别，并填写表1-14。

表 1-14　　电阻器

序号	色环颜色	功率	阻值	误差	序号	色环颜色	功率	阻值	误差
R_1					R_{10}				
R_2					R_{11}				
R_3					R_{12}				
R_4					R_{13}				
R_5					R_{14}				
R_6					R_{15}				
R_7					R_{16}				
R_8					R_{17}				
R_9					RP				

2. 实验机型收音机中各种电容器的识别

通过电路图上各电容器的标称数值，找到对应的元件，分别进行识别，并填写表1-15。

表1-15　电容器

序号	类型	标称值	容量	耐压	序号	类型	标称值	容量	耐压
C_1					C_{11}				
C_2					C_{12}				
C_3					C_{13}				
C_4					C_{14}				
C_5					C_{15}				
C_6					C_{16}				
C_7					C_{17}				
C_8					C_{18}				
C_9					C_{19}				
C_{10}									

注：① 类型：指电容器的类型（如瓷片电容器、电解电容器和拉线电容器等）；

② 标称值：指电容器上标注的形式（如0.033、47μF和0.01等）；

③ 容量：指根据标注识别出的电容器容量；

④ 耐压：仅限于电解电容器。

3. 实验机型收音机中各种电感器的识别

通过电路图上各电感器的标称数值找到对应的元件，分别进行识别，并填写表1-16。

表1-16　电感器

序 号	类 型	标 称	作 用	序 号	类 型	标 称	作 用
L_1				T_3			
L_2				T_4			
T_1				T_5			
T_2							

4. 实验机型收音机中各种半导体管器件的识别

通过电路图上各半导体管的型号找到对应的器件，分别进行识别，并填写表1-17。

表1-17　半导体管器件

序号	型　号	含　义	作　用
VD_4			
VT_1			
VT_2			
VT_3			
VT_4			
VT_5			
VT_6			
VT_7			

三、项目评价评分表

1. 个人知识和技能评价表

班级：________________ 姓名：________________ 成绩：________

评价方面	评价内容及要求	分值	自我评价	小组评价	教师评价	得分
项目知识内容	① 了解常见电阻的知识及特点；掌握电阻器的应用	10				
	② 掌握电容器的应用；了解变压器的作用	10				
	③ 掌握各种二极管的符号及特点	10				
	④ 掌握三极管的电流放大作用	5				
项目技能内容	① 能正确识读电阻的阻值	20				
	② 能正确识读电容器、电感器	20				
	③ 能正确识读半导体二极管、三极管	10				
	④ 能正确认识其他元器件	5				
安全文明生产和职业素质培养	① 安全用电，规范操作	5				
	② 文明操作，不迟到早退，操作工位卫生良好，按时按要求完成实训任务	5				

2. 小组学习活动评价表

班级：________________ 姓名：________________ 成绩：________

评价项目	评价内容及评价分值			自评	互评	教师点评
分工合作	优秀（12～15 分）	良好（9～11 分）	继续努力（9 分以下）			
	小组成员分工明确，任务分配合理，有小组分工职责明细表	小组成员分工较明确，任务分配较合理，有小组分工职责明细表	小组成员分工不明确，任务分配不合理，无小组分工职责明细表			
获取与项目有关的质量、市场、环保等内容的信息	优秀（12～15 分）	良好（9～11 分）	继续努力（9 分以下）			
	能使用适当的搜索引擎从网络等多种渠道获取信息，并合理地选择、使用信息	能从网络获取信息，并较合理地选择、使用信息	能从网络或其他渠道获取信息，但信息选择不正确，信息使用不恰当			

续表

评价项目	评价内容及评价分值			自评	互评	教师点评
实操技能操作	优秀（24～30分）	良好（18～23分）	继续努力（18分以下）			
	能按技能目标要求规范完成每项识别任务	能按技能目标要求规范完成每项识别任务，出错率较低	能按技能目标要求完成每项识别任务，但误差率较高			
基本知识分析讨论	优秀（16～20分）	良好（12～15分）	继续努力（12分以下）			
	讨论热烈、各抒己见，概念准确、原理思路清晰、理解透彻，逻辑性强，并有自己的见解	讨论没有间断、各抒己见，分析有理有据，思路基本清晰	讨论能够展开，分析有间断，思路不清晰，理解不透彻			
成果展示	优秀（16～20分）	良好（12～15分）	继续努力（12分以下）			
	能很好地理解项目的任务要求，成果展示逻辑性强	能较好地理解项目的任务要求，成果展示逻辑性较强	基本理解项目的任务要求，成果展示停留在书面和口头表达			
总分						

项目2　电子元器件的测量

项目情景创设

元器件是组成电路的基本元素，它们的自身质量以及工作性能的好坏，将直接影响到整机的性能，也会影响到电路检修的质量和效率。在实际工作中，如何用简单的测量方法迅速判断电子元器件质量的好坏，是电子技术人员必须掌握的基本功。本项目将学习如何用万用表测量常用的元器件。

二极管的测量如图 2-1 所示。

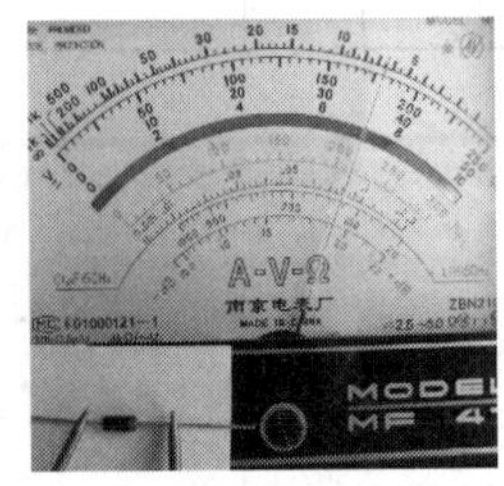

正偏测量

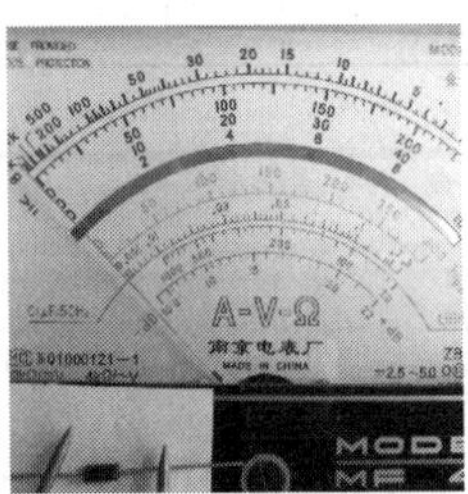

反偏测量

(a)用指针万用表测量

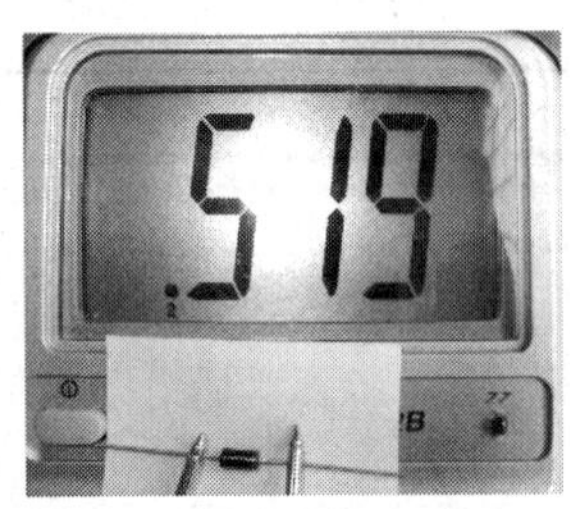

正偏测量

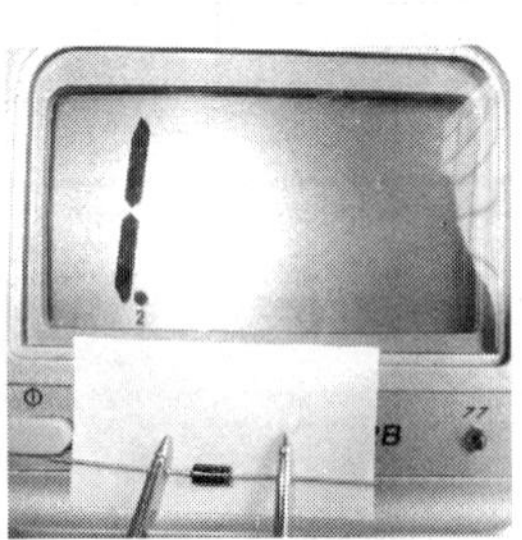

反偏测量

(b)用数字万用表测量

图 2-1　二极管的测量

项目教学目标

项目教学目标		学时	教学方式
技能目标	① 掌握用指针式万用表测量电阻器方法 ② 掌握用指针万用表检测电容器、电感器的方法 ③ 初步掌握用指针万用表测量二极管、三极管的方法 ④ 熟悉数字万用表的使用	4 课时	教师演示，学生操作测量 重点：电阻的测量、电容的估测；二极管质量的检测；三极管极性和管脚的判断 教师指导、答疑

续表

项目教学目标		学时	教学方式
知识目标	掌握指针万用表电阻挡的使用常识	2课时	教师讲授、自主探究
情感目标	激发学生对电阻、元器件检测的兴趣，培养信息素养、团队意识	课余时间	网络查询、小组讨论、相互协作

项目任务分析

本项目通过电子元器件的测量，要求掌握下列基本技能和基本知识。

（1）掌握用指针万用表测量电阻器的方法。

（2）掌握用指针万用表测量电容器的方法。

（3）掌握用指针万用表测量变压器的方法。

（4）掌握用指针万用表测量半导体管的方法。

（5）掌握指针万用表电阻的使用方法和注意事项。

（6）了解用数字万用表检测元器件的方法。

项目基本功

2.1　项目基本技能

任务1　电阻器的测量

1. 固定电阻的检测方法

（1）测量实际电阻值

① 按照图2-2所示的方法，先将万用表拨到合适的电阻挡位，并将万用表两表笔短接，再调节万用表上的调零电位器，使指针指到0Ω，最后将两表笔（不分正负）分别与电阻的两端接触即可测出实际电阻值。

② 不要把双手和电阻的两个引脚及万用表的两个表笔并联捏在一起。

③ 禁止带电测量电阻值。

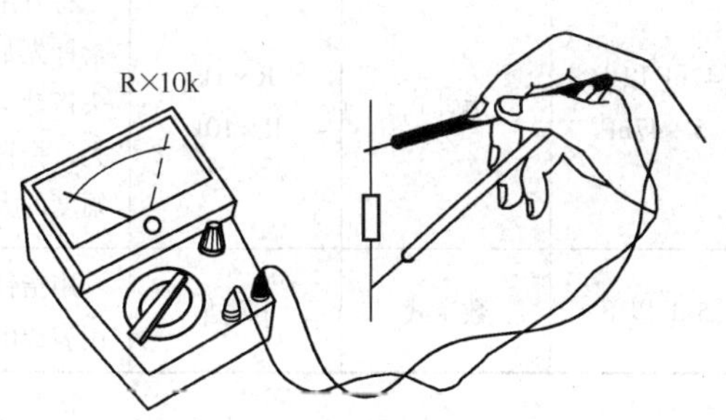

图2-2　固定电阻的检测方法

（2）固定电阻质量鉴别的简易方法

先用万用表对固定电阻的阻值进行测量，看其是否与标称阻值相符，再进行外观检查。若测定数据与标称阻值相符，外观端正、标志清晰、颜色均匀有光泽、保护漆完好、引线对称，且无伤痕、无断裂、无腐蚀，则可初步判定该固定电阻质量良好。

2. 电位器的检测方法

(1) 测量电位器标称阻值

以实验机型收音机中的音量电位器 RP 为例，其测量方法如图 2-3 所示。

① 根据电位器的标称值选择万用表电阻挡适当的量程，并调零。

② 用万用表两表笔接触电位器的 2、4 两脚。

③ 读出该电位器的标称数值。

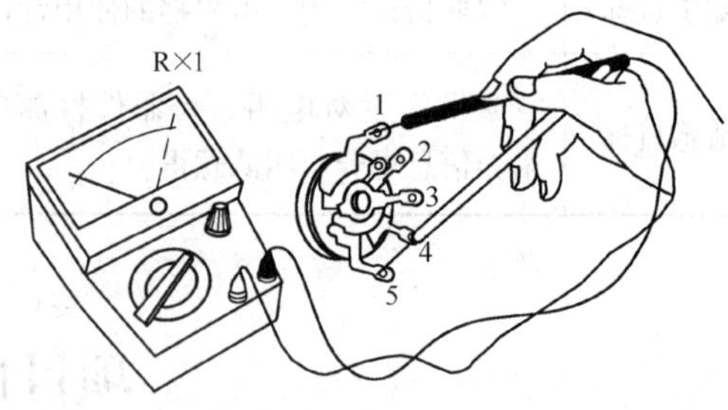

图 2-3　电位器的检测方法

(2) 鉴别电位器质量的简易方法

① 旋转电位器的手柄，感觉其转动是否平滑，如电位器触点与碳膜摩擦时发出较强的“沙沙”声，则说明电位器质量不好。

② 如电位器带开关装置，则开关通、断时应有清脆的“喀哒”声。

③ 在图 2-3 所示的电位器中，用万用表表笔接触电位器的除 1、5 两脚之外的 2、3、4 接线脚，缓慢旋转手柄，万用表指针的移动应连续、均匀。如发现有断续或跳动现象，则说明该电位器存在接触不良或阻值变化不均匀的问题，需更换新的电位器。

④ 将电位器调整到接近“关”的位置时，阻值越小表明电位器质量越好。

⑤ 电位器不能被旋转 360°（多圈电位器除外）。

任务 2　电容器和电感器的测量

1. 电容器容量的测量和判断方法

(1) 用指针式万用表对电容器的容量进行测量、判断

电容器容量的测量、判断方法如表 2-1 所示，其连接方式如图 2-4 所示。图 2-4 所示为电容器充放电结束后对电容器质量的判断。

表 2-1　　用指针式万用表对电容器的容量进行测量、判断

容　量	万用表	量　程	方　法
47nF 以上 5～47nF	指针式	R×1k R×10k	将万用表拨至电阻挡，当万用表的表笔接触电容器的两极时，表头指针先是顺时针方向迅速移动，然后逐渐复原；将两表笔对调后，表头指针又是先顺时针方向迅速移动，然后逐渐恢复。电容器的容量越大，指针的偏移幅度越大，恢复的速度越缓慢。所以根据指针的偏移幅度的大小可以粗略地判断电容器容量的大小
5nF 以下	数字式	pF 挡	用指针式万用表的电阻最高挡也看不出指针的偏转时，应用数字万用表或电容表进行测量，根据液晶屏显示数字读取数据

(2) 注意事项

① 在进行以上测量前应先将电容器两管脚进行短路放电。

② 测量时不能用两手接触电容器的两个引脚，以免影响测量结果的准确性。

(3) 固定电容器质量好坏的简易判别方法

用指针式万用表表笔（欧姆挡）接触电容器的两极，指针应先是顺时针方向偏移，然后逐渐复原至阻值∞。

① 利用漏电阻鉴别电容器质量。

以上测量若指针不能复原，则稳定后的读数即是该电容器的漏电阻。这个阻值一般应在几百至几兆欧，否则，电容器存在质量问题。阻值越大表明这个电容器的绝缘性能越好。

② 利用指针偏转鉴别电容器质量。

在测试中，若正向、反向均无充电现象，即表针不动，则说明电容器容量消失或内部断路（容量在5nF以下的小容量电容器除外）；如果所测阻值很小或为零，则说明电容器漏电大或已击穿损坏。

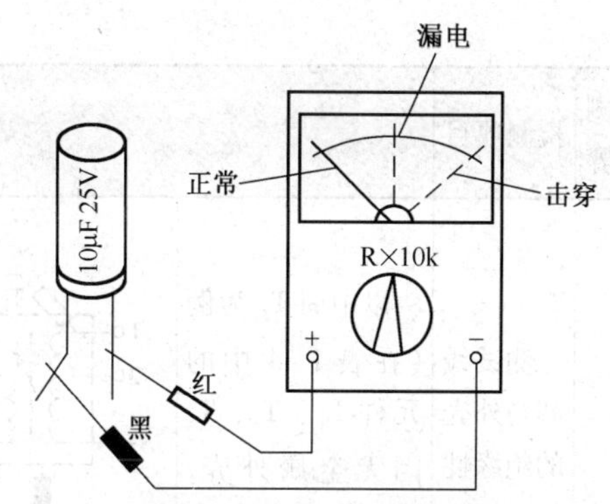

图2-4　用指针式万用表判断电容器的质量

（4）电解电容器的极性判断方法

对于正、负极标志不明的电解电容器，可先任意测一下漏电阻，记住其大小，然后交换表笔再测一次，两次测量中阻值大的那一次便是正确接法，即黑表笔接的是正极，红表笔接的是负极（因黑表笔与万用表内部电池的正极相接）。

（5）可变电容器的质量检测

① 用手转动可变电容器的转轴，感觉应十分平滑，不应有时松时紧或卡滞现象。

② 将转轴向各个方向推动，不应有摇动现象。

③ 将万用表置于R×10k挡，将两表笔分别接触可变电容器的动片和定片的引脚，并将转轴来回转动，万用表的指针都应在无穷大的位置不动。若指针有时指向零，则说明动片和定片之间存在短路现象；若旋转到某一位置时，万用表读数不是无穷大而是有电阻值，则说明可变电容器动片和静片之间存在漏电的现象。

2. 电感器的检测方法

实验机型收音机中电感器的检测方法如表2-2所示。

表2-2　实验机型收音机中电感器的检测方法

检测步骤	检测项目	说　明
1	直观测试	根据电感线圈表面有无异常情况推断其质量好坏，如观察其表面有无烧焦痕迹，有无断裂情况
2	了解引脚位置	根据电路原理图和印制板图，结合元件符号判定元件引脚位置（以中周 T_1 为例） （a）元件符号　（b）电路板位置　（c）元件端子 图（a）中虚线为金属外壳；图（b）和图（c）中6、7位置为金属外壳接地端

续表

检测步骤	检测项目		说明
3	测试线圈与外壳的绝缘性	以中周 T_1 为例（在表 1-4 中的元件 L_1、T_4、T_5 因无金属外壳，故无此项测量）	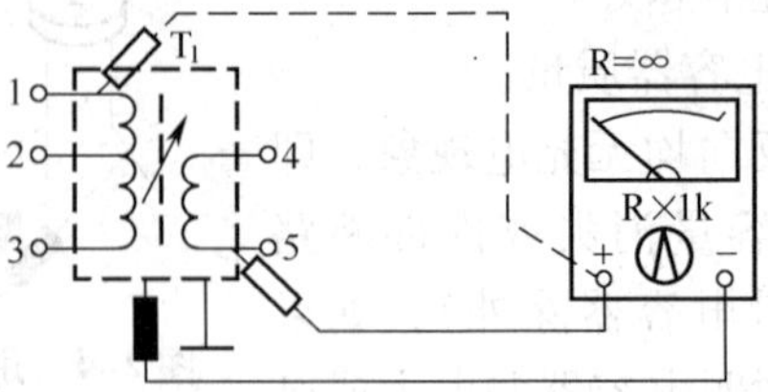 用万用表的"R×1k"或"R×10k"挡分别测量每个绕组与外壳之间的绝缘电阻，正常时应为无穷大。若测得的电阻值很小，则说明元件内部引线碰壳，该中周不能使用
4	测试线圈之间的绝缘性	以中周 T_1 为例	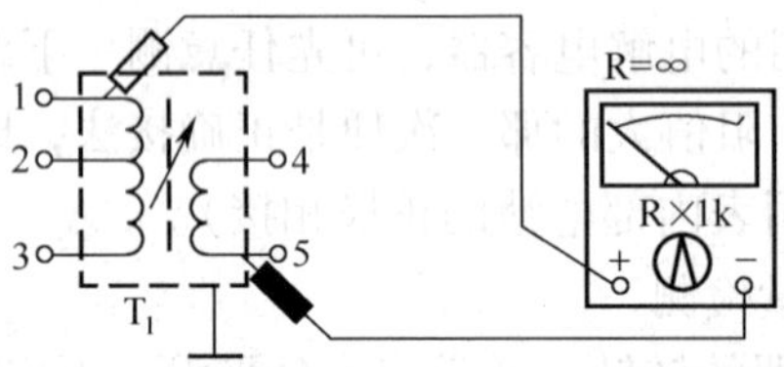 用万用表的"R×1k"或"R×10k"挡分别测量每个绕组之间的绝缘电阻，正常时应为无穷大。若测得的阻值很小，则说明元件内部短路，中周不能使用
5	检验线圈质量的好坏	以中周 T_1 为例	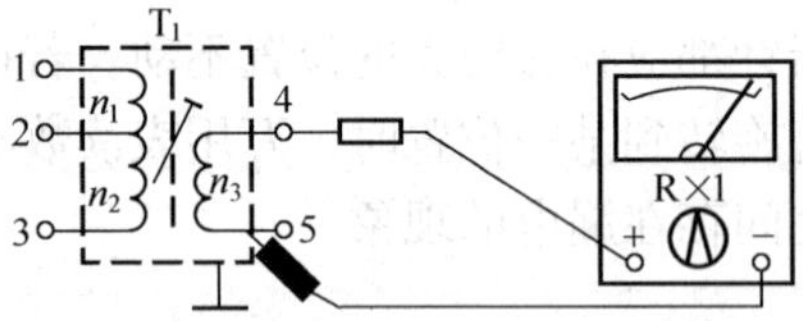 用万用表的"R×1"挡测量各绕组线圈，应有一定的阻值，由于 n_1、n_2、n_3 的匝数不同，所以 R_{12}、R_{23}、R_{45} 应略有不同。如测得某绕组线圈电阻值为无穷大，则说明绕组线圈断路；如果测得阻值为零，则说明绕组线圈内部短路

任务3 二极管的测量

利用指针式万用表判断二极管极性和质量的方法如表 2-3 所示。

表 2-3 二极管的测量

测量项目	图示	测量方法
判别正、负极	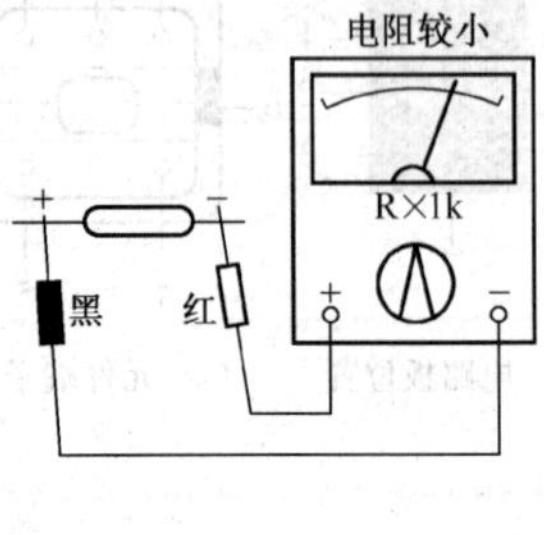	将万用表置于"R×100"或"R×1k"挡，先用红、黑表笔任意测量二极管两引脚间的电阻值，然后交换表笔再测量一次。如果二极管是好的，则两次测量结果必定出现一大一小。以阻值较小的一次测量为准，黑表笔所接的一端为正极，红表笔所接的一端为负极

续表

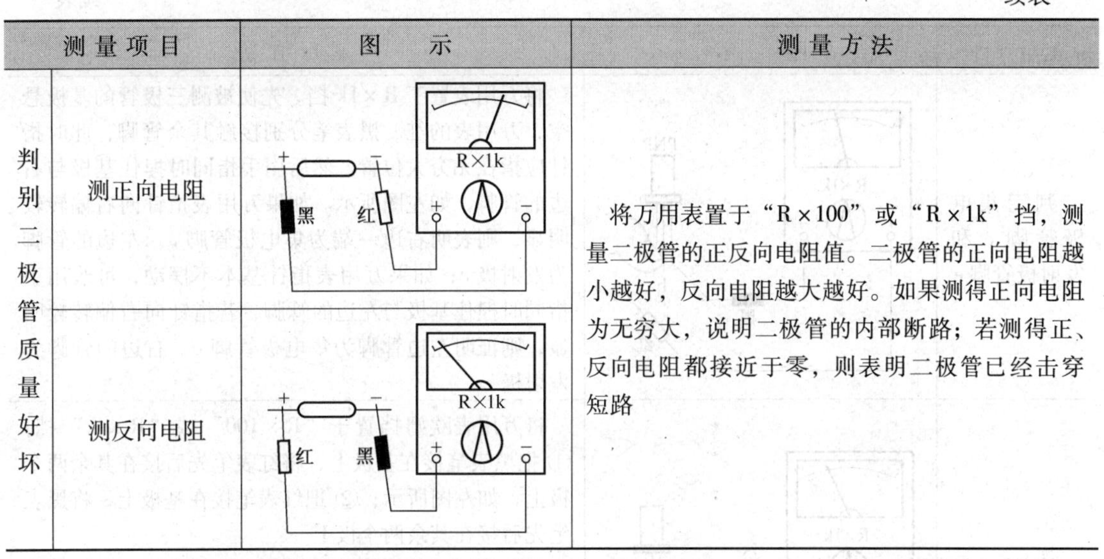

测量项目		图示	测量方法
判别二极管质量好坏	测正向电阻		将万用表置于“R×100”或“R×1k”挡，测量二极管的正反向电阻值。二极管的正向电阻越小越好，反向电阻越大越好。如果测得正向电阻为无穷大，说明二极管的内部断路；若测得正、反向电阻都接近于零，则表明二极管已经击穿短路
	测反向电阻		

任务4　三极管的测量

用指针式万用表测量3极管（判断3个管脚的名称、判断管子类型、进行质量好坏的判别、估测放大倍数）的方法如表2-4所示。

表2-4　三极管的测量

测量项目	图示	测量方法
判断基极b和三极管类型	R×1k　+　−　红　黑　b	① 用万用表R×1k挡测量三极管三个管脚中每两个之间的正、反向电阻值。当用第一根表笔接触其中一个管脚，而第二根表笔先后接触另外两个管脚时，若测得的电阻值都较小，则第一根表笔所接触的那个管脚为三极管的基极b ② 将黑表笔接触基极b，红表笔分别接触其他两管脚，如左图所示，若测得阻值都较小，则被测三极管为NPN型管（如实验机型收音机中的3DG201A）；否则，该三极管为PNP型管（如实验机型收音机中的3AX31A）
判定集电极管脚c和发射极管脚e	R×1k　+　−　NPN　c　b　e　黑　红	将万用表置于R×1k挡。先使被测三极管的基极悬空，万用表的红、黑表笔分别接触其余管脚，此时指针应指在无穷大位置。然后用手指同时捏住基极与左边的管脚，如左图所示。如果万用表指针向右偏转较明显，则表明左边一端为集电极c，右边的管脚为发射极e；如果万用表指针基本不摆动，可改用手指同时捏住基极与右边的管脚，若指针向右偏转较明显，则证明右边管脚为集管脚c，左边的管脚为发射极e

续表

<table>
<tr><th colspan="2">测量项目</th><th>图　示</th><th>测 量 方 法</th></tr>
<tr><td colspan="2">判定集电极管脚 c 和发射极管脚 e</td><td> 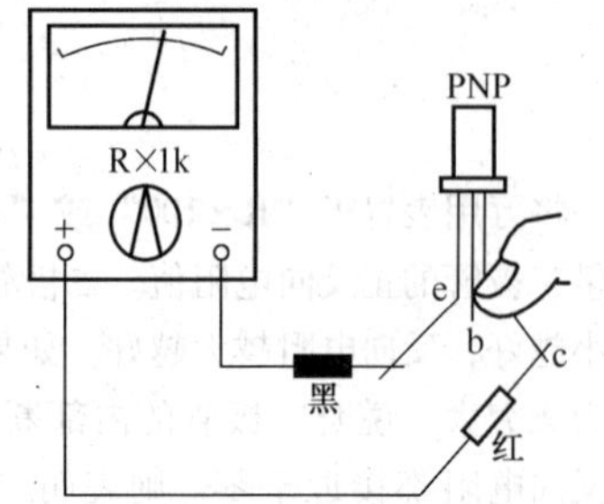PNP
R×1k
+ −
e b c
黑 红</td><td>将万用表置于 R×1k 挡。先使被测三极管的基极悬空，万用表的红、黑表笔分别接触其余管脚，此时指针应指在无穷大位置。然后用手指同时捏住基极与右边的管脚，如左图所示。如果万用表指针向右偏转较明显，则表明右边一端为集电极管脚 c，左边的管脚为发射极 e；如果万用表指针基本不摆动，可改用手指同时捏住基极与左边的管脚，若指针向右偏转较明显，则证明左边管脚为集电极管脚 c，右边的管脚为发射极 e</td></tr>
<tr><td colspan="2">检测三极管的质量好坏</td><td> 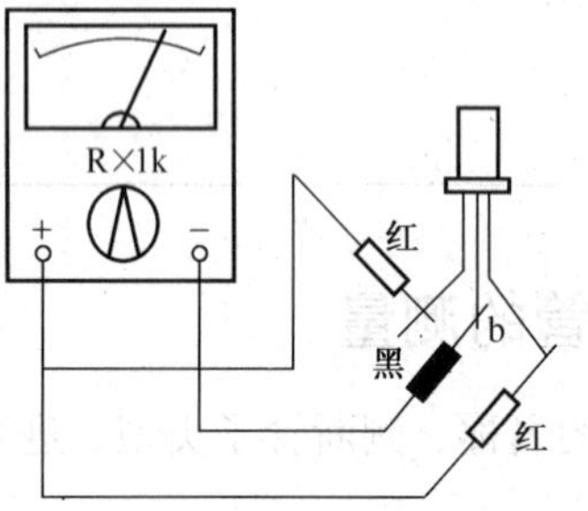R×1k
+ −
红 b 黑 红</td><td>将万用表欧姆挡置于“R×100”或“R×lk”挡：① 把黑表笔接在基极上，将红表笔先后接在其余两个极上，如左图所示；② 把红表笔接在基极上，将黑表笔先后接在其余两个极上
NPN 型三极管：第①种接法两次测得的电阻值都较小，第②种接法两次测得的电阻值都很大，说明三极管是好的
PNP 型三极管：第①种接法两次测得的电阻值都较大，第②种接法两次测得的电阻值都很小，说明三极管是好的</td></tr>
<tr><td rowspan="2">判断三极管电流放大能力 β</td><td>测量法</td><td> 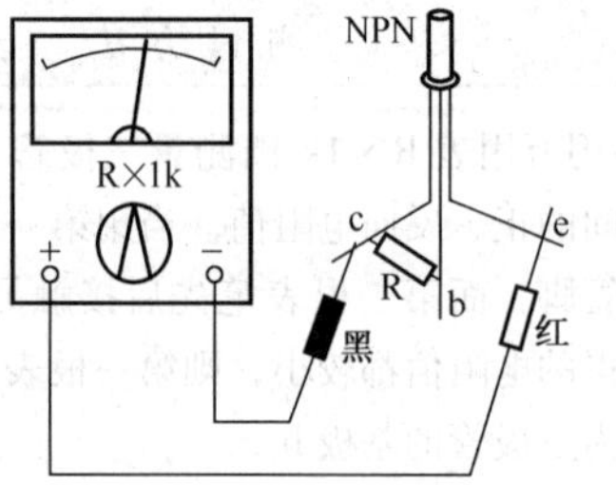NPN
R×1k
+ −
c e R b 黑 红</td><td>将万用表置于 R×1k 挡。先将红、黑表笔按左图所示电路进行接触，然后将电阻 R 接入电路。此时，万用表指针应向右偏转，偏转的角度越大，说明被测管的放大倍数 β 越大。如果接入电阻 R 以后指针向右摆幅度不大或者根本就停止在原位不动，则表明管子的放大能力很差或者已经被损坏。电阻 R 也可以利用人体电阻代替，即用手捏住 c、b 两管脚（注意，c、b 间不能短接）来代替</td></tr>
<tr><td>直观判断法</td><td colspan="2">有些型号的中、小功率三极管，生产厂家在其管壳顶部表示出不同色点来表明管子的放大倍数 β 值，其颜色和 β 值的对应关系如下表所示
<table><tr><td>色点</td><td>棕</td><td>红</td><td>橙</td><td>黄</td><td>绿</td><td>蓝</td><td>紫</td><td>灰</td><td>白</td><td>黑</td></tr><tr><td>β</td><td>17</td><td>17~27</td><td>27~40</td><td>40~77</td><td>77~80</td><td>80~120</td><td>120~180</td><td>180~270</td><td>270~400</td><td>>400</td></tr></table></td></tr>
</table>

2.2 项目基本知识

知识点 1　指针万用表电阻挡的使用常识

1. 指针万用表的机械调零和电阻挡调零

指针万用表的面板如图 2-5 所示，主要由电阻挡刻度盘、挡位开关、机械调零螺钉、电阻挡调零旋钮、表笔插孔等组成。

机械零刻度的位置如图 2-6（a）所示，如果指针万用表的指针不在零刻度位置，调节机械调零螺钉把指针调到零刻度位置。

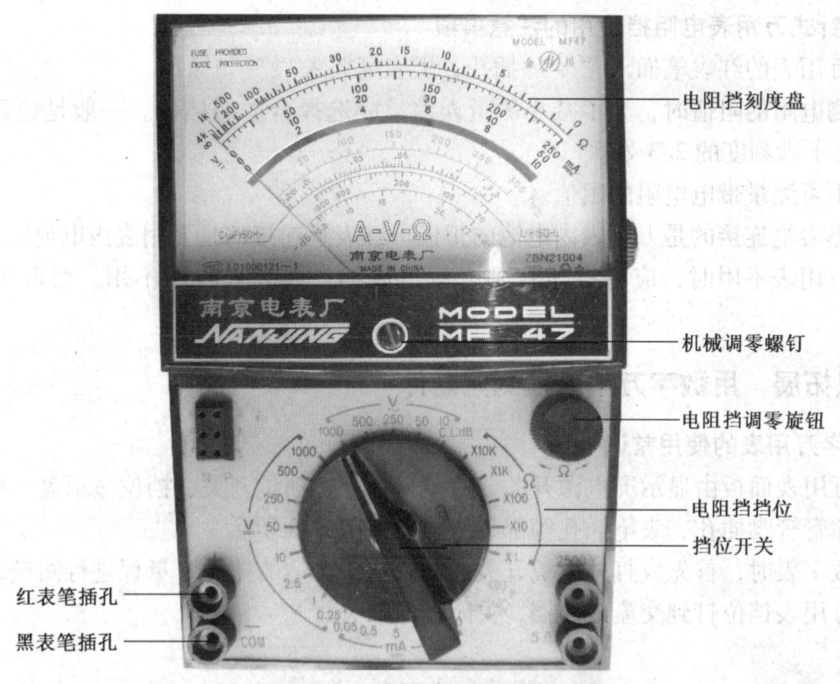

图2-5　指针万用表面板图

电阻挡零刻度位置如图2-6（b）所示，把挡位开关打到电阻挡，将指针表的两表笔短接，如果指针不在零刻度，则需要调节电阻挡调零旋钮，使指针指到零刻度。如果无论怎样调节调零旋钮，指针都调不到零刻度（说明表内电池量不足），则需要更换万用表内部的电池后，再进行调零。值得注意的是：每次调节电阻挡挡位后，均需进行调零操作。

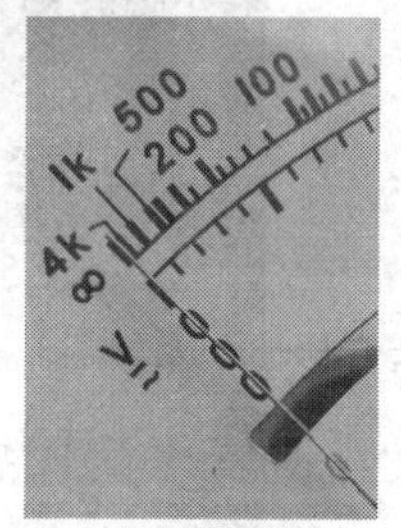

（a）机械零刻度

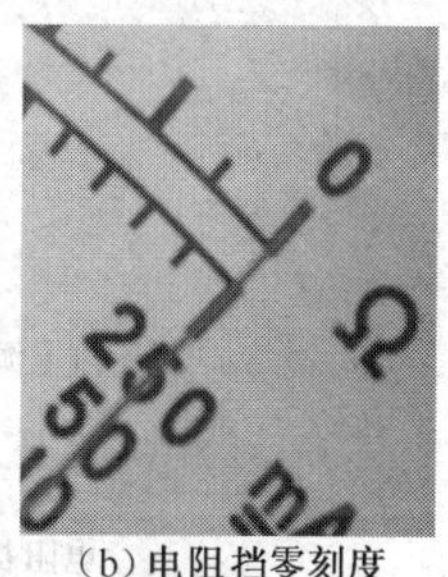

（b）电阻挡零刻度

图2-6　指针万用表的零刻度

2．指针式万用表的电阻挡挡位及表盘的识读知识

用指针式万用表进行电阻、电感、电容、半导体管测量时，均是使用万用表的电阻挡。

指针式万用表的电阻挡挡位有R×1、R×10、R×100、R×1k、R×10k这5个挡位，如图2-5所示。电阻挡读数刻度线在刻度盘的最上方，如图2-5所示。所测电阻的阻值等于表盘读数与所选择的电阻挡位的乘积。

例如，测量标称值为1kΩ的电阻的测量过程如下：

（1）将万用表的挡位打到R×100挡；

（2）将两表笔短接调零；

（3）将待测电阻接与两表笔之间，注意不要把双手和电阻的两个引脚及万用表的两个表笔并联捏在一起；

（4）待万用表的指针稳定后读数，数值为10.2，如图2-7所示；

（5）待测电阻阻值为：10.2×100＝1020Ω。

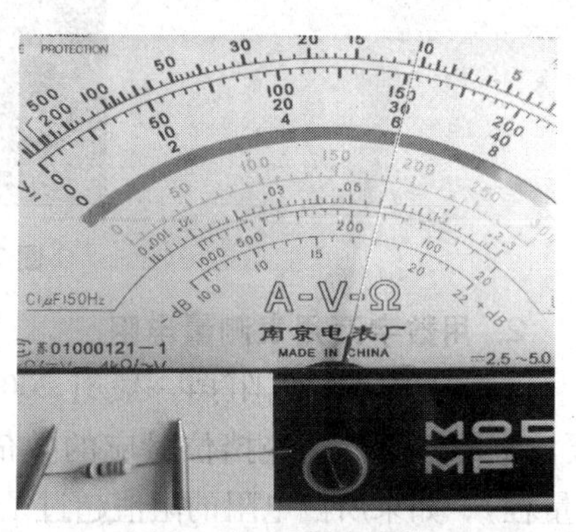

图2-7　万用表读数

3. 指针式万用表电阻挡使用的注意事项

（1）万用表的红表笔插入“+”插孔，黑表笔插入“-”插孔。

（2）测电阻的阻值时，为了减小测量误差，应选择合适的挡位。一般是让万用表指针稳定后，处于满刻度的2/3处。

（3）不可测量带电电阻的阻值。

（4）黑表笔连接的是万用表内电池的正极，红表笔连接的是万用表内电池的负极。

（5）万用表不用时，应将挡位打到交流最高挡；如果长时间不用，要取出万用表的电池。

项目知识拓展　用数字万用表检测元器件

1. 数字万用表的使用常识

数字万用表面板由显示屏电源开关、数值显示屏、挡位开关、挡位显示盘、电容管脚插孔、半导体管管脚插孔、表笔插孔等部分组成，如图2-8所示。

使用数字表时，首先应打开电源开关，然后选择合适的挡位、量程进行测量，测量完毕后，应将万用表挡位打到交流最高挡，关闭电源开关。

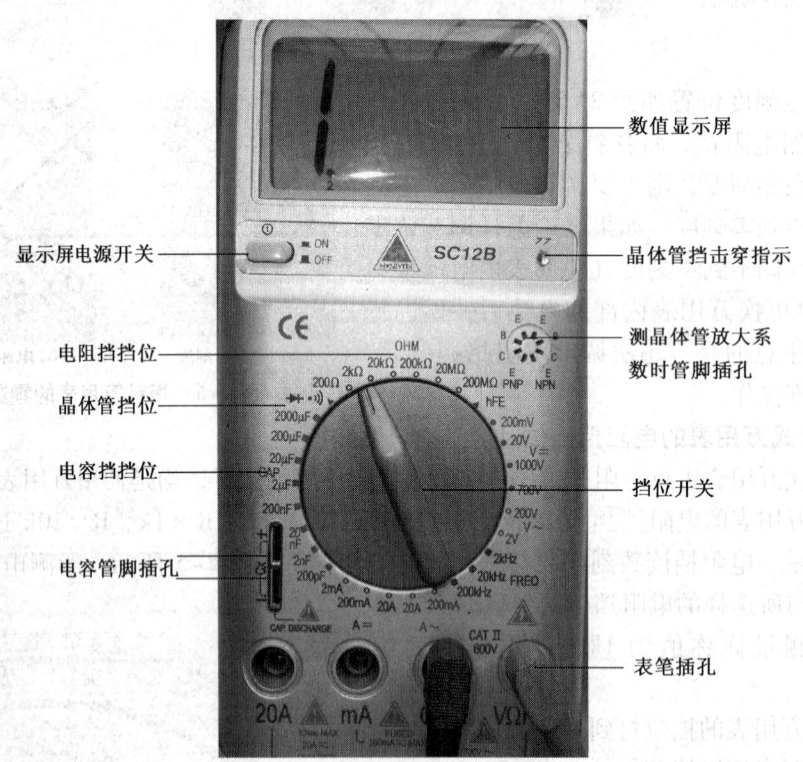

图2-8　数字万用表面板图

2. 用数字万用表测量电阻

数字万用表的电阻挡一般有200Ω、2kΩ、20kΩ、200kΩ、20MΩ、200MΩ等挡位。需要注意的方面：这些挡位对应的数值表示的是，选用该挡位时可以测量的电阻的最大值（量程），如果所测电阻的阻值超过了该量程，万用表读数显示为“1”，如图2-8所示。

同样测量标称值为1kΩ的电阻，测量过程如下：

（1）将红表笔插入“VΩ”插孔，将黑表笔插入“COM”插孔；

（2）打开万用表开关；

（3）将万用表挡位开关打到2kΩ挡；

（4）将待测电阻接入两表笔之间；

（5）万用表读数为1.002kΩ，如图2-9所示；

（6）关闭电源开关。

3. 用数字万用表测量电容

数字万用表可以测量电容的容量，数字表测量电容容量的挡位一般有200pF、2nF、20nF、200nF、2μF、20μF、200μF，有的数字表还有2000μF，如图2-8所示。这些挡位也表示选用该挡位时，所能测量范围的最大值。

用数字万用表测量标称值为22μF电容的过程如下：

（1）打开电源开关；

（2）选择量程为200μF挡；

（3）将待测电容两管脚短接，对电容器进行放电（否则易损坏万用表）；

（4）将电容器两管脚插入数字表的电容测量孔（电容有极性时要注意极性正确），万用表读数为18.14μF，如图2-10（a）所示；

（5）关闭电源开关。

注意：用数字表测量电容的容量时一般存在系统误差，系统误差因表而异，使用时要注意所用表的系统误差。用数字电容表测量该标称值为22μF的电容容量为22.6μF，如图2-10（b）所示。

图2-9　数字表测量1kΩ电阻

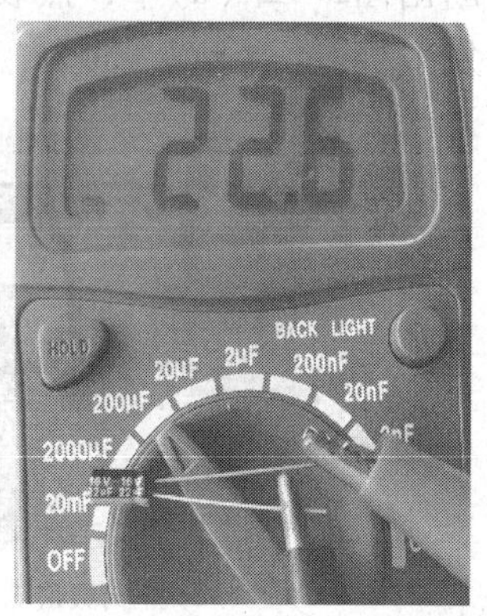

（a）数字表测量　　（b）电容表测量

图2-10　电容容量的测量

4. 用数字万用表测量二极管

用数字万用表测量二极管时，需要将万用表挡位打到半导体管挡，如图2-8所示，这时所显示的数值是二极管PN结的正向压降，而不是阻值。

图2-11所示为用数字万用表测量某二极管时所显示的数值。图2-11（a）显示的是二极管的正向压降为0.519V，此时与万用表红表笔相连接的管脚是二极管的正极，与黑表笔相连接的是二极管的负极。图2-11（b）显示数字为“1”（超出了万用表的量程），表明此时给二极管所加的电压为反偏电压（万用表红表笔相连接的管脚是二极管的负极，与黑表

笔相连接的是二极管的正极），或者是二极管内部已断路。

如果所测二极管的正反向压降都显示“1”，说明二极管已断路；如果所测二极管正反向压降都很小，说明二极管已击穿，此时伴有蜂鸣器的响声。

注意：和指针式万用表不同，数字表红表笔连接的是万用表内电源的正极，黑表笔连接的是万用表内电源的负极。

5. 用数字万用表测量三极管

（1）用数字表判断三极管的材料、类型和管脚

用数字表判断三极管的材料、类型和管脚的方法比较简单，其过程如下。

① 打开万用表开关，并将挡位开关打到半导体管挡。

② 用万用表的一个表笔接假定的三极管的基极，另一表笔接另外两极，如果两次显示的读数都不是“1”，说明假设正确，并记下两次读数。

③ 用步骤②找到基极时，如果基极接的是红表笔，说明三极管类型是 NPN 管；相反，如果基极接的是黑表笔，说明三极管的类型是 PNP 管。如果此时的读数是 0.6V 左右，说明三极管的材料是硅材料；如果读数是 0.3V 左右，说明三极管的材料是锗材料。然后比较两次读数的大小，读数小的表笔（基极所接的表笔除外）接的是集电极，读数大的表笔（基极所接的表笔除外）接的是发射极。

图 2-12 所示为用数字表判断三极管的过程。红表笔接三极管的中间电极，黑表笔接另外两个电极，读数均为 0.6V 左右，可以判断三极管的类型是 NPN 管，材料是硅材料，中间电极为基极，然后比较两读数的大小。图 2-12（a）中，黑表笔接右边电极时，显示的数值是 0.639V，数值小于图 2-12（b）中黑表笔接左边电极时的数值 0.642V，所以判断出图2-12（a)中，黑表笔所接的电极为集电极，图 2-12（b）中黑表笔所接的电极为发射极。

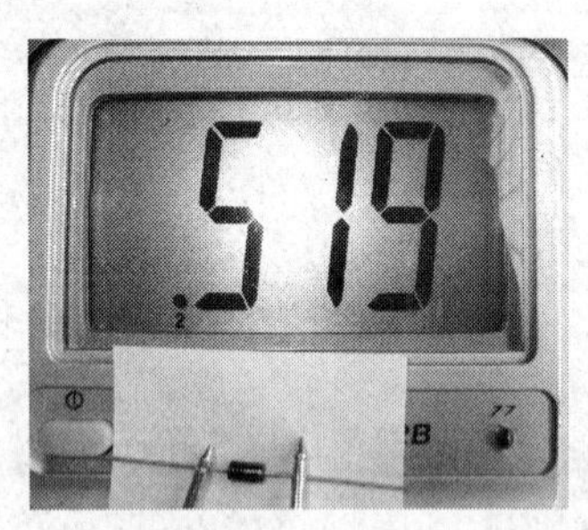

（a）正向数值

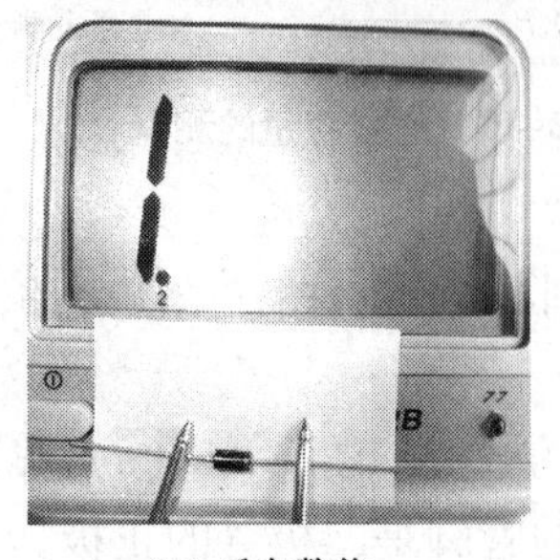

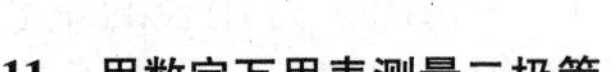

（b）反向数值

图 2-11　用数字万用表测量二极管

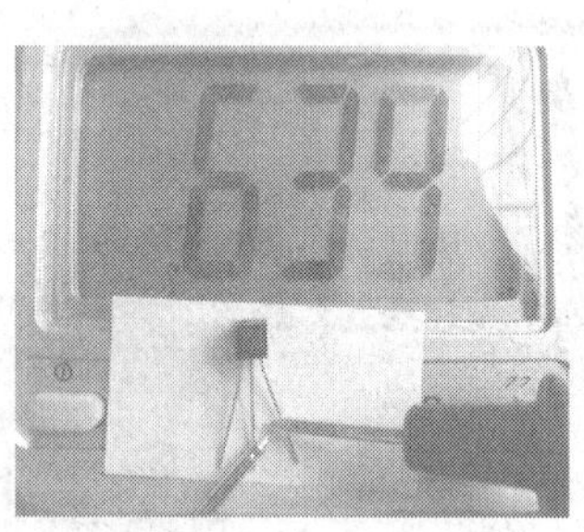

（a）

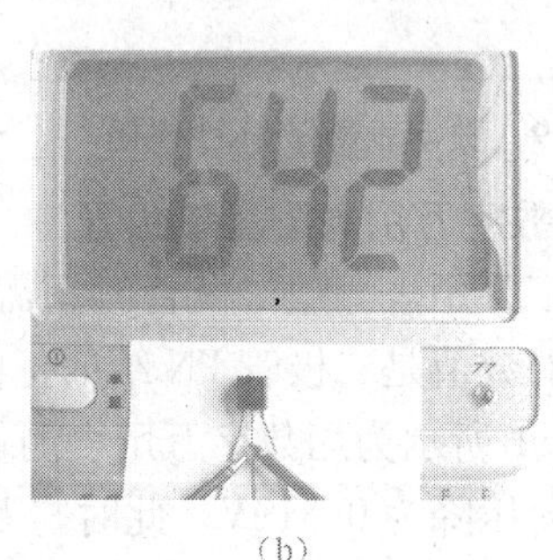

（b）

图 2-12　用数字万用表测量三极管

（2）用数字表测量三极管的放大系数（h_{FE}）

数字式万用表一般都有测三极管放大系数的挡位（h_{FE}），使用时先确认半导体管类型，然后将被测管子 e、b、c 这 3 脚分别插入数字式万用表面板上对应的三极管插孔中，万用表即显示出 h_{FE} 的近似值为 415，如图 2-13 所示。

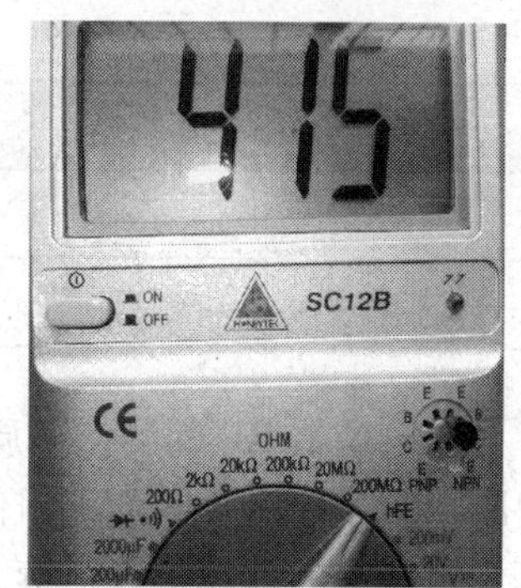

图 2-13　用数字万用表测三极管放大系数

关于用万用表检测元器件的方法，在网络上可以搜索到更多的知识，希望读者能更好的吸取网络上有益的知识来扩大知识面。

项目学习评价

一、 思考题

（1）用指针万用表检测电阻时，为什么要进行欧姆挡的调零？如果不调零对结果有什么影响？

（2）用指针万用表测量一电阻的阻值时，指针几乎没有偏转或者偏转角度很小，是否可以确认该电阻已损坏？

（3）如何用指针万用表检测一只 4.7μF 的电容器的极性与好坏？

（4）如何用指针万用表判断二极管的极性和质量的好坏？

（5）如何用指针式万用表判断三极管的类型？

（6）如何用数字万用表检测电容的容量？

（7）如何用数字万用表判断三极管的 3 个电极？

二、 技能训练

将学生根据情况分组，进行如下训练。

1. 用万用表对电阻器进行测量和判断（以实验机型收音机中所用元器件为例，后同）

（1）固定电阻的测量及质量判断，并将结果填入表 2-5。

表 2-5　　固定电阻的测量及质量判断

序号	标称阻值	实测阻值	质量判断	序号	标称阻值	实测阻值	质量判断
R_1				R_8			
R_2				R_9			
R_3				R_{10}			
R_4				R_{11}			
R_5				R_{12}			
R_6				R_{13}			
R_7				R_{14}			

续表

序号	标称阻值	实测阻值	质量判断	序号	标称阻值	实测阻值	质量判断
R_{15}				R_{17}			
R_{16}							

（2）可调电位器 RP 的测量和质量判断：测量每两个引脚的电阻值，找出固定端引脚和可变端引脚。测量固定端间的电阻值、固定端与可变端间的电阻值，同时旋转转轴或滑动手柄观察万用表指针的移动是否连续，然后判定电位器质量好坏，并将结果填入表 2-6。

表 2-6　可调电位器 RP 的测量和质量判断

元 件 序 号	固定端间阻值	指针移动是否连续	质 量 判 断
RP			

2. 用万用表对电容器进行测量和判断

（1）用指针式万用表测量电容器的漏电电阻。

（2）用数字式万用表或电容表实测电容器容量。

（3）综合各项测量值判断电容器的质量。

（4）对估测电容值和实测电容值进行比较，总结估测电容值的经验。

将上述测量与判断结果填入表 2-7。

表 2-7　用万用表对电容器进行测量和判断

元 件 序 号	万用表挡位	指针偏转角度	漏 电 电 阻	实测电容值	质 量 判 断
C_1					
C_2					
C_3					
C_4					
C_5					
C_6					
C_7					
C_8					
C_9					
C_{10}					
C_{11}					
C_{12}					
C_{13}					
C_{14}					
C_{15}					

续表

元件序号	万用表挡位	指针偏转角度	漏电电阻	实测电容值	质量判断
C_{16}					
C_{17}					
C_{18}					
C_{19}					

3. 用万用表对电感器进行测量和判断

电阻值可根据电感器的实际引脚数来填写，将结果填入表2-8。

表2-8　　用万用表对电感器进行测量和判断

序号	数值1	数值2	数值3	数值4	数值5	数值6	质量判断
L_1							
L_2							
T_1							
T_2							
T_3							
T_4							
T_5							

4. 用万用表对半导体管进行测量和判断

（1）测量半导体二极管

① 用万用表测量半导体二极管的极性并标注正、负极（正极是“1”端，还是“2”端），与观察法判定的结果进行对比。

② 用万用表 R×1k 挡测量二极管，判断二极管的好坏。

将上述测量结果填入表2-9。

表2-9　　用万用表对半导体二极管进行测量和判断

序号	正极	负极	与观察法比较结果（填同或否）	正向电阻	反向电阻	质量判断
VD_4						

（2）用万用表测量半导体三极管

① 三极管类型的判断：通过测量判断三极管为PNP型还是NPN型。

② 极性的判断：通过测量判断三极管的3个极。

③ 利用万用表估测三极管放大系数 β 值，判定其放大系数是否正常。

④ β 值的测量：用万用表 h_{FE} 挡测量各管的 β 值并记录。

综合以上测量结果，判断半导体管好坏并将结果填入表2-10。

表 2-10　　用万用表对半导体三极管进行测量和判断

序号	管　型	外形及各管脚极性	放大系数是否正常	β值	质量判断
VT_1					
VT_2					
VT_3					
VT_4					
VT_5					
VT_6					
VT_7					

三、 项目评价评分表

1. 个人知识和技能评价表

班级：＿＿＿＿＿＿＿＿　姓名：＿＿＿＿＿＿＿＿　成绩：＿＿＿＿＿＿

评价方面	评价内容及要求	分值	自我评价	小组评价	教师评价	得分
项目知识内容	① 掌握指针万用表电阻挡的使用常识和注意事项	10				
	② 掌握用指针万用表测量电阻时的读数方法	5				
	③ 掌握用数字万用表检测电阻、电容、二极管、三极等元器件的方法	20				
项目技能内容	① 掌握用指针万用表检测电阻的方法	10				
	② 掌握用指针万用表检测电容的方法	10				
	③ 掌握用指针万用表检测变压器的方法					
	④ 掌握用指针万用表检测二极管的方法	15				
	⑤ 掌握用指针万用表检测三极管的方法	20				
安全文明生产和职业素质培养	① 安全用电，规范操作	5				
	② 文明操作，不迟到早退，操作工位卫生良好，按时按要求完成实训任务	5				

2. 小组学习活动评价表

班级：＿＿＿＿＿＿＿＿　小组编号：＿＿＿＿＿＿＿＿　成绩：＿＿＿＿＿＿

评价项目	评价内容及评价分值			自评	互评	教师点评
分工合作	优秀（12～15 分）	良好（9～11 分）	继续努力（9 分以下）			
	小组成员分工明确，任务分配合理，有小组分工职责明细表	小组成员分工较明确，任务分配较合理，有小组分工职责明细表	小组成员分工不明确，任务分配不合理，无小组分工职责明细表			
获取与项目有关质量、市场、环保等内容的信息	优秀（12～15 分）	良好（9～11 分）	继续努力（9 分以下）			
	能使用适当的搜索引擎从网络等多种渠道获取信息，并合理地选择、使用信息	能从网络获取信息，并较合理地选择、使用信息	能从网络或其他渠道获取信息，但信息选择不正确，信息使用不恰当			
实操技能操作	优秀（24～30 分）	良好（18～23 分）	继续努力（18 分以下）			
	能按技能目标要求规范完成每项实操任务，能准确使用万用表对元器件进行测量	能按技能目标要求基本完成每项实操任务，测量某些元器件时不够熟练	能按技能目标要求基本完成实操任务，但规范性不够，对一些元器件测量不够熟练，错误率高			
基本知识分析讨论	优秀（16～20 分）	良好（12～15 分）	继续努力（12 分以下）			
	讨论热烈、各抒己见，概念准确、原理思路清晰、理解透彻，逻辑性强，并有自己的见解	讨论没有间断、各抒己见，分析有理有据，思路基本清晰	讨论能够展开，分析有间断，思路不清晰，理解不透彻			
成果展示	优秀（16～20 分）	良好（12～15 分）	继续努力（12 分以下）			
	能很好地理解项目的任务要求，成果展示逻辑性强	能较好地理解项目的任务要求	基本理解项目的任务要求，成果展示停留在书面和口头表达			
总分						

项目 3 焊接和拆焊技术

项目情景创设

在电子设备整机装配和维修过程中，焊接和拆焊技术是影响装配质量以及维修质量的重要因素。焊接和拆焊技术本身并不复杂，因此许多人都忽视了它的重要性，实际上它对整机的性能指标和可靠性具有极大的影响。如果在装配维修工作中不按工艺要求，草率地进行焊接和拆焊，往往会引起元器件虚焊、假焊或印制板铜箔起泡脱落等问题，甚至有可能损坏元器件。一些读者制作完成后，收音机不能正常工作，有经验的教师采取的方法是将印制板上的所有焊点全部检查甚至用烙铁快速地重焊一遍，从而可轻易地将故障排除掉，焊接技术的重要性由此可略见一斑，手工焊接技术如图 3-1 所示。

图 3-1　手工焊接技术

项目教学目标

项目教学目标		学时	教学方式
技能目标	① 掌握手工通孔元件的焊接步骤 ② 了解焊点质量好坏的判断方法 ③ 掌握几种常用的拆焊方法 ④ 了解贴片元件的焊接方法和步骤	5 课时	教师演示，学生焊接操作 重点：元件的焊接步骤；焊接时间的掌握；拆焊的方法 教师指导、答疑
知识目标	① 掌握焊接技术要领 ② 掌握拆焊的技术要领 ③ 了解电烙铁的使用常识和维护方法	2 课时	教师讲授、自主探究
情感目标	激发学生掌握焊接技术的兴趣，培养信息素养、团队意识	课余时间	网络查询、小组讨论、相互协作

项目任务分析

本项目通过焊接和拆焊技术训练，要求掌握下列基本技能和基本知识。

（1）掌握通孔元件的焊接步骤和方法。

（2）掌握焊点质量的好坏判别标准。

（3）掌握拆焊方法和技术。

（4）掌握贴片元件的焊接方法和焊接步骤。

（5）掌握焊接和拆焊的技术要领。

（6）了解焊接工具的使用常识和维护方法。

项目基本功

3.1　项目基本技能

任务1　手工焊接技术

在手工制作产品、设备维修中，手工焊接技术仍是主要的焊接方法，它是焊接工艺的基础。在正确地掌握焊接坐姿、烙铁的握法和焊锡丝的拿法等基本要领上，按照要求对元器件进行“一刮”、“二镀”、“三测”等工序后，即可以运用手工焊接的方法进行“四焊”的工序。

1．手工焊接的五步焊接法

焊接操作要掌握好烙铁的温度与焊接时间，并选择恰当的烙铁头和焊点的接触位置，才可能得到良好的焊点，正确的焊接操作过程可以分成5个步骤，如表3-1所示。

表3-1　　手工焊接的五步焊接法

步　骤	图　示	方　法
准备施焊	焊锡丝　烙铁	准备好被焊元器件，将电烙铁加热到工作温度，烙铁头保持干净并吃好锡，一手握好电烙铁，一手拿好焊锡丝，烙铁头和焊锡丝同时移向焊接点，电烙铁与焊料分别居于被焊元器件两侧
加热焊件		烙铁头接触被焊元器件，包括被焊元器件端子和焊盘在内的整个焊件全体要均匀受热。一般让烙铁头部分（较大部分）接触热容量较大的焊件，烙铁头侧面或边缘部分接触热容量较小的焊件，以保证焊件均匀受热，不要施加压力或随意拖动烙铁

续表

步 骤	图 示	方 法
送入焊丝	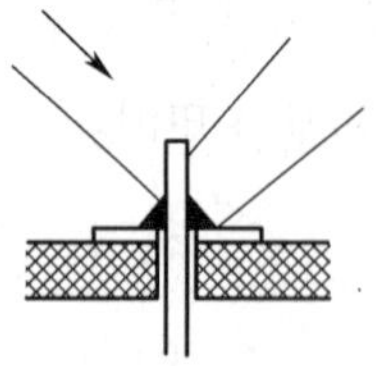	当被焊部位升温到焊接温度时，送上焊锡丝并与元器件焊点部位接触，熔化并润湿焊点。焊锡应从电烙铁对面接触焊件。送锡量要合适，一般以能全面润湿整个焊点为佳。如果焊锡堆积过多，内部就可能掩盖着某种缺陷隐患，而且焊点的强度也不一定高；但如果焊锡填充得太少，就会造成焊点不够饱满、焊接强度较低的缺陷
移开焊丝	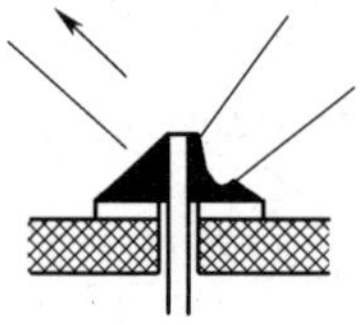	当焊锡丝熔化到一定量以后，迅速移去焊锡丝
移开烙铁	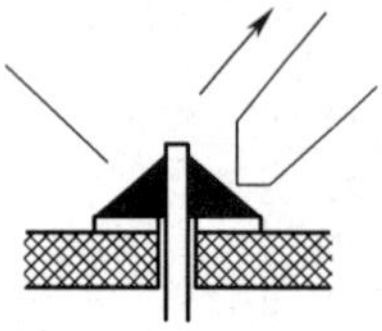	移去焊料后，在助焊剂还未挥发完之前，迅速移去电烙铁，否则会留下不良焊点。电烙铁撤离方向会影响焊锡的留存量，一般以与轴向成45°角的方向撤离。撤掉电烙铁，应往回收，回收动作要干脆、熟练，以免形成拉尖；收电烙铁的同时，应轻轻旋转一下，这样可以吸收多余的焊料

2. 手工焊接的三步焊接法

对于初学者来说，可以将五步焊接法中的“加热焊件”、“送入焊丝”合并为一步，“移开焊丝”、“移开烙铁”合并为一步，概括为三步焊接法，如表3-2所示。

表3-2　手工焊接的三步焊接法步骤

步 骤	图 示	方 法
准备	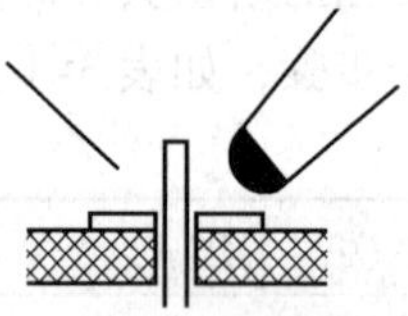	右手持电烙铁，左手拿焊锡丝并与电烙铁靠近，处于随时可以焊接的状态
加热与加焊料	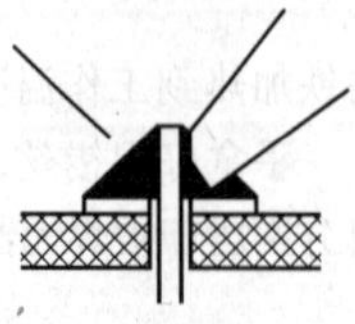	在被焊件的两侧，同时放上电烙铁和焊锡丝，并熔化适当的焊料
移开烙铁和焊锡丝	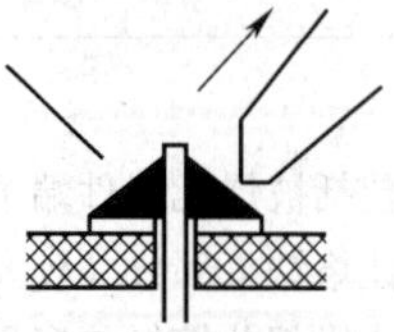	当焊料的扩散达到要求后，迅速拿开烙铁和焊锡丝。拿开焊锡的时间不得迟于移开电烙铁的时间

3. 焊接过程中的操作要点和注意事项

焊接过程中的操作要点和注意事项如表3-3所示。

表3-3　　焊接过程中的操作要点和注意事项

操作要点	注意事项
焊接温度要适当	如温度过低，焊锡只是简单地依附在金属的表面上，不能形成金属化合物，就会形成虚焊。温度过低还会使焊剂不能充分挥发，在焊接金属物表面与焊锡之间形成松香层。由于松香是不导电的，因而形成假焊
焊接时间要适当	焊接的时间一般应在几秒钟内。如果焊接时间过长，则焊接点上的焊剂完全挥发，就失去了助焊作用。焊接时间过长、温度过高，还容易损坏被焊器件、导线绝缘层及接点等 焊接时间也不宜过短。时间过短则焊接点的温度达不到焊接温度，焊料不能充分熔化，未挥发的焊剂会在焊料与焊接点之间形成绝缘层，形成虚焊、假焊
焊锡量要合适，不要使用过多的焊剂	实际焊接时一定要用适量的焊锡，得到合适的焊点。过量的焊剂不仅增加了焊后清洗的工作量，延长了工作时间，而且当加热不足时，会造成“加渣”现象
防止焊接点上的焊锡任意流动	理想的焊接应当是焊锡只焊接在需要焊接的地方。温度过高时，焊料流动很快，不易控制。在焊接操作上，开始时焊料要少些，待焊接点达到焊接温度、焊料流入焊接点空隙后再补充焊料，迅速完成焊接
焊接过程中不要触动焊接点	在焊接点上的焊料尚未完全凝固时，不应移动焊接点上被焊器件及导线，否则焊接点要变形，出现虚焊现象
及时做好焊接后的清除工作	焊接完毕后，应将剪掉的导线头及焊接时掉下的锡渣等及时清除，防止落在电路板上带来隐患

4. 合格焊点的标准与检查

对焊点的质量要求中最关键的一点，就是必须避免假焊、虚焊和连焊。假焊会使电路完全不通；虚焊会使焊点成为有接触电阻值的连接状态，使电路的工作状态时好时坏没有规律；连焊会造成短路。此外，也有一部分虚焊点，在电路开始工作的一段较长时间内，保持焊点的接触尚好，因而电路工作正常，但在工作一段时间后，接触表面逐步被氧化，接触电阻值慢慢变大，最后导致电路工作不正常。所以焊接完成后应对焊接质量进行外观检验，其标准和方法如表3-4所示。

表3-4　　合格焊点的外观质量标准与检查方法

标准		① 焊点表面明亮、平滑有光泽，对称于引线，无针眼、无砂眼、无气孔 ② 焊锡充满整个焊盘，形成对称的焊角 ③ 焊接外形应以焊件为中心，均匀、成裙状拉开 ④ 焊点干净，见不到焊剂的残渣，在焊点表面应有薄薄的一层焊剂 ⑤ 焊点上没有拉尖、裂纹
方法	目测法	用眼睛观看焊点的外观质量及电路板整体的情况是否符合外观检验标准，即检查各焊点是否有漏焊、连焊、桥接、焊料飞溅以及导线或元器件绝缘的损伤等焊接缺陷，如下图所示 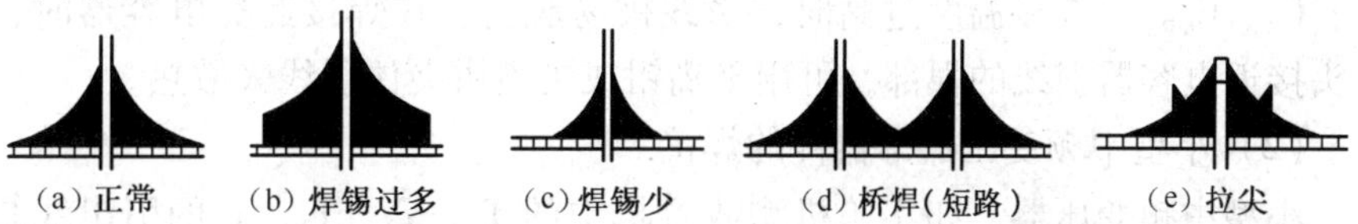 (a) 正常　(b) 焊锡过多　(c) 焊锡少　(d) 桥焊(短路)　(e) 拉尖

续表

方法	手触法	用手触摸元器件（不是用手去触摸焊点），对可疑焊点也可以用镊子轻轻牵拉引线，观察焊点有无异常。这对发现虚焊和假焊特别有效，可以检查有无导线断线、焊盘脱落等缺点

任务2　印制电路板和特殊元器件的焊接

印制电路板的焊接质量必须可靠一致，才能保证整机的性能质量，所以焊接印制电路板在整机装配中占有重要的地位。尽管在自动化生产中印制电路板的焊接技术日趋完善，但在产品研制、维修等领域主要还是靠手工操作进行焊接。

1．印制电路板的手工焊接

印制电路板的手工焊接的特点、过程和注意事项如表3-5所示。

表3-5　印制电路板的手工焊接的特点、过程和注意事项

印制电路板的焊接特点		印制电路板是用黏合剂把铜箔压粘在绝缘板上制成的，铜箔与这些绝缘材料的粘合能力本来就不强，高温时就更差。由于铜箔与绝缘板的膨胀系数不同，如果焊接时温度过高、时间过长，就会引起印制电路板起泡、变形甚至使铜箔脱落
过程	焊接前的准备	① 印制电路板的检查：在插装元器件前检查印制电路板的可焊性，检查印制电路板的表面处理是否合格，有无氧化发黑或污染变质，如有氧化变质现象可用蘸有无水酒精的棉球擦拭 ② 元器件检查与镀锡（“刮”、“镀”、“测”） ③ 元器件的成形（后面有专门章节介绍） ④ 元器件的插装（后面有专门章节介绍）
	印制电路板的焊接	可以采用对准焊接点、接触焊接点、移开焊锡丝和拿开烙铁头的三步焊接法。在连续焊接时，因每焊完一个焊接点后烙铁头上剩下少量焊锡和未完全挥发的焊剂，所以可取消上述第一个步骤，直接逐个地用烙铁头和焊锡丝接触焊接点完成焊接
焊接注意事项		温度要适当，加温时间要短。印制电路板的焊盘体积小，铜箔薄，一般每个焊盘只穿入一根导线，所以每个焊接点能承受的热量很少。只要烙铁头稍一接触，焊接点即可达到焊接温度，烙铁头的温度下降也不多。接触时间过长，焊盘就容易损坏，所以焊接的时间一定要短，一般以2~3s为宜

2．有特殊要求的元器件的焊接

（1）瓷介电容器的焊接

片状与管状瓷介电容器的引线脚是直接焊接在电容器极片上的，如实验机型收音机中的C_1、C_2、C_6。当焊接温度过高时，引线极易脱落。在焊接此类电容器时，应注意不要使烙铁头接近电容器引线的根部，可用平嘴钳或尖嘴钳夹住引线来散热。

（2）小型中频变压器等器件的焊接

小型中频变压器，如实验机型收音机中的T_1、T_2、T_3，它的引出线是压铸在胶木体上

的，内部线圈焊接在引线的一端，而引线的另一端直接焊接在印制电路板的相应焊盘上。它的引出线比较集中，距离较近，金属罩内又有塑料骨架，焊接时若焊接点过热，其内部线圈可能与引出线脱焊。金属罩的温度过高还会使内部塑料骨架变形甚至损坏。所以，焊接此类元器件一定要严格控制焊接时间和温度，可用平嘴钳或尖嘴钳夹住引线来散热。

（3）半导体管的焊接

在一般产品上焊接半导体管时，如实验机型收音机中的 $VT_1 \sim VT_7$，可使用平嘴钳或尖嘴钳夹住引线散热，如图3-2所示。

图3-2　在焊接中利用尖嘴钳散热

任务3　拆焊技术

拆焊又称解焊。在装配、调试和维修过程中，常常需要将已焊接的连线或元器件拆除，这个过程就是拆焊，它是焊接技术的一个重要组成部分。在实际操作上，拆焊要比焊接更困难，更需要使用恰当的方法和工具。拆焊不当很容易损坏元器件，或使铜箔脱落而破坏印制电路板。因此，拆焊技术也是电子技术人员应熟练掌握的一项操作基本功。

1．拆焊工具

除普通电烙铁外，常用的拆焊工具还有如下几种。

（1）空心针管

可用医用针管改装，要选取不同直径的空心针管若干只，市场上也有出售维修专用的空心针管，如图3-3所示。

（2）镊子

拆焊以选用端头较尖的不锈钢镊子为佳，它可以用来夹住元器件引线，挑起元器件引脚或线头。

（3）吸锡绳

一般是利用铜丝编织的屏蔽线电缆或较粗的多股导线制成。

（4）吸锡器

吸锡器用以吸取印制电路板焊盘的焊锡，它一般与电烙铁配合使用，如图3-4所示。

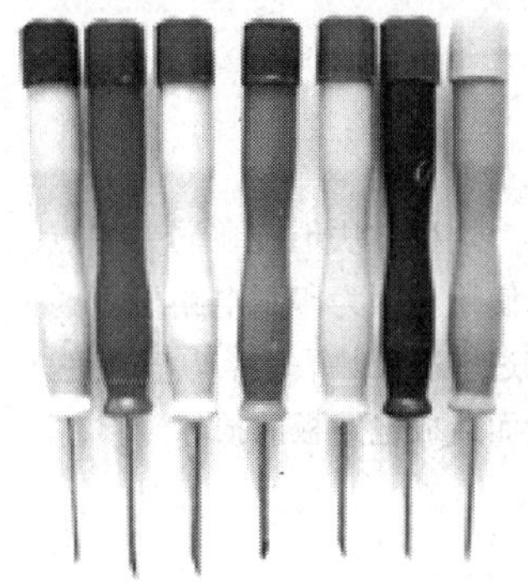

图3-3　空心针管

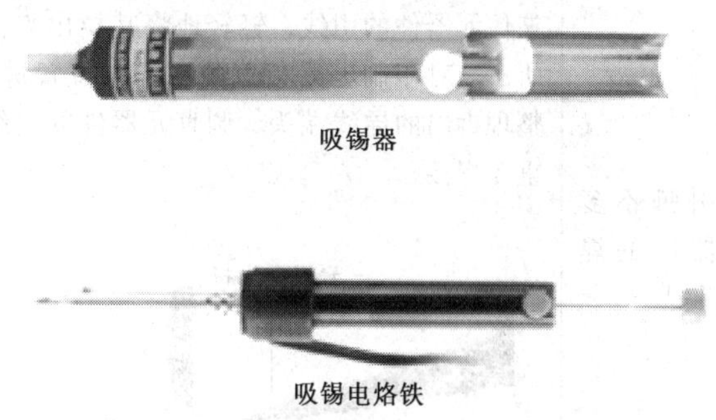

图3-4　吸锡器和吸锡电烙铁

（5）吸锡电烙铁

吸锡电烙铁主要用于拆换元器件，它是手工拆焊操作中的重要工具，用以加温拆焊点，同时吸去熔化的焊料。它与普通电烙铁不同的是其烙铁头是空心的，而且多了一个吸锡装置，如图 3-5 所示。

2. 拆焊技术的操作要领

拆焊技术的操作要领如表 3-6 所示。

表 3-6　拆焊技术的操作要领

操作要领	说明
严格控制加热的时间与温度	一般元器件及导线绝缘层的耐热性较差，受热易损器件对温度更是十分敏感。在拆焊时，如果时间过长、温度过高会烫坏元器件，甚至会使印制电路板焊盘翘起或铜箔脱落，进而给继续装配造成很多麻烦。因此，一定要严格控制加热的时间与温度
拆焊时不要用力过猛	塑料密封器件、瓷器件和玻璃端子等在加温情况下，强度都有所降低，拆焊时用力过猛会引起器件和引线脱离或铜箔与印制电路板脱离
不要强行拆焊	不要用电烙铁去撬或晃动焊接点，不允许用拉动、摇动或扭动等办法去强行拆除焊接点

3. 各类焊点的拆焊方法和注意事项

各类焊点的拆焊方法和注意事项如表 3-7 所示。

表 3-7　各类焊点的拆焊方法和注意事项

焊点类型	拆焊方法	注意事项
引线焊点拆焊	首先用烙铁头去掉焊锡，然后用镊子撬起引线并抽出。如引线用缠绕的焊接方法，则要将引线用工具拉直后再抽出	撬、拉引线时不要用力过猛，也不要用烙铁头乱撬，要先弄清引线的方向。注意拆焊时加热时间不要过长，避免引线绝缘层损坏
引脚不多元器件的焊点拆焊	采用分点拆焊法，用电烙铁直接进行拆焊。一边用电烙铁对焊点加热至焊锡熔化，一边用镊子夹住元器件的引线，轻轻地将其拉出来，如下图所示。对印制电路板上的原焊点位置进行清理，整理拆出的导线端头，调直元器件的引线，以备重新焊接 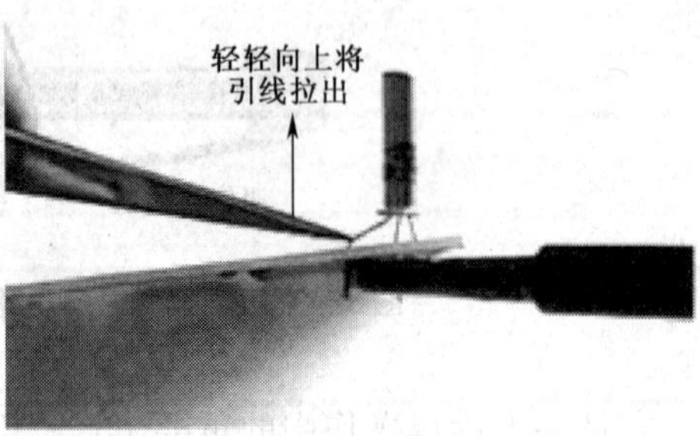 	这种方法不宜在同一焊点上多次使用，因为印制电路板上的铜箔经过多次加热后很容易与绝缘板脱离而造成电路板的损坏

续表

<table>
<tr><th colspan="2">焊点类型</th><th>拆焊方法</th><th>注意事项</th></tr>
<tr><td colspan="2">有塑料骨架的元器件的拆焊</td><td>因为这些元器件的骨架不耐高温，所以可以采用间接加热拆焊法。拆焊时，先用电烙铁加热除去焊接点焊锡，露出引线的轮廓，再用镊子或捅针挑开焊盘与引线间的残留焊锡，最后用烙铁头对已挑开的个别焊点加热，待焊锡熔化时，趁热拔下元器件</td><td>不可长时间对焊点加热，防止塑料骨架变形</td></tr>
<tr><td rowspan="3">焊点密集的元器件的拆焊</td><td>采用空心针管</td><td>使用电烙铁除去焊接点焊锡，露出引脚的轮廓。选用直径合适的空心针管，将针孔对准焊盘上的引脚。待电烙铁将焊锡熔化后迅速将针管插入电路板的焊孔并左右旋转，这样元器件的引线便和焊盘分开了，如下图所示 
优点：引脚和焊点分离彻底，拆焊速度快，很适合体积较大的元器件和管脚密集的元器件的拆焊
缺点：不适合如双联电容器引脚呈扁片状元器件的拆焊；不适合像导线这样不规则引脚的拆焊</td><td rowspan="2">① 选用针管的直径要合适。直径小了引脚插不进；直径大了，在旋转时很容易使焊点的铜薄和电路板分离而损坏电路板
② 在拆焊中周、集成电路等管脚密集的元器件时，应首先使用电烙铁除去焊接点焊锡，露出引脚的轮廓。以免连续拆焊过程中残留焊锡过多而对其他管脚拆焊造成影响
③ 拆焊后若有焊锡将引线插孔封住可用捅针将其捅开</td></tr>
<tr><td>采用吸锡电烙铁</td><td>它具有焊接和吸锡的双重功能。在使用时，只要把烙铁头靠近焊点，待焊点熔化后按下按钮，即可把熔化的焊锡吸入储锡盒内</td></tr>
<tr><td>采用吸锡器</td><td>吸锡器本身不具备加热功能，它需要与电烙铁配合使用。拆焊时先用电烙铁对焊点进行加热，待焊锡熔化后撤去电烙铁，再用吸锡器将焊点上的焊锡吸除，如下图所示 </td><td>撤去电烙铁后，吸锡器要迅速地移至焊点吸锡，避免焊点再次凝固而导致吸锡困难</td></tr>
</table>

续表

焊点类型		拆焊方法	注意事项
焊点密集的元器件的拆焊	采用吸锡绳	使用电烙铁除去焊接点焊锡，露出导线的轮廓。将在松香中浸过的吸锡绳贴在待拆焊点上，用烙铁头加热吸锡绳，通过吸锡绳将热量传导给焊点熔化焊锡，待焊点上的焊锡熔化并吸附在吸锡绳上后，提起吸锡绳。如此重复几次即可把焊锡吸完，如下图所示。此方法在高密度焊点拆焊操作中具有明显的优势	吸锡绳可以自制，方法是将多股胶质电线去皮后拧成绳状（不宜拧得太紧），再加热吸附上松香焊剂即可

3.2　项目基本知识

知识点1　电烙铁的使用与维护

常用的电烙铁有外热式和内热式两大类。电子设备装配与维修中常用的焊接工具是内热式电烙铁，所以本知识点重点介绍内热式电烙铁。

1．内热式电烙铁的结构

内热式电烙铁的发热器件（烙铁芯）装置于烙铁头内部，故称为内热式电烙铁，常用的规格有20W、30W、35W和50W等，其外形如图3-5所示。它的结构比较简单，由手柄、外壳、加热体和烙铁头4个主要部分组成。

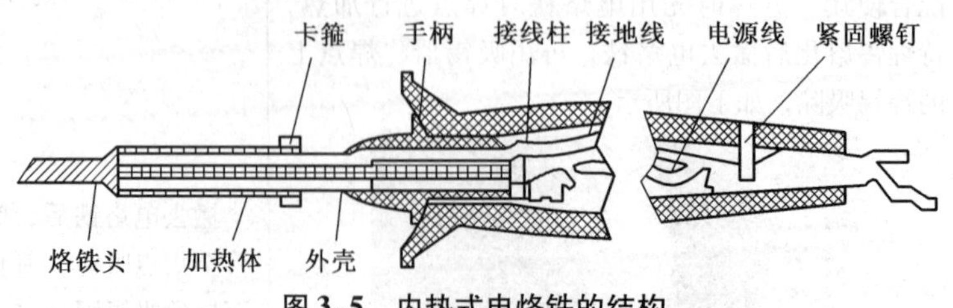

图3-5　内热式电烙铁的结构

注：在具有熟练的焊接操作技术的基础上，宜选用较大瓦数的电烙铁，如35W或50W内热式电烙铁。

2．烙铁头的处理

一把新烙铁不能拿来就用，必须先去掉烙铁头表面氧化层，再镀上一层焊锡后才能使用。不管烙铁头是新的，还是经过一段时间的使用而损坏或表面发生严重氧化，都要先用锉刀或细砂纸将烙铁头按自然角度去掉端部表层及损坏部分并打磨光亮，然后镀上一层焊锡。其处理方法和步骤如表3-8所示。

表3-8　电烙铁镀锡步骤

步　骤	图　示	方　法
1		待处理的烙铁头
2		通电前，用锉刀或砂布打磨烙铁头，将其氧化层除去，露出平整光滑的铜表面
3		通电后，将打磨好的烙铁头紧压在松香上，随着烙铁头的加温松香逐步熔化，使烙铁头被打磨好的部分完全浸在松香中
4		待松香出烟量较大时，取出烙铁头，用焊锡丝在烙铁头上镀上薄薄的一层焊锡
5		检查烙铁头的使用部分是否全部镀上焊锡，如有未镀的地方，应重涂松香、镀锡，直至镀好为止

3．内热式电烙铁使用的注意事项

① 烙铁头要经常保持清洁。

② 工作时电烙铁要放在特制的烙铁架上，以免烫坏其他物品而造成安全隐患，常用的烙铁架如图3-6所示。烙铁架所放位置一般是在工作台的右上方，以方便操作。

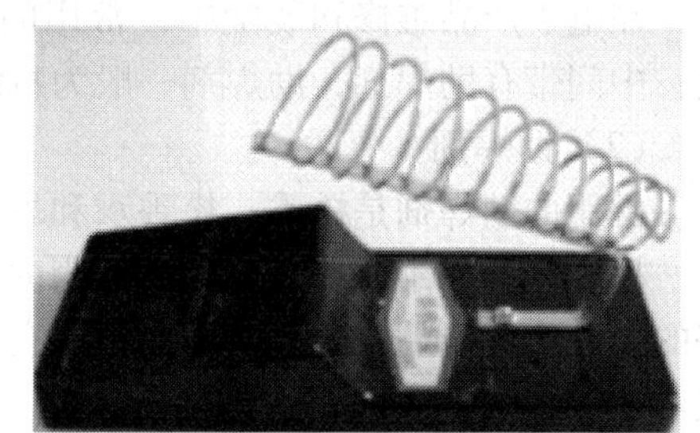

图3-6　烙铁架

③ 利用松香判断烙铁头的温度。

焊接过程中需要使烙铁处于适当的温度，可以用松香来判断烙铁头的温度是否适合焊接。在烙铁头上熔化一点松香，根据松香的烟量大小判断温度是否合适，如表3-9所示。

表 3-9　　利用松香判断烙铁头的温度

现　象	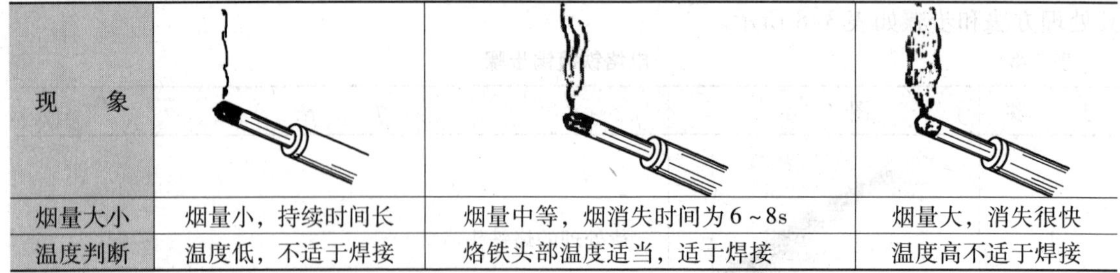		
烟量大小	烟量小，持续时间长	烟量中等，烟消失时间为 6 ~ 8s	烟量大，消失很快
温度判断	温度低，不适于焊接	烙铁头部温度适当，适于焊接	温度高不适于焊接

4．电烙铁的拆装与故障处理

（1）电烙铁的拆装

拆卸电烙铁时，首先拧松手柄上的紧固螺钉，旋下手柄，然后拆下电源线和烙铁芯，最后拔下烙铁头。安装时的次序与拆卸相反，只是在旋紧手柄时，勿使电源线随手柄一起扭动，以免将电源线接头处绞断而造成开路或绞在一起而形成短路。需要特别指出的是，在安装电源线时，其接头处裸露的铜线一定要尽可能短，以免发生短路事故。

（2）电烙铁的故障

电烙铁的故障一般有短路和开路两种。

如果是短路，短路的地方一般在手柄中或插头中的接线处。此时用万用表电阻挡检查电源线插头之间的电阻，会发现阻值趋近于零。

如果接上电源几分钟后，电烙铁还不发热，若电源供电正常，那么一定在电烙铁的工作回路中存在开路现象。以 20W 电烙铁为例，这时应首先断开电源，然后旋开手柄，用万用表 R×100 挡测烙铁芯两个接线柱间的电阻值。如果测出的电阻值在 2kΩ 左右，说明烙铁芯没问题，一定是电源线或接头脱焊，此时应更换电源线或重新连接；如果测出的电阻值无穷大，则说明烙铁芯的电阻丝烧断，此时应更换烙铁芯，即可排除故障。

知识点 2　焊接前的知识准备

焊接是电子产品组装中主要的环节之一。一个虚焊点就会给整机的调试带来相当大的麻烦。由于要在众多焊点中找到虚焊点不是一件简单的事，所以焊接工作必须精益求精。在电子产品的修理和装配中，焊接前的准备也是焊接的关键工序之一。

1．焊料、助焊剂的选用

（1）焊料

在电子产品维修和装配中，常用的锡铅焊料是焊锡。市面上出售的焊锡通常制作成管状，中间带有助焊剂，助焊剂一般为特级松香的混合物。

（2）助焊剂

常用的助焊剂是松香、松香水和焊锡膏。

松香是电子维修和装配中最常用的助焊剂。松香有黄色、褐色两种，以淡黄色、透明度好的松香为首选品。松香水不是水，它是由松香、酒精、三乙醇胺配制而成的液体助焊剂，三者比例为 10:39:1。

2．焊接的坐姿、烙铁的握法及焊锡丝的拿法

（1）焊接的坐姿

一般应坐着焊接，挺胸端坐，切勿弯腰，鼻尖到烙铁头的位置至少应保持 20cm 以上的距离，通常以 40cm 为宜（距烙铁头 20 ~ 30cm 处的有害化学气体、烟尘的浓度是卫生标准所允许的）。

（2）电烙铁的握法

电烙铁的握法一般有3种。第一种“反握式”，如图3-7（a）所示，反握式不太常用；第二种“正握式”，如图3-7（b）所示，通常使用大功率电烙铁时采用这种握法，烙铁头为弯形，它适合于大型电子设备的焊接；第三种“握笔式”是常见的握法，如图3-7（c）所示，这种握法使用的电烙铁的烙铁头一般是直型的，适合小型电子设备和印制电路板的焊接。

（a）反握式

（b）正握式

（c）握笔式

图3-7 电烙铁的握法

（3）焊锡丝的拿法

焊锡丝的拿法分两种。一种是连续工作的拿法，如图3-8（a）所示，即用左手的拇指、食指和中指夹住焊锡丝，用另外两个手指配合就能把焊锡丝连续向前送进，适用于连续焊接；另一种是断续工作的拿法，如图3-8（b）所示，焊锡丝通过左手的虎口，用大拇指和食指夹住，这种方法不能连续向前送进焊锡丝，适用于断续焊接。

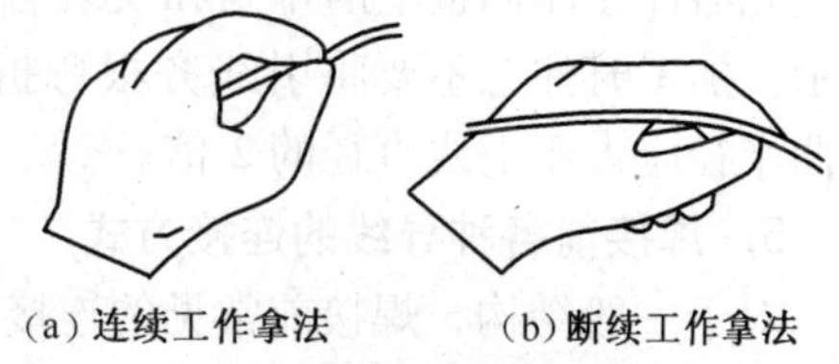
（a）连续工作拿法　（b）断续工作拿法

图3-8 焊锡丝的拿法

3. 焊接前的准备

根据实际经验的积累，常把手工焊接的过程归纳成8个字“一刮、二镀、三测、四焊”，而“刮”、“镀”、“测”等步骤是焊接前的准备过程。

（1）“刮”

“刮”是指处理焊接对象的表面。元器件引线一般都镀有一层薄薄的锡料，但时间一长，引线表面会产生一层氧化膜而影响焊接，所以焊接前先要用刮刀将氧化膜去掉。

【注意事项】

① 清洁焊接元器件引线的工具，可用废锯条做成的刮刀，如图3-9（a）所示。焊接前，应先刮去引线上的油污、氧化层或绝缘漆，直到露出紫铜表面，使其表面不留一点脏物为止，如图3-9（b）所示。此步骤也可采用细砂纸打磨的方法。

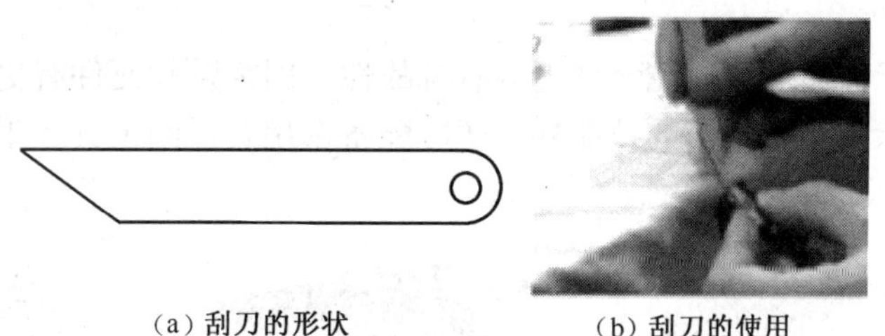
（a）刮刀的形状　（b）刮刀的使用

图3-9 刮刀的形状及使用

② 对于有些镀金、镀银的合金引出线，因为其基材难于搪锡，所以不能把镀层刮掉，可用粗橡皮擦去表面的脏物。

③ 元器件引脚根部留出一小段不刮，以免引线根部被刮断。

④ 对于多股引线也应逐根刮净，刮净后将多股线拧成绳状。

（2）“镀”

“镀”是指对被焊部位镀锡。首先将刮好的引线放在松香上，然后用烙铁头轻压引线，往复摩擦、连续转动引线，使引线各部分均匀镀上一层锡。

【注意事项】

① 引线做清洁处理后，应尽快镀锡，以免表面重新氧化。

② 镀锡前应将引线先蘸上助焊剂。

③ 对多股引线镀锡时导线一定要拧紧，防止镀锡后直径增大不易焊接或穿管。

（3）“测”

“测”是指对镀过锡的元器件进行检查，看其经电烙铁高温加热后是否损坏。元器件的具体测量方法详见项目 2 中相关内容。

4. 元器件引线的加工成形

元器件在印制板上的排列和安装有两种方式，一种是直立式，一种是卧式，如图 3-10 所示。加工时注意不要将引线齐根弯折，一般应留 1.5mm 以上的余量，弯曲不要成死角，弯曲半径应大于引线直径的 2 倍。

5. 焊接前各种导线的连接方式

对于一般结构，焊接前常见的连接方式有钩接、插接和搭接 3 种形式。采用这 3 种连接方式的焊接分别称为绕焊、钩焊和搭焊，如图 3-11 所示。

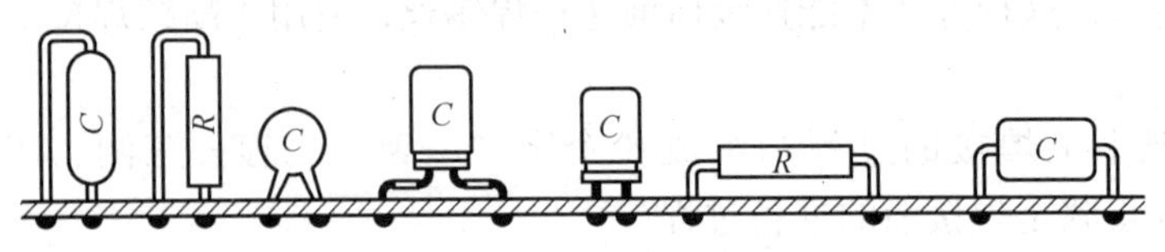

图 3-10 元器件在印制板上的排列和安装方式

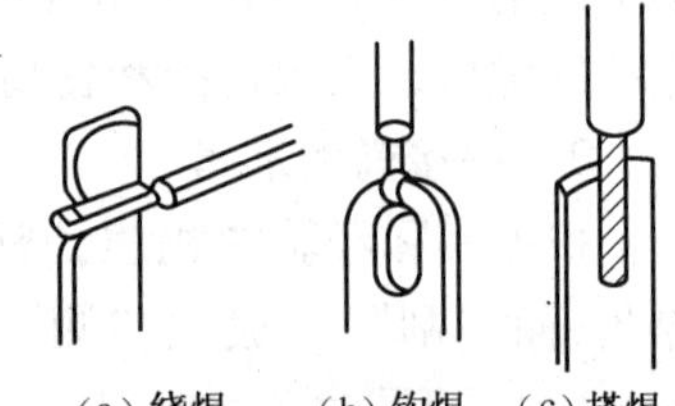

图 3-11 焊接前连接方式的焊接

知识拓展 贴片元件的手工焊接

随着科学技术的发展，自动焊接技术已相当成熟，手工焊接虽然已难以胜任现代化的生产，但仍有广泛的应用，比如小批量的产品研制、实习套件的组装、电路板的调试和维修，焊接质量的好坏也直接影响到维修效果。

1. 焊接工具

手工焊接贴片元件比焊接通孔元件更具有挑战性，因为贴片元件有更小的引脚间距和更多引脚数。操作者除了具有相当的技能外，还应配备选用合适的工具。手工贴片元件焊接常用的焊接工具如图 3-12 所示。

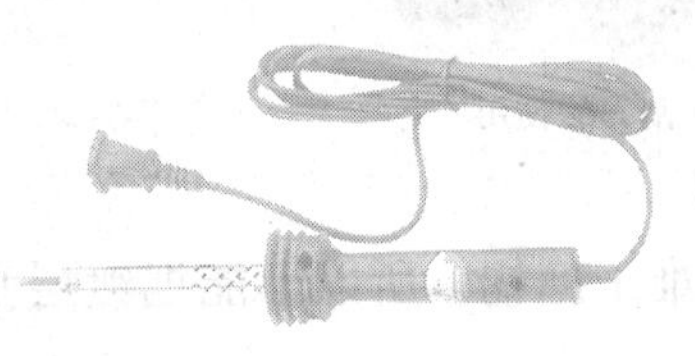

尖头电烙铁（外热式电烙铁）

恒温焊台

热风枪

图 3-12 常用焊接工具

2. 贴片元件的手工焊接方法

贴片元件的手工焊接方法很多，这里仅介绍尖头电烙铁的手工焊接方法。

（1）贴片电阻、电容、三极管等管脚较少的元件焊接

一些贴片元件的管脚较少，如电阻、电容、三极管等，它们的焊接方法如表3-10所示。

表3-10 管脚较少的贴片元件的焊接方法（以两个管脚的元件为例）

步骤	说 明	图 示
1	在元件安装位置的一个焊盘上熔上少量的焊锡（只需非常少量），然后用镊子将器件安放到期望的位置，这样器件就定位在一个PCB裸焊盘和一个焊锡覆盖的PCB焊盘上	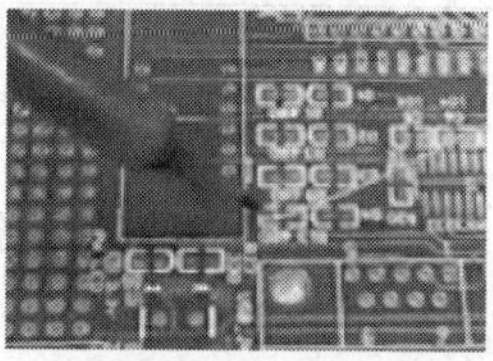
2	用镊子抓紧器件向下推，同时用烙铁加热PCB焊盘上已覆盖的焊锡使其熔化，将器件和焊盘焊接在一起，然后移开烙铁，使焊盘冷却 观察元件位置是否合适，如果不合要求，需重新调整位置，如果位置合适，再进行下一步操作	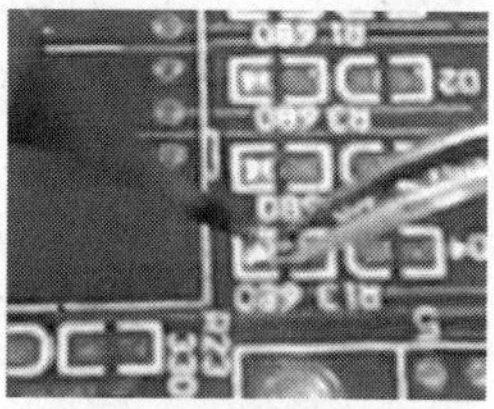
3	仔细焊接器件的另一端，用烙铁触及PCB焊盘和器件的引脚，添加焊锡，使焊盘和管脚连接 检测焊接结果，若焊锡偏多，需用烙铁取走一些焊锡；若焊锡偏少，则加一点焊锡	

（2）贴片集成电路的焊接

贴片集成电路的焊接难度较大，特别是集成电路的管脚和印制电路板的焊盘位置相对应的过程难度较大，由于集成电路的管脚较小且密集，焊接时不要短路。贴片集成电路的焊接方法如表3-11所示。

表3-11 管脚较少的贴片元件的焊接方法

步骤	说 明	图 示
1	在PCB板上安装集成电路的位置，一个容易触及的焊盘上，上少量的焊锡（通常选择一个最顶端位置）	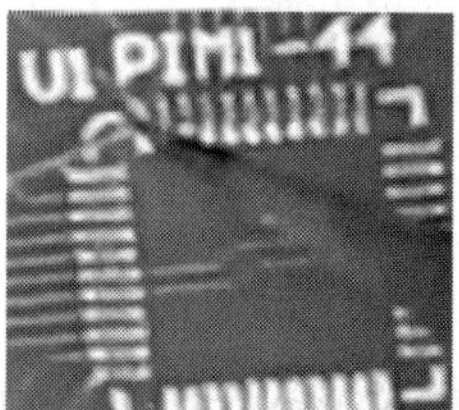

续表

步骤	说　明	图　示
2	将集成电路放在焊盘上，调整位置使管脚与焊盘对准	
3	焊接已上焊锡的管脚	
4	在已焊好管脚的对角方向再焊接一个管脚，以固定集成电路的位置	
5	仔细观察集成电路的所有管脚是否和焊盘位置相吻合，如果位置有偏差，需重新调整	
6	焊接所有管脚，注意焊接管脚不要短路	

贴片元件的焊接技术性很强，需进行勤奋练习，同时需要掌握一定的焊接技巧，互联网上相关的视频和教程很多，请读者自行上网学习相关知识。

项目学习评价

一、 思考题

（1）简述手工焊接的五步焊接步骤。

（2）焊接过程的操作要领有哪些？

（3）判断焊点质量的好坏有哪些标准？

（4）应用拆焊工具主要用来拆焊哪些元器件？拆焊电容是否用到拆焊工具？

（5）新买内热式电烙铁的烙铁头如何处理？外热式烙铁头需要处理吗？请查阅资料后回答。

（6）简述贴片集成电路的焊接过程。

二、技能训练

将学生根据情况分组,进行如下训练。

1. 电烙铁技能训练

（1）内热式电烙铁的拆装与测量

拆装一个内热式电烙铁，并将拆卸步骤、注意事项和零件清单填写在下面横线上。

① 内热式电烙铁的拆卸步骤

a：____________________；注意事项____________________。

b：____________________；注意事项____________________。

c：____________________；注意事项____________________。

d：____________________；注意事项____________________。

② 烙铁解体后的零件清单

____

____

③ 烙铁芯两个接线柱间的电阻值

烙铁芯两个接线柱间的电阻值是________Ω。

（2）使用前对电烙铁头的镀锡进行处理练习

（3）依据松香的发烟量判断电烙铁的温度

依据松香的发烟量判断电烙铁的温度，将结果填入表3-12。

表3-12　依据松香的发烟量判断电烙铁的温度

松香的发烟量	现　象	判断烙铁头的温度（℃）	是否适于焊接
无			
小			
中			
大			

2. 焊接前的准备训练

（1）对焊接的坐姿、烙铁的握法及焊锡丝的拿法进行练习。

（2）对实验机型收音机的部分元器件进行“刮”、“镀”、“测”和引线加工等焊接前的处理（元器件10个；时间10min；每个步骤合格为2.5分，共100分），将结果填入表3-13。

表3-13　焊接前的准备训练

序号	图　例	刮	镀	测	整　形	是否合格
R_4						

续表

序号	图　例	刮	镀	测	整　形	是否合格
RP						
C_1						
C_2						
C_3						
L_1						
L_2						
T_4						
VT_5						
VT_6						

3．焊接训练

（1）用铁丝或铜丝焊制以下几何模型

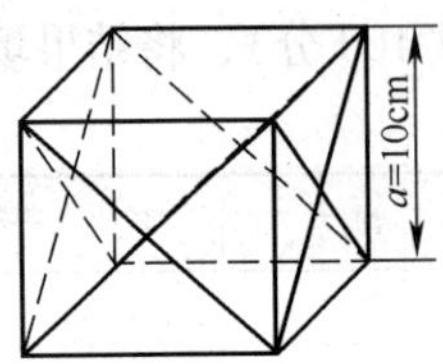

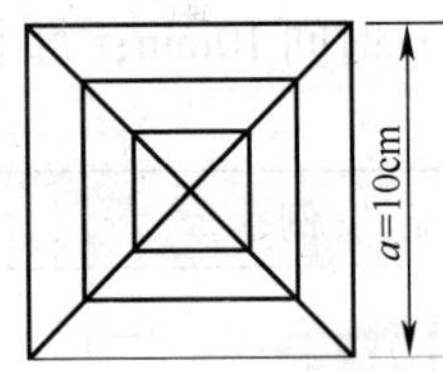

【操作要求】

① 使用标准的五步焊接法。

② 焊接可靠，不能有虚焊和假焊现象。

③ 焊点光滑，无毛刺现象。

④ 焊点一致性好，大小均匀，形状和锡量合适。

（2）用电阻完成正卧装、用电容完成直立装

准备电阻和电容各 10 个，焊点各 20 个，并将焊接成绩填入表 3-14（每个焊点 2.5 分）。

表 3-14　焊接训练

序号	焊点 1	焊点 2	元器件焊接成绩	序号	焊点 1	焊点 2	元器件焊接成绩
R_1				C_1			
R_2				C_2			
R_3				C_3			
R_4				C_4			
R_5				C_5			
R_6				C_6			
R_7				C_7			
R_8				C_8			
R_9				C_9			
R_{10}				C_{10}			

【评分标准（一项不合格即为零分）】

① 焊点表面明亮、平滑有光泽，对称于引线，无针眼、砂眼和气孔。

② 焊锡充满整个焊盘，形成对称的焊角。

③ 焊接外形应以焊件为中心，均匀、成裙状拉开。

④ 焊点干净，见不到焊剂的残渣。

⑤ 焊点上没有拉尖、裂纹。

4. 拆焊练习

利用废旧电路板进行拆焊练习，并将结果填入表 3-15。

表 3-15　拆焊练习

训练种类	焊接元器件的材料	拆焊工具	焊点数	是否损伤铜箔或元器件	质量检查
分立元器件					
集成元器件					

5. 贴片元器件的焊接训练

用废旧计算机主板进行贴片元件的焊接训练，如果条件允许，可以用新元件和新印制板进行焊接训练。

三、 项目评价评分表

1. 个人知识和技能评价表

班级：____________________ 姓名：____________________ 成绩：____________

评价方面	评价内容及要求	分值	自我评价	小组评价	教师评价	得分
项目知识内容	① 电烙铁的使用与维护	10				
	② 电烙铁使用的注意事项	10				
	③ 焊接前的知识准备	10				
项目技能内容	① 手工焊接的五步焊接法	25				
	② 焊接过程中的操作要点和注意事项	10				
	③ 拆焊技术的掌握	10				
	④ 贴片元件的焊接	15				
安全文明生产和职业素质培养	① 安全用电，规范操作	5				
	② 文明操作，不迟到早退，操作工位卫生良好，按时按要求完成实训任务	5				

2. 小组学习活动评价表

班级：____________________ 小组编号：____________________ 成绩：____________

评价项目	评价内容及评价分值			自评	互评	教师点评
分工合作	优秀（12～15 分）	良好（9～11 分）	继续努力（9 分以下）			
	小组成员分工明确，任务分配合理，有小组分工职责明细表	小组成员分工较明确，任务分配较合理，有小组分工职责明细表	小组成员分工不明确，任务分配不合理，无小组分工职责明细表			
获取与项目有关质量、市场、环保等内容的信息	优秀（12～15 分）	良好（9～11 分）	继续努力（9 分以下）			
	能使用适当的搜索引擎从网络等多种渠道获取信息，并合理地选择、使用信息	能从网络获取信息，并较合理地选择、使用信息	能从网络或其他渠道获取信息，但信息选择不正确，信息使用不恰当			
实操技能操作	优秀（24～30 分）	良好（18～23 分）	继续努力（18 分以下）			
	能按技能目标要求规范完成焊接任务，焊点优良	能按技能目标要求规范完成每项焊接任务，焊点良好	能按技能目标要求完成每项实操任务，但规范性不够，焊点基本满足要求			

续表

评价项目	评价内容及评价分值			自评	互评	教师点评
基本知识分析讨论	优秀（16～20 分）	良好（12～15 分）	继续努力（12 分以下）			
	讨论热烈、各抒己见，概念准确、原理思路清晰、理解透彻，逻辑性强，并有自己的见解	讨论没有间断、各抒己见，分析有理有据，思路基本清晰	讨论能够展开，分析有间断，思路不清晰，理解不透彻			
成果展示	优秀（16～20 分）	良好（12～15 分）	继续努力（12 分以下）			
	能很好地理解项目的任务要求，成果展示逻辑性强	能较好地理解项目的任务要求，成果展示逻辑性较强	基本理解项目的任务要求，成果展示停留在书面和口头表达			
总分						

项目4　电路图的识读

项目情景创设

识读电路图是电类从业人员所必须具备的一项基本功。只有正确识读电路图，才能加深对电子产品及其功能的理解，这有助于对电子产品进行正确地安装、调试和维修。根据不同的需要，人们可以从不同的角度来识读电路图。电子产品的电路图有整机电路原理图、单元电路图、方框图、信号流程图、供电电路图、印制电路图、等效电路图和集成电路应用电路图等几种形式，在实际应用中主要是单元电路图、整机原理图、方框图和印制电路图。收音机方框图如图4-1所示。

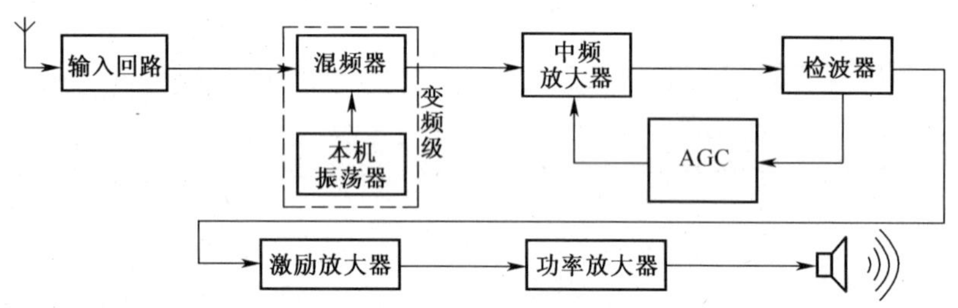

图4-1　收音机方框图

项目教学目标

项目教学目标		学时	教学方式
技能目标	① 了解电路图的识读方法 ② 掌握收音机电路图、方框图，并了解各部分的作用 ③ 了解收音机的信号流程和信号的变换过程 ④ 结合原理图能初步了解印制板电路	4课时	教师讲解，学生识图 分组学习，以小组为单位进行活动 重点：信号流程和信号的变换位置，直流电源供电电路，主要元器件的作用
知识目标	① 掌握元器件符号；掌握识图步骤 ② 了解无线电信号传输的基本知识，掌握超外差收音机的特点	2课时	教师讲授、自主探究

续表

项目教学目标		学时	教学方式
情感目标	激发学生识图能力和合作学习，培养信息素养、团队意识	课余时间	网络查询、小组讨论、相互协作

项目任务分析

本项目通过学习收音机电路的识读，主要掌握以下基本技能和基本知识。

（1）了解电路图的种类及特点。

（2）了解收音机方框图及各部分的作用。

（3）掌握收音机的信号流程及信号变换。

（4）能根据原理图读懂印制板电路。

（5）掌握元器件的符号并了解电路图的识图步骤。

（6）了解无线电信号的发射与接收的基础知识，并了解超外差电路的优点。

项目基本功

4.1　项目基本技能

任务 1　了解收音机原理图

电路原理图（简称电原理图）是用图形符号表示电子元器件、用连线表示导线所构成的电路图。它表示了某电子设备的电路结构、各种元器件之间的具体连接，表达了信号的传输和处理过程以及各部分电路之间的联系。实验机型收音机电路原理图如图 4-2 所示。

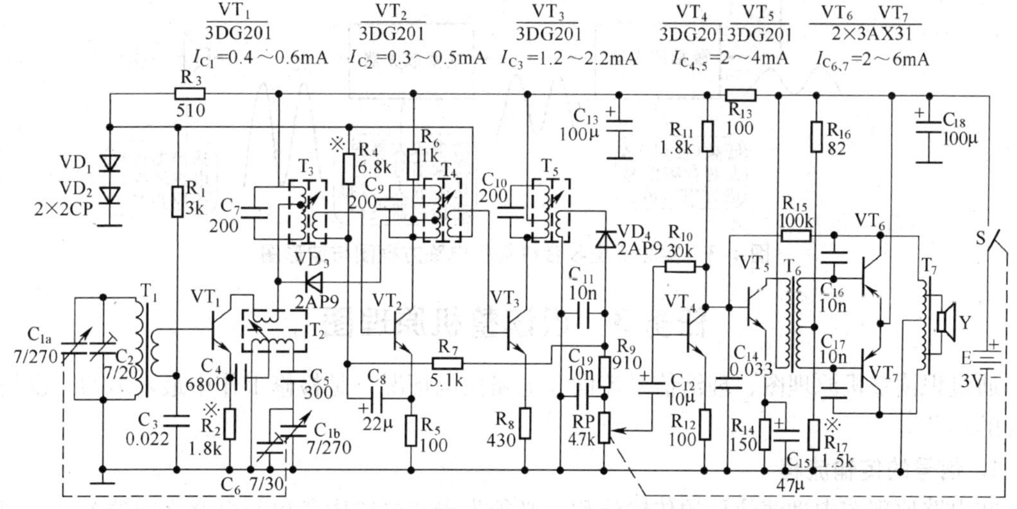

图 4-2　实验机型收音机电路原理图

在电路原理图中各元器件的文字符号的右下方都标有脚注序号，该脚注序号是按同类元器件的多少来编制的；在较复杂的电路原理图中，还在各元器件的文字符号前标注序号，该序号代表不同的单元电路。例如，R_9 和 $3C_5$，其各部分含义如表 4-1 所示。

表 4-1　　电路图中元器件文字符号的含义

文字符号	R_9		$3C_5$		
各部分	R	9	3	C	5
含义	电阻器	排列序号	电路图中第三个单元电路	电容器	排列序号

任务 2　识读方框图

方框图表示电子产品的大致结构，说明了电子产品主要包括哪儿部分以及它们在电子产品中的排列顺序和基本作用。每一部分用一个方框表示，各方框之间用线连接起来，表示出各单元电路之间的相互关系和位置。只有掌握了方框图，建立起整机基本结构的概念，才能明确电路原理图中各单元电路的功能及其包括的元器件。图 4-3 所示为实验机型收音机整机电路方框图与波形图。

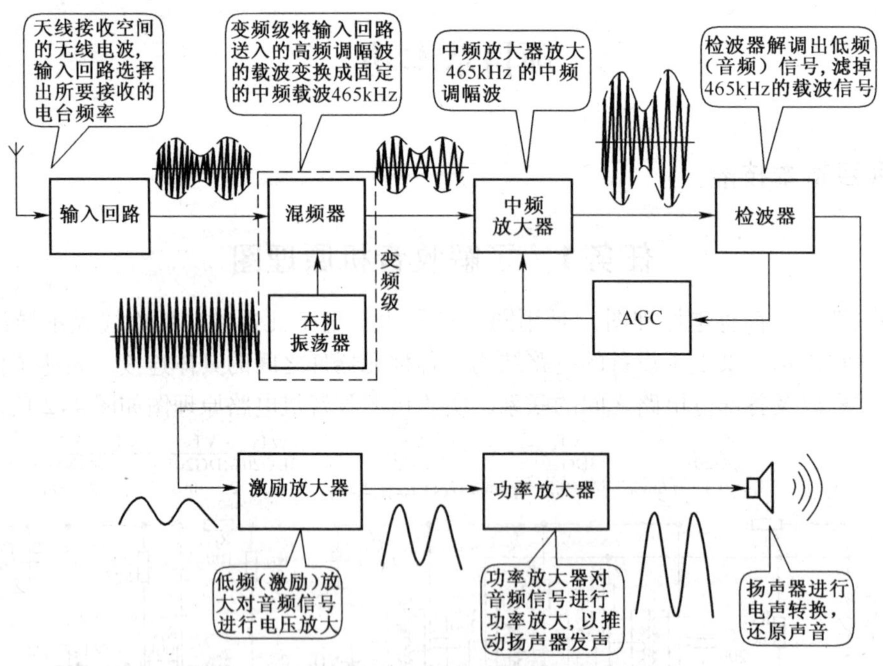

图 4-3　实验机型收音机整机电路方框图与波形图

任务 3　识读整机原理图

通过识读整机原理图，理清信号流向和电路供电情况，是检修工作中最基本的、也是最重要的环节。

1. 信号的传输流程

在电路原理图中理清信号的传输流程，必须先弄清电路中各单元电路之间的关系，即各部分电路的输入与输出端，以便进一步了解整机电路的有机联系。图 4-4 中用箭头指明了信号的传输流程。

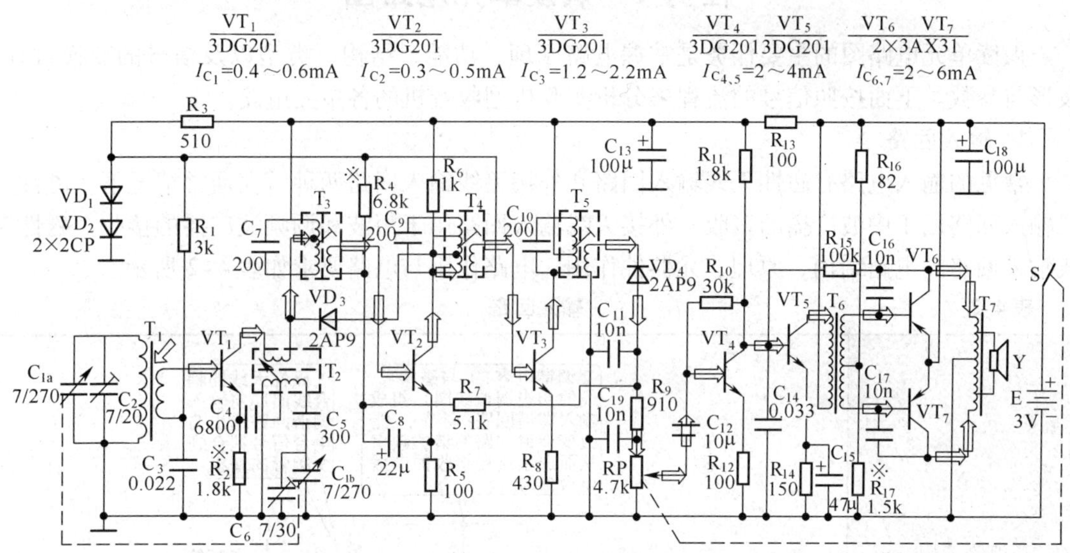

图 4-4　实验机型收音机信号流向图

2. 直流供电

在检修各种电子设备时，首先应从电路原理图中理清直流供电关系，以便对电路进行分析并避免盲目地对电路进行调整，这是检修工作中的重要步骤之一。一般情况下，电子产品的电源为直流电源，有正、负极之分。分析直流电路时，可以把“公用端即零电位端”作为基点，来分析其他各点电压的大小。图 4-5 中用箭头指明了实验机型收音机直流供电的情况。

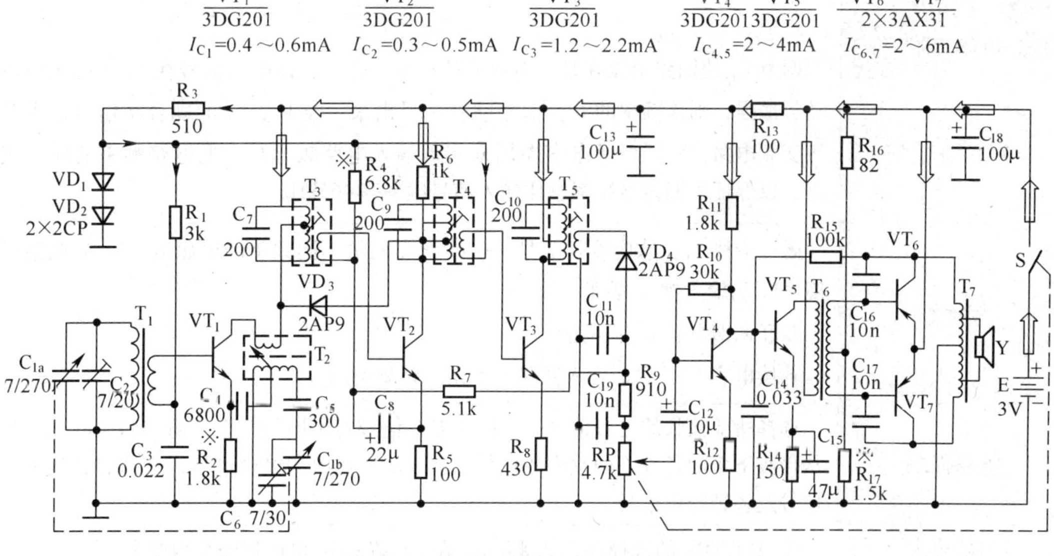

图 4-5　实验机型收音机直流供电图

在学习识读整机电路原理图时，初学者难免会被错综复杂的电路图弄得眼花缭乱，但只要紧紧抓住：理清信号流向和直流供电关系这两个基本点，再经过一段时间的读图训练，就一定会有所进步。

任务4　识读单元电路图

识读单元电路图的主要任务是掌握电路原理、功能、结构、类型以及信号的变换过程、波形与参数。下面按照信号的流程来分析实验机型收音机的各单元电路。

1. 输入回路

常见的输入电路有磁性天线输入回路和外接天线输入回路两种。在通常情况下，磁性天线输入回路用于中波广播的接收，外接天线输入回路用于短波和调频波广播的接收。磁性天线输入回路的电路结构、原理、元器件作用、电路作用与电路要求如表4-2所示。

表4-2　　输入回路

电路结构	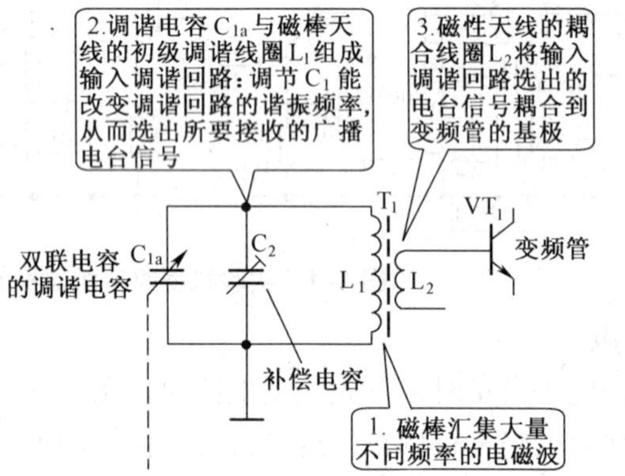 2.调谐电容C_{1a}与磁棒天线的初级调谐线圈L_1组成输入调谐回路：调节C_1能改变调谐回路的谐振频率，从而选出所要接收的广播电台信号 3.磁性天线的耦合线圈L_2将输入调谐回路选出的电台信号耦合到变频管的基极 1. 磁棒汇集大量不同频率的电磁波 T_1　VT_1　变频管　双联电容的调谐电容 C_{1a}　C_2　L_1　L_2　补偿电容
电路原理	由磁性天线或外接天线所产生的感应电动势馈入到输入回路中。输入回路的L_1与C_{1a}组成LC串联谐振电路，其谐振频率为： $$f=\frac{1}{2\pi\sqrt{LC_{1a}}}$$ 调节C_{1a}使回路谐振在某一电台的频率上，这时，该电台信号在L_1上的感应电动势最强，则该频率的电台信号就被选择出来，经L_1、L_2的耦合将信号送入后级变频电路。双联可变电容器用来实现输入电路频率与本振电路频率的同步跟踪，以保证本振信号频率总比输入信号频率高465kHz
元器件作用	磁性天线T_1：感应接收信号，磁棒汇集大量不同频率的电磁波。L_1为调谐线圈；L_2为输入耦合线圈 双联调谐电容C_{1a}：调谐 补偿电容C_2：保证输入回路与本振回路频率同步
电路作用	选择所要接收的电台信号。不同的电台信号有不同的频率，输入回路的任务是从接收下来的各种不同频率的信号中选出所要接收的电台信号，并抑制其他无用信号及各种噪声信号
电路要求	① 要有良好的选择性；② 频率覆盖要正确；③ 电压传输系数要大

2. 变频电路

变频电路由本机振荡器、混频器和选频回路3部分组成，如图4-6所示。其电路结构、原理、元器件名称和作用与电路要求如表4-3所示。

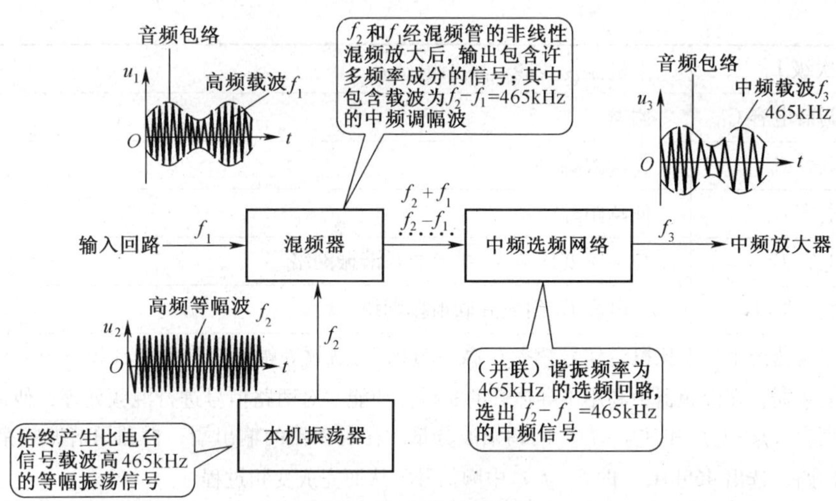

图 4-6　变频电路结构

表 4-3　变频电路

电路结构与原理	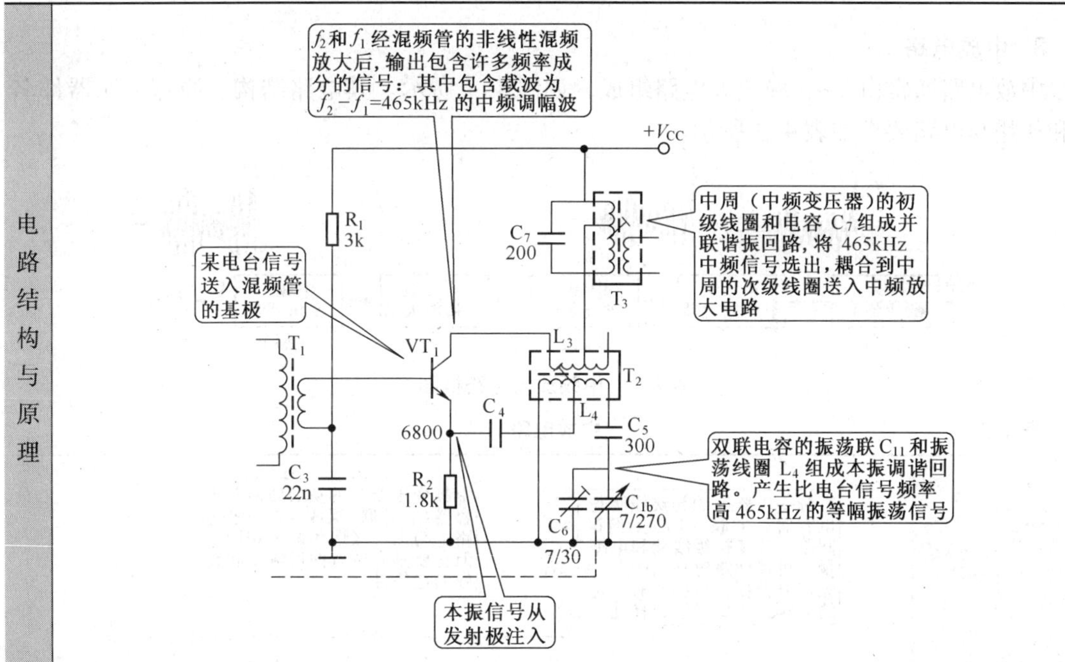	
作用	变换所接收电台信号的载波频率，即将输入电路选出的各个电台信号由原来的载波频率都变为固定的中频（465kHz），同时保持中频信号的包络与原高频信号包络完全一致。它是超外差式接收机的重要组成部分	
元器件名称和作用	变频管 VT_1	变频
	T_2 的初级 L_3	耦合信号，并为振荡信号提供正反馈支路
	高频旁路电容 C_3	使变频管基极高频接地，对本振信号构成共基电路
	振荡耦合电容 C_4	将振荡信号注入发射极
	射极电阻 R_2	起直流负反馈、稳定工作点作用，还是振荡回路的负载
	基极偏置电阻 R_1	给基极提供直流偏置

续表

元器件名称和作用	T_2 的次级 L_4	本机振荡线圈（调谐电感）
	双联调谐电容 C_{1b}	调谐
	补偿电容 C_6	高端跟踪
	垫整电容 C_5	低端跟踪
	谐振电容 C_7	与中频变压器 T_3 组成并联谐振网络
	中频变压器 T_3	与电容 C_7 组成并联谐振网络
工作原理	本机振荡器产生一个比电台信号频率 f_1 高 465kHz 的高频等幅振荡信号，其频率为 f_2。f_2 和 f_1 一起送入混频器，在混频器中利用半导体管的非线性功能，对两路信号进行混频处理，使混频器输出频率分别为（f_2+f_1）和（f_2-f_1）的调幅波分量。在混频器的输出端，再利用谐振频率为 465kHz 的选频回路，选出 465kHz（即 f_2-f_1）中频信号，从而完成变频过程	
要求	① 要有良好的频率跟踪特性，即本振频率要始终比电台频率高 465kHz ② 工作稳定性要好，噪声系数要小，增益要适当	

3. 中放电路

中放电路通常由 2～3 级放大电路组成，如图 4-7 所示。其电路结构、原理、元器件名称和作用与电路要求如表 4-4 所示。

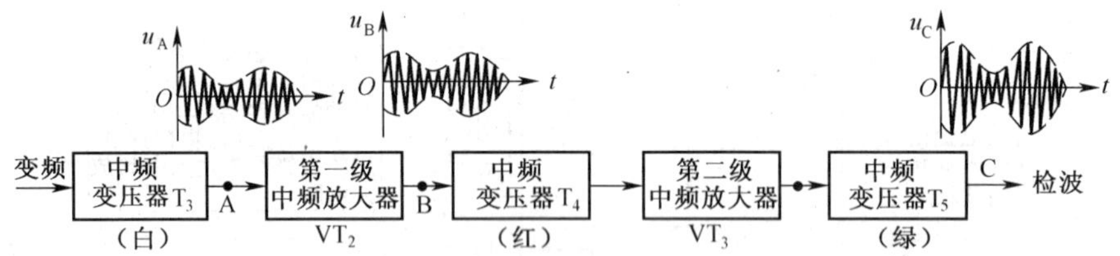

图 4-7　中频放大电路框图

表 4-4　中放电路

电路结构与原理	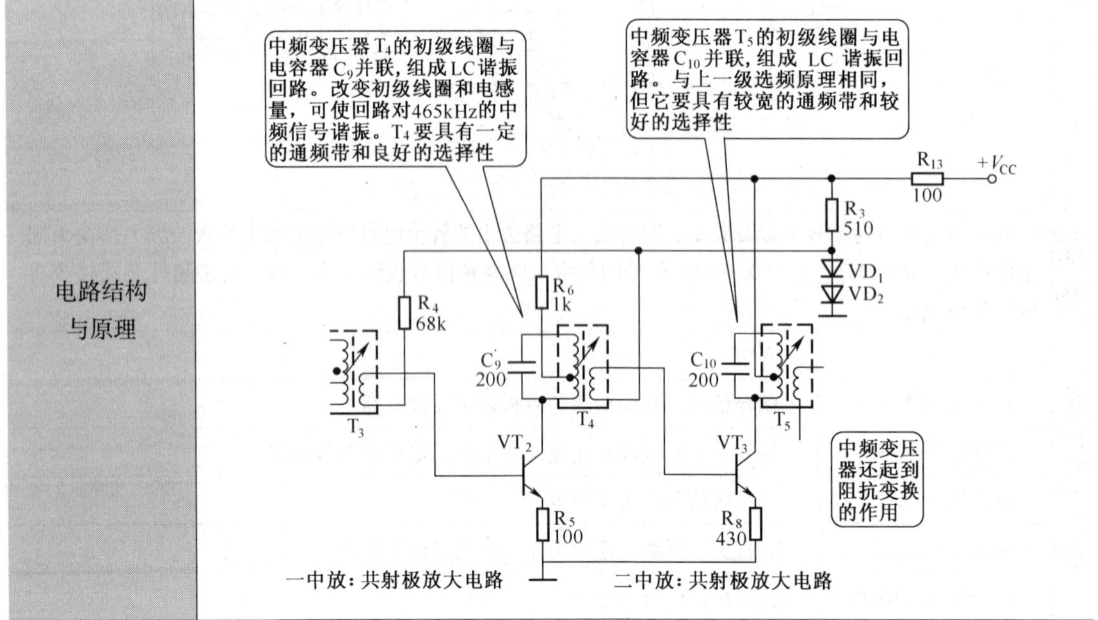

续表

<table>
<tr><td>电路作用</td><td colspan="2">中放电路的主要作用是放大和选频
① 对中频信号进行放大。即将变频电路送来的465kHz中频信号进行放大，以提高整机的灵敏度
② 对中频信号进行选频。即通过选频回路对中频信号做进一步筛选，以提高整机的选择性，然后将筛选出来的经放大的中频信号送到检波电路去检波</td></tr>
<tr><td>电路要求</td><td colspan="2">① 增益要高。中放级应具有60～70dB的增益
② 选择性要好。通常要求中放电路的选择性在20～40dB
③ 通频带要合适</td></tr>
<tr><td rowspan="10">元器件名称和作用</td><td>VT_2</td><td>一中放</td></tr>
<tr><td>VT_3</td><td>二中放</td></tr>
<tr><td>R_4</td><td>基极偏置电阻</td></tr>
<tr><td>R_5</td><td>VT_2 发射极负反馈电阻</td></tr>
<tr><td>R_6</td><td>VT_2 基极偏置电阻</td></tr>
<tr><td>R_8</td><td>VT_3 发射极负反馈电阻</td></tr>
<tr><td>C_9</td><td>T_4 初级并联谐振电容</td></tr>
<tr><td>C_{10}</td><td>T_5 初级并联谐振电容</td></tr>
<tr><td>T_4</td><td>中频变压器</td></tr>
<tr><td>T_5</td><td>中频变压器</td></tr>
</table>

4. 检波电路

检波电路包括检波器件和低通滤波电路两大部分，它的组成框图及检波前后的波形如图4-8所示。其电路结构、工作原理、元器件名称和作用、电路的要求以及单元电路的作用如表4-5所示。

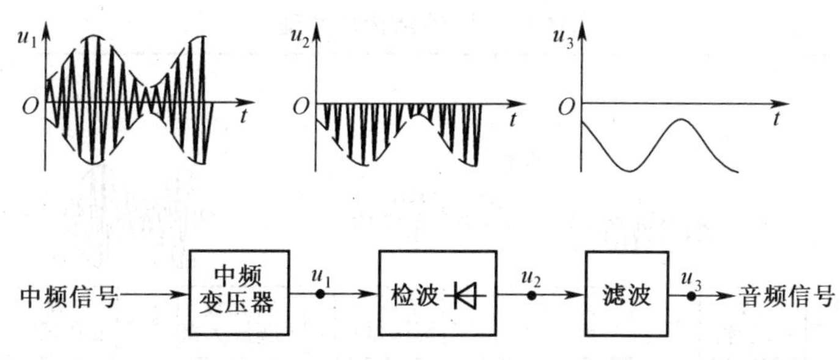

图4-8　检波电路框图

5. 自动增益控制（AGC）电路

根据接收电台信号的强弱自动调节放大电路的增益，以保证放大电路输出信号的大小基本不变。AGC电路的结构与原理如表4-6所示。

表 4-5　　检波电路

电路结构	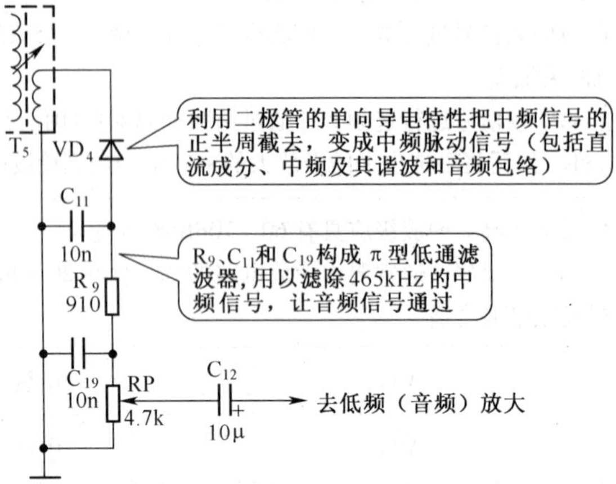 T5、VD4、C11 10n、R9 910、C19 10n、RP 4.7k、C12 10μ → 去低频（音频）放大 利用二极管的单向导电特性把中频信号的正半周截去，变成中频脉动信号（包括直流成分、中频及其谐波和音频包络） R_9、C_{11}和C_{19}构成π型低通滤波器，用以滤除465kHz的中频信号，让音频信号通过	
作用	将中放电路送来的中频调幅波中的调制信号（音频信号）解调出来	
元器件名称和作用	VD_4	检波二极管
	R_9 C_{11} C_{19}	构成π型低通滤波器
	RP	音量电位器
	C_{12}	隔直耦合电容
工作原理	利用二极管的单向导电特性把中频信号的正半周截去，变成只有负半周的中频脉动信号；这个脉动信号包含了直流成分、音频、中频及其谐波等；经过低通滤波电路滤除中频和其他高频干扰信号。检波后的音（低）频分量降在音量电位器RP上，经C_{12}隔去直流分量后即可得到音频信号，送往音频放大器电路	
要求	① 检波效率要高；② 检波失真小；③ 滤波性能好	

表 4-6　　AGC 电路的结构与原理

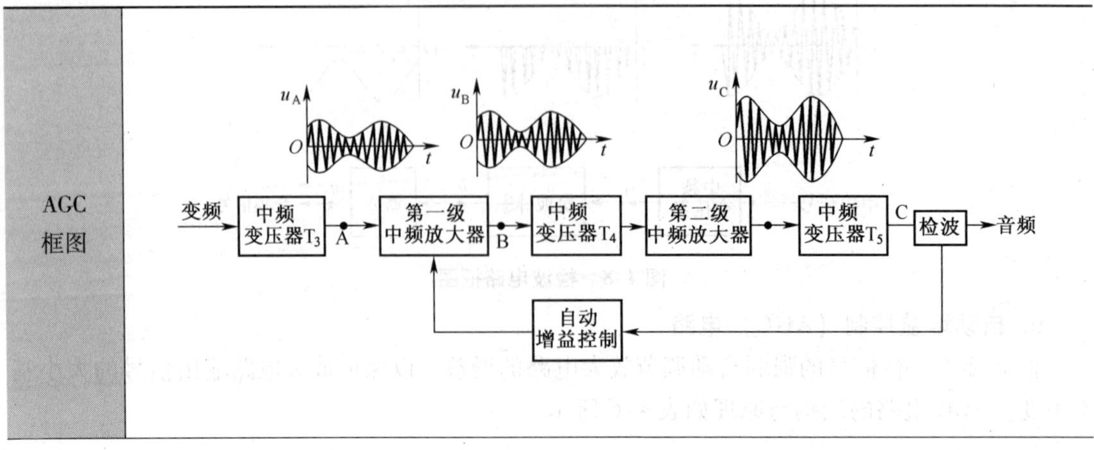

续表

AGC电路原理图	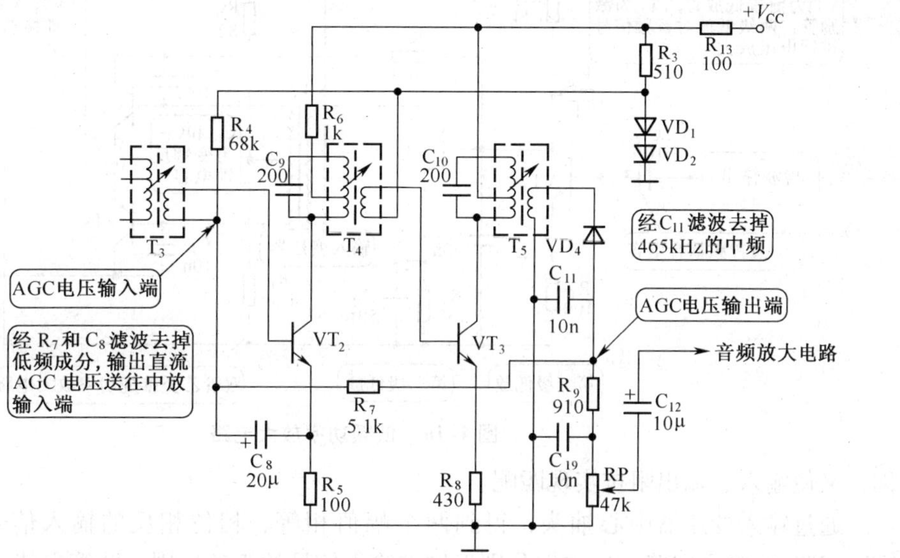 AGC电压输入端 经 R_7 和 C_8 滤波去掉低频成分，输出直流 AGC 电压送往中放输入端 经 C_{11} 滤波去掉 465kHz 的中频 AGC电压输出端 音频放大电路
AGC工作原理	AGC 是利用检波电路输出的直流分量作为 AGC 控制电压来控制中频放大电路的增益。检波电路输出的信号经过容量较大的电容滤波后即可取出直流分量，接收的电台信号越强，则该直流分量就越大。将该直流分量作为 AGC 电压，可控制中放级增益的大小
电路要求	① AGC 控制范围要大；② 工作稳定性要好

6. 低频放大电路

从检波器得到的音频信号很弱，不能够推动扬声器正常工作，必须对音频信号进行放大。低频放大电路的作用就是将检波输出的音频信号放大，使其有足够大的功率推动扬声器正常工作。

从检波器输出端到扬声器之间的电路叫做低频放大电路，它包括低频电压放大电路（简称前置低放）和功率放大电路。其组成框图和波形如图 4-9 所示。

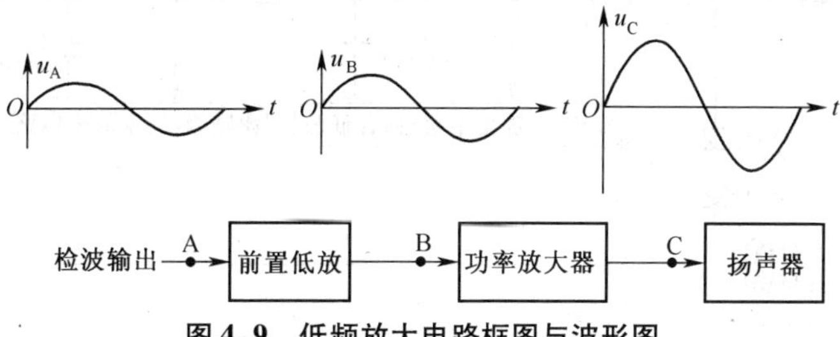

图 4-9　低频放大电路框图与波形图

实验机型收音机采用双管乙类推挽功率放大电路，如图 4-10 所示。

它由两只特性相同的 PNP 型半导体管组成对称电路。R_{16}、R_{17} 组成分压式偏置电路，目的是克服交越失真。在无信号输入时，I_{BQ} 很小，I_{CQ} 也很小，损耗功率近似为零，可保证半导体管工作在乙类。T_6、T_7 为具有中心抽头的输入、输出变压器，它的作用是既使电路对

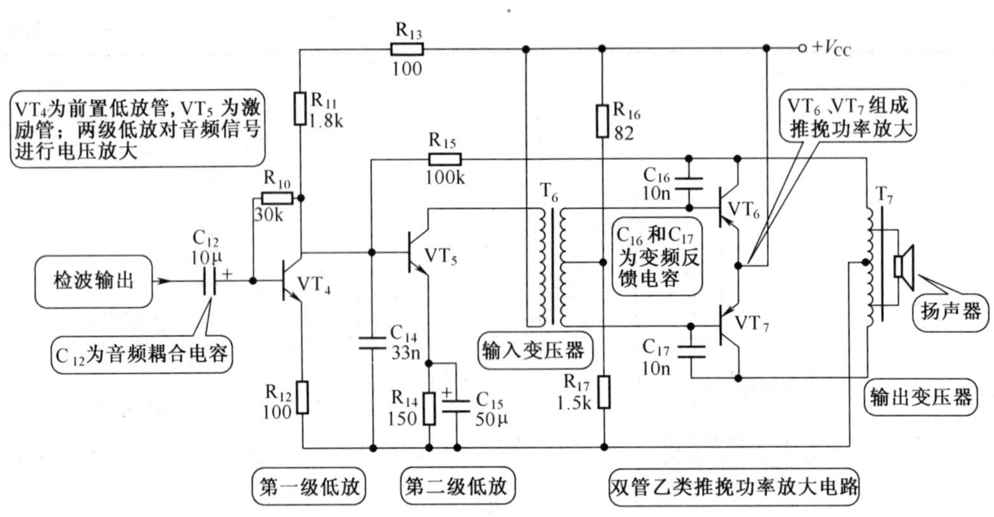

图 4-10　低频功率放大电路

称，又使输入、输出阻抗实现匹配。

通过输入变压器中心抽头，得到两个幅值相等、相位相反的输入信号，并分别加到 VT_6、VT_7 的输入回路，使它们分别工作在输入信号的正负半周。两管交替工作，互相配合，共同完成对整个信号波形的放大工作。经 VT_6、VT_7 分别放大的两个半波电流经输出变压器 T_7 在负载（扬声器）上合并起来，恢复完整波形。

注：VT_6、VT_7 集电极得到的放大信号中的一部分变频谐波，会通过集电结电容由集电极返回到基极，构成内部正反馈。这样，可能产生寄生振荡，影响放大器的工作稳定性。为了克服集电结电容产生的内部反馈的影响，在 VT_6、VT_7 集电极和基极之间各接一只负反馈电容 C_{16}、C_{17}，以抑制变频干扰。

7. 电源电路

电源电路是为整机提供合适与稳定的工作电压的装置。半导体管收音机中的电源电路有干电池与直流稳压电源两种形式。

由于收音机采用低压直流供电，电能消耗不大，故其多采用干电池作电源。

实验机型收音机的电源电路如图 4-11 所示。

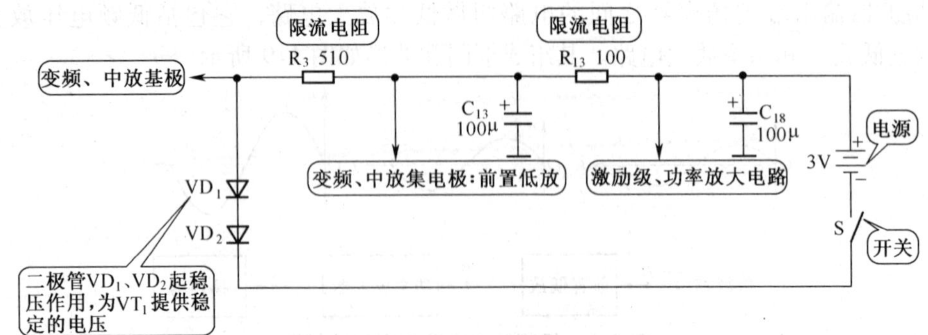

图 4-11　实验机型收音机的电源电路

但是，干电池价格较高，且用久后内阻增大，引起电压降低，从而使收音机灵敏度低、音量变低、音质变差。有些收音机利用外接电源插头与插座，既可使用干电池，又可使用外接电源，其原理如图 4-12 所示。

任务 5　识读印制电路图

印制电路图表示了电原理图中各元器件在电路板上的分布状况和具体的位置，并且给出了各元器件引脚之间连线（铜箔线路）的走向。它是专门为安装、调试、测量和维修服务的电路图。

印制电路图有图纸表示方式和直标方式两种形式，如表 4-7 所示。

这两种印制电路图各有优、缺点。对于图纸表示方式来说，由于印制电路图可以拿在手中，在印制电路图中寻找某个元器件相当方便；但是，在图上找到元器件后还要将印制电路图与电路板对照才能找到元器件实物，存在两次寻找过程，比较麻烦；另外，图纸容易丢失。

对于直标方式来说，在电路板上找到了某元器件编号便找到了该元器件，所以只有一次寻找过程；另外，这份“图纸”永远不会丢失；不过，当电路板较大、整机有数块电路板或者是电路板在机壳底部时，寻找就比较困难。

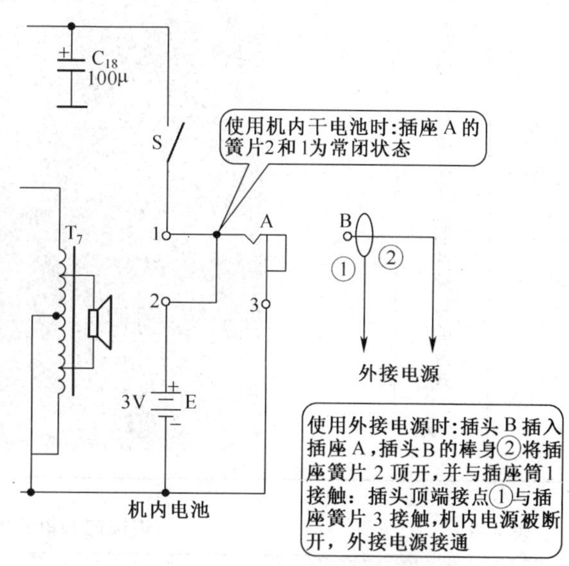

图 4-12　外接电源的插头与插座

不管是哪种类型的印制电路图，初学者都会感到有一定困难。因为印制电路在设计时要注意前后级间的干扰、接地位置、元器件的大小、开关与接插件的安排以及整机配套安装的合理布局等一系列工艺问题，因此，印制电路不一定和原理图那样按信号流程排列，没有什么明显规律。在练习识读时，要按照表 4-8 所示的识读印制电路图的要点进行。

表 4-7　印制电路图表示方式

方式	说明	图　示
图纸表示方式	在图纸上画出各元器件的分布和它们之间的连接情况	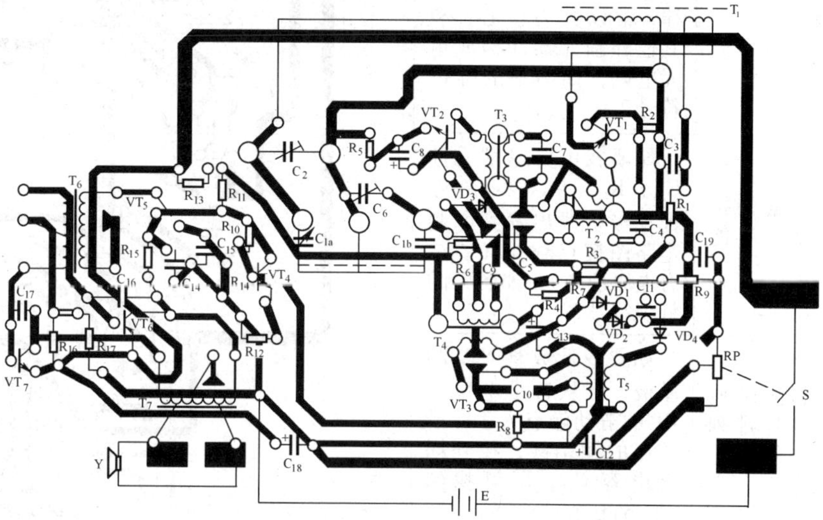

续表

方式	说明	图示
直标方式	在电路板上直接标注元器件编号的方式	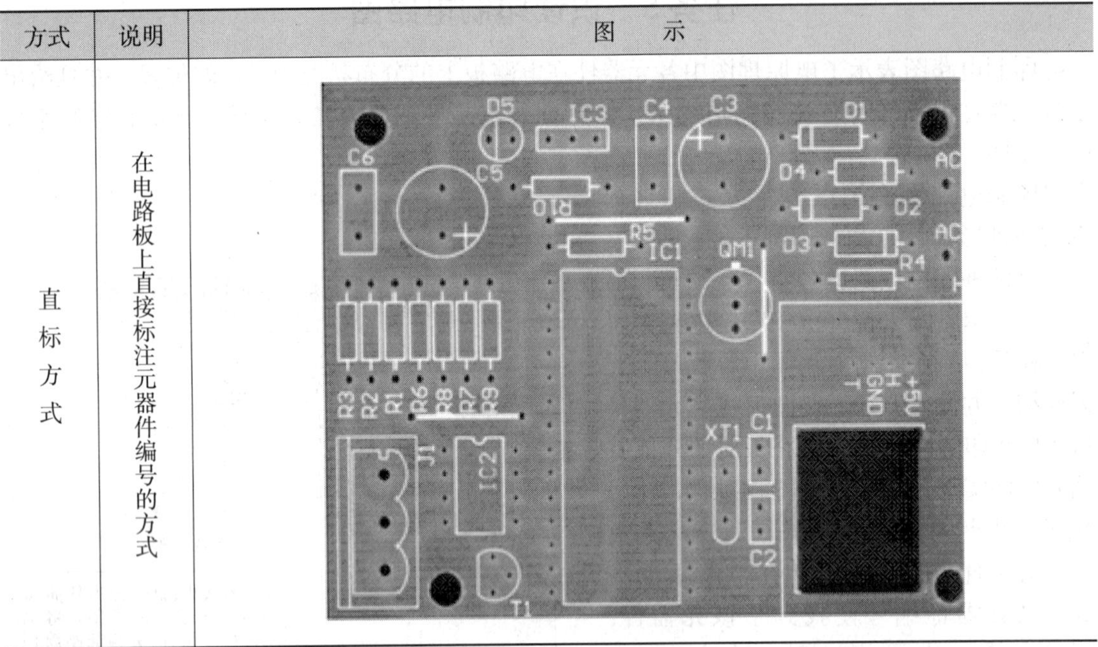

表 4-8 识读印制电路图的要点

要点	说明	图例
接地点铜箔面积大	在印制电路中，大面积铜箔线路是电原理图的地线。一般情况下，地线是相通的。中周与开关等外壳是接地的，如图中的标识符号 1	
找核心元器件	半导体管、集成电路、可调电阻、开关、中周和变压器等元器件的标志醒目，引脚排列有规律，常以其为核心，和其他外围元器件构成单元电路，如图中的标识符号 2	
根据外接引线功能读图	如要找电源退耦元件 C_{13}、R_{13}、C_{18}，可由电池正极引线出发到印制电路图接点查找（要结合电原理图），如图中的标识符号 3	
利用某些引出脚排列特殊的接点读图	如要找低放管 VT_4 的基极，可从音量电位器 RP 的滑动触点入手，沿该点的铜箔线，找到耦合电容 C_{12}，即可找到 VT_4 的基极	

4.2　项目基本知识

知识点 1　了解常用电路图形和文字符号

电路图形符号是用来表示电路实物元器件的符号，它由国家统一规定标准。所有电气技术文件、图样和书刊一律使用国家标准。常用电气元器件图形和文字符号如表 4-9 所示。

表 4-9　　常用电气元器件图形与文字符号

元器件名称	图形符号	文字符号	元器件名称	图形符号	文字符号
固定电阻	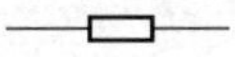	R	开关		S
可调电阻	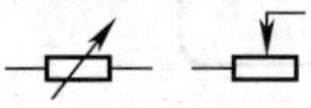	R	无铁芯电感		L
电位器		RP	有铁芯电感		L
二极管	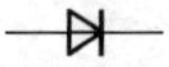	VD	接地	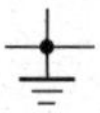	GND
三极管	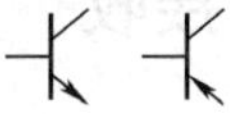	VT	接机壳		—
磁芯变压器、铁芯变压器	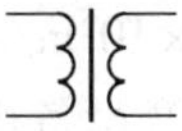	T	保险丝	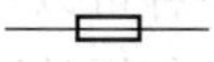	FU 或 FUSE
扬声器	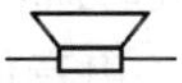	Y	电压表	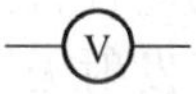 V	—
电容	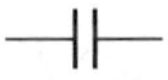	C	电流表	 A	—
可调电容		C	相连接的交叉导线		—
电解电容	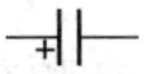	C	不相连接的交叉导线	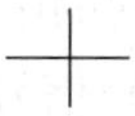	—
电池	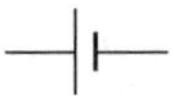	E			

常用的电路图形符号要熟练掌握，熟悉电路图形符号是正确识读电路图的基础。

知识点 2　识 图 步 骤

一般的识图步骤如图 4-13 所示。

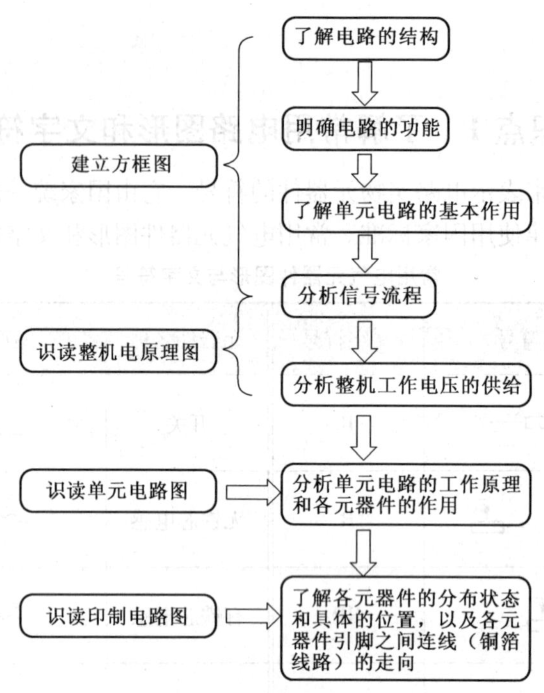

图 4-13 识读电路图的步骤

知识点 3 无线电信号的发射与接收

1. 无线电信号的发射

无线电波是一种可以在空气中传播的电磁波，传播速度为 3×10^{8} m/s。

人说话时声音传播的距离是有限的，即使用上很大功率的扩音设备也不可能传送太远的距离。如果把人的声音直接通过话筒变成电信号由天线发射传向远方也不是很理想的方法，这是因为：①由于发射天线的长度必须和无线电波的波长相对应，声音信号的频率较低，波长较长，直接发射需要足够长的天线，而且能量损失大；②即使信号能发射出去，而接收端接收到的信号将是很多电台的声音信号，也无法收听。

为了能把声音信号传得很远，人们选择了用频率较高的电磁波来运载频率较低（比如声音信号）的电磁波，这种运载低频信号的较高频率的电磁波叫载波。载波是一种高频的等幅波。由于载波信号频率较高、波长较短，天线较容易制作。不同电台可以选择不同的载波频率，这样，不同的电台间不会造成相互干扰。

用低频（声音）信号控制高频载波的过程叫调制。调制后的高频载波叫已调波。带有低频调制信号的高频载波信号，经过功率放大后，由天线发射出去。这个过程就是无线电的发射过程，如图 4-14 所示。

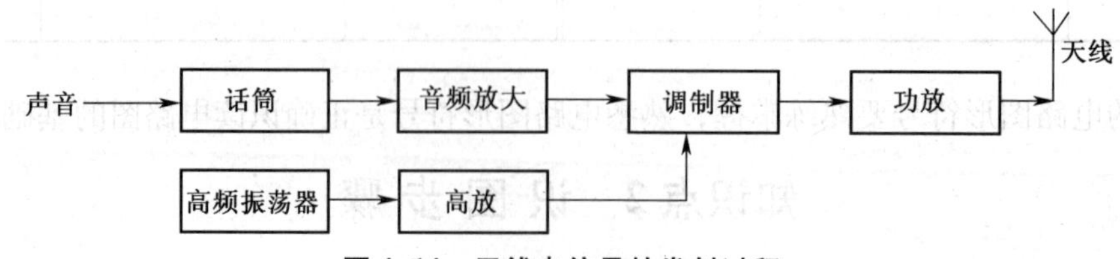

图 4-14 无线电信号的发射过程

2. 无线电信号的接收

无线电波的接收就是将收到的已调波信号（天线发射的）还原成声音信号的过程。最简单的无线电接收由输入调谐回路、解调器、音频放大器、扬声器4部分组成，其方框图如图4-15所示。

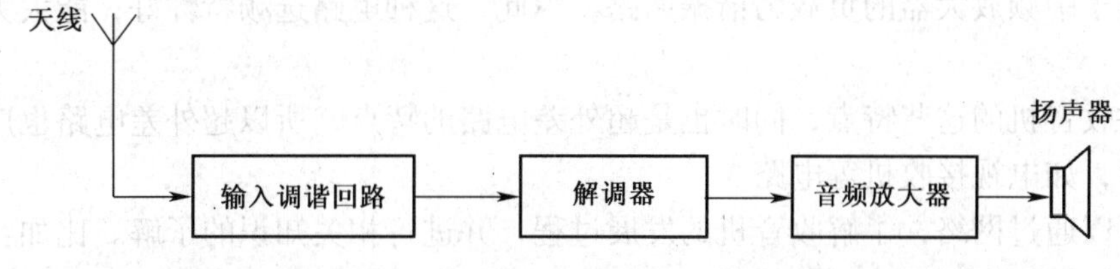

图4-15　最简单无线电信号的接收过程

各组成部分作用如下。

输入调谐回路的作用是选择所要收听的电台信号。输入回路是个谐振电路，利用改变电容器的电容量（或改变电感线圈的电感量）来改变输入回路的固有频率，使其信号频率和所要接收的某一个电台信号的频率相同，也就是与所要接收的某个电台的信号发生谐振，并将不需要的信号抑制掉，这样输入回路就起到了选择电台信号的作用。

解调器的作用是从已调波中还原出音频信号。输入回路选择出来的高频已调波信号不能直接用耳机或扬声器还原成声音。必须先将这一高频已调波送入解调器，将其所载的音频信号还原出来，才能由耳机或扬声器还原成声音。这种从已调波中检出音频信号的过程叫解调。

音频放大器的作用是放大检波出来的音频信号。解调器解调出来的音频信号太弱，如果直接送入耳机或扬声器，效果也不好，并且收听不到信号较弱的电台的节目。因此，需要音频放大器将解调出来的音频信号放大后，再由耳机或扬声器还原成声音。

扬声器的作用是把按音频信号变化的电流或电压变为相应的机械振动，从而将音频电信号转化为声音信号。

知识点4　超外差收音机特点

图4-15所示为无线电信号的接收过程，同时也是直接放大式收音机的方框图，其优点是电路简单、易于安装、成本低廉，同时它也存在自身难以克服的缺点：①在接收范围内，对低频段和高频的放大不一致；②很难提高灵敏度；③选择性较差；④工作稳定性差。

超外差收音机可以克服直接放大式收音机的缺点。超外差式电路是：把接收到的电台信号与本机振荡信号同时送入变频管进行混频，并始终保持本机振荡频率比外来信号频率高一个中频，通过选频电路，取出两个信号的“差频”，并进行中频放大。采用这种电路的收音机叫超外差式收音机。图4-1所示就是超外差收音机方框图。

超外差收音机的特点如下。

1. 在接收信号范围内，对信号放大量均匀一致

由于变频级将外来的高频已调波信号均变成中频信号（465kHz），然后对固定中频信号进行放大。因此，在整个接收波段范围内，放大量均匀一致。

2. 灵敏度高

输入回路选择出的高频已调波信号，经过变频级变频后，信号频率变为固定中频，能够

使半导体管的工作保持在放大系数较高的最佳工作状态，因此，收音机的灵敏度可以做得很高。

3. 选择性好

由于只有465kHz的信号（本机振荡信号与外来信号频率之间的差频）才能进入中频放大器，又由于中频放大器的负载为谐振回路，因此，这种电路选频特性好，能大大提高整机的选择性。

超外差收音机的这些特点，同时也是超外差电路的特点，所以超外差电路也广泛应用在其他产品中，如电视接收机等电路。

读者可以通过网络，了解收音机的发展过程，并进行相关知识的了解。比如：无线电发射和接收的相关知识、国标元件符号和超外差技术的主要应用。

项目学习评价

一、思考题

（1）什么是方框图？它的主要作用是什么？

（2）从收音机天线接收到信号到扬声器输出信号，信号频率变换了哪几次？

（3）如图4-6所示，如果本机振荡器出现故障，混频输出的信号为输入回路输入的信号，那么中放电路还能起到放大作用吗？

（4）收音机的中放电路为调谐放大电路，如果调谐回路出现失谐对电路造成什么影响？

（5）如果检波二极管接反，会对电路造成什么影响？

二、技能训练

技能训练时,以小组为单位进行训练。

1. 训练1

根据实验机型收音机电路图在图4-16所示框图里填上电路的名称，并写出各部分的作用，画出A、B、C、D、E、F、G各部分波形。

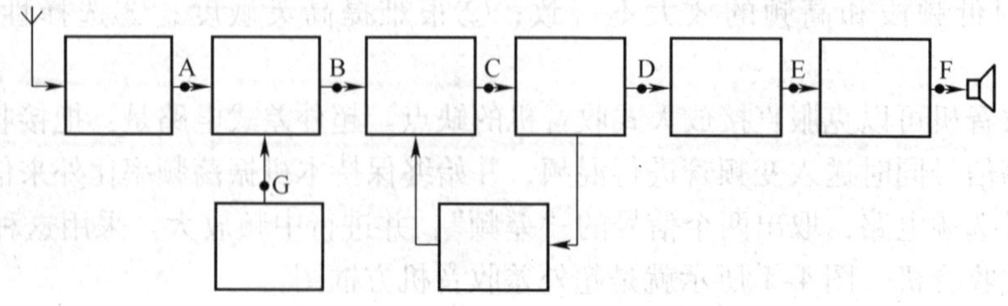

图4-16　实验机型收音机电路图

2. 训练2

根据实验机型收音机电路图画出整机的直流通路。

3. 训练3

根据实验机型收音机电路图，将元器件的作用填入表4-10。

表 4-10　　　　　　　　　　　　　　元器件的作用

序号	元器件	作　用	序号	元器件	作　用	序号	元器件	作　用
1	R_1		19	C_2		37	T_1	
2	R_2		20	C_3		38	T_2	
3	R_3		21	C_4		39	T_3	
4	R_4		22	C_5		40	T_4	
5	R_5		23	C_6		41	T_5	
6	R_6		24	C_7		42	T_6	
7	R_7		25	C_8		43	T_7	
8	R_8		26	C_9		44	VT_1	
9	R_9		27	C_{10}		45	VT_2	
10	R_{10}		28	C_{11}		46	VT_3	
11	R_{11}		29	C_{12}		47	VT_4	
12	R_{12}		30	C_{13}		48	VT_5	
13	R_{13}		31	C_{14}		49	VT_6	
14	R_{14}		32	C_{15}		50	VT_7	
15	R_{15}		33	C_{16}		51	VD_1	
16	R_{16}		34	C_{17}		52	VD_2	
17	R_{17}		35	C_{18}		53	VD_3	
18	C_1		36	C_{19}		54	VD_4	

4．训练 4

对照实验机型收音机原理图，在其印制电路板上逐个寻找元器件位置。

将图 4-2 与图 4-16 对照，1min 内找到 VT_1、VT_2、VT_3、VT_4、VT_5、VT_6、VT_7 和 T_3、T_4、T_5 的位置。

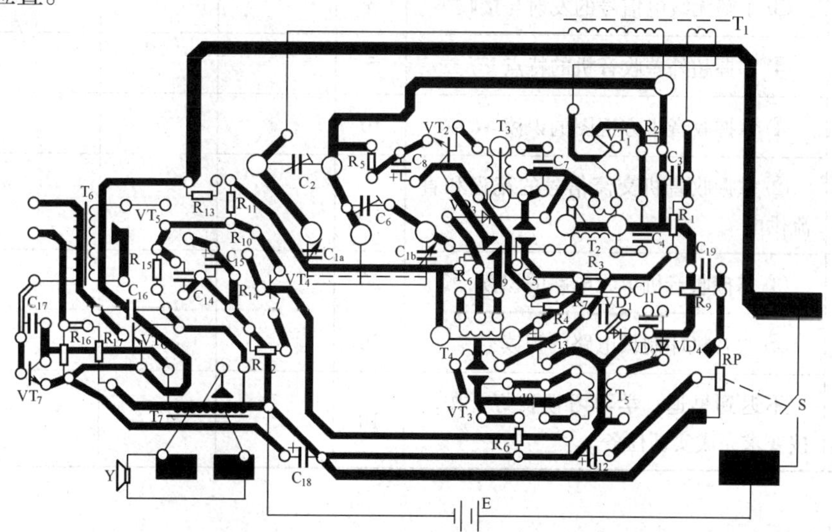

图 4-17　实验机型收音机印制电路图

5．训练 5

在实验机型收音机印制电路图中或印制电路板上找出变频电路（如图 4-18 所示）的元器件及连线（印制导线），可用不同颜色的笔画出。

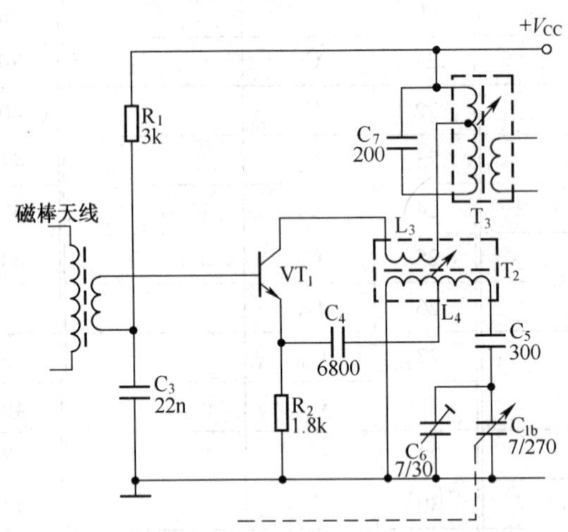

图 4-18 变频电路原理图

三、 项目评价评分表

1. 个人知识和技能评价表

班级：________ 姓名：________ 成绩：________

评价方面	评价内容及要求	分值	自我评价	小组评价	教师评价	得分
项目知识内容	① 掌握常用电路图形和文字符号	5				
	② 了解电路图的识读步骤	5				
	③ 了解无线电信号的发射与接收	5				
	④ 掌握超外差收音机的特点	5				
项目技能内容	① 掌握收音机方框图的识读	10				
	② 掌握收音机交流信号的流程和直流供电	10				
	③ 掌握收音机单元电路的识读	30				
	④ 收音机印制板电路的识读	20				
职业素质培养	不迟到早退，学习习惯良好，按时按要求完成实训任务	10				

2. 小组学习活动评价表

班级：＿＿＿＿＿＿＿＿　小组编号：＿＿＿＿＿＿＿＿　成绩：＿＿＿＿＿＿＿＿

评价项目	评价内容及评价分值			自评	互评	教师点评
分工合作	优秀（12～15分）	良好（9～11分）	继续努力（9分以下）			
	小组成员分工明确，任务分配合理，有小组分工职责明细表	小组成员分工较明确，任务分配较合理，有小组分工职责明细表	小组成员分工不明确，任务分配不合理，无小组分工职责明细表			
获取与项目有关质量、市场、环保等内容的信息	优秀（12～15分）	良好（9～11分）	继续努力（9分以下）			
	能使用适当的搜索引擎从网络等多种渠道获取信息，并合理地选择、使用信息	能从网络获取信息，并较合理地选择、使用信息	能从网络或其他渠道获取信息，但信息选择不正确，信息使用不恰当			
实操技能操作	优秀（24～30分）	良好（18～23分）	继续努力（18分以下）			
	能按技能目标要求规范完成每项识读任务，能准确识读电路图的结构、信号流程、元器件作用等	能按技能目标要求较规范完成每项识读任务，能识读电路图的结构、信号流程、元器件作用等	能按技能目标要求完成每项识读任务，但规范性不够。不能准确识读电路图、信号流程或元器件作用等			
基本知识分析讨论	优秀（16～20分）	良好（12～15分）	继续努力（12分以下）			
	讨论热烈、各抒己见，概念准确、原理思路清晰、理解透彻，逻辑性强，并有自己的见解	讨论没有间断、各抒己见，分析有理有据，思路基本清晰	讨论能够展开，分析有间断，思路不清晰，理解不透彻			
成果展示	优秀（16～20分）	良好（12～15分）	继续努力（12分以下）			
	能很好地理解项目的任务要求，思路清晰，并能够熟练识读线路图、说出主要元器件的功能	能较好地理解项目的任务要求，思路较清晰，能够识读电路图	基本理解项目的任务要求，思路不够清晰，识图时需要提示或暗示			
总分						

项目5　电子整机的装配

项目情景创设

电子整机装配是将相关元器件、零部件按照工艺文件的规定，逐级装接成具有一定功能的产品的过程。图5-1所示为某同学在装接产品的照片。本项目将学习电子整机装配的装配工艺和装配要求。

图5-1　电子装配

项目教学目标

项目教学目标		学时	教学方式
技能目标	① 掌握整机装配步骤 ② 掌握导线的加工方式 ③ 掌握元器件的插装工艺 ④ 掌握收音机的整机装配工艺和装配过程	4课时	教师演示，学生实际操作；分组学习，以小组为单位进行活动 重点：导线的加工方式、元件的插装方法和收音机的组装过程 教师指导、答疑
知识目标	① 电子产品的装配工艺和流程 ② 掌握元器件插装工艺和机壳的装配工艺	2课时	教师讲授、自主探究
情感目标	通过收音机的总装，使学生了解部分与整体之间的关系，从而培养学生的团结协作精神	课余时间	网络查询

项目任务分析

本项目通过收音机的整机装配，主要掌握下列基本技能和基本知识。

（1）电子产品整机装配步骤。

（2）绝缘导线端头的加工。

（3）元器件的插装方法。

（4）收音机的装配过程和装配工艺。

（5）元器件的插装工艺要求。

（6）面板和机壳的组装工艺。

项目基本功

5.1　项目基本技能

任务1　装配收音机

1. 电子产品整机装配步骤

电子产品整机装配步骤如表5-1所示。

表5-1　整机装配步骤

装配步骤	项目名称	内　　容
1	核对产品物料清单	根据电路原理图设置元器件清单表，把核对无误的元器件固定在清单表上，逐个核对，检查有无元器件缺少
2	检测元器件	使用仪表（万用表、电容表等）检测元器件性能是否完好，同时对二极管、三极管的类别和管脚极性进行判别
3	元器件加工	包括印制电路板的处理、元器件引线处理和所用导线的加工
4	印制电路板装配	按照"先小后大、先低后高、先轻后重、先易后难、先一般元器件后特殊元器件"的原则装配
5	导线安装	电路板与电池两端、电路板与扬声器之间的连接导线
6	印制电路板调试	测试点电流测量
7	整机装配	磁棒天线焊装；各拨盘、拉线、指针和刻度盘等安装
8	整机调试	参见项目6

2. 装配的准备工艺

下面着重从分立元器件收音机使用较多的绝缘导线端头的加工、元器件的插装方法和元器件引线的加工等方面进行介绍。

（1）绝缘导线端头的加工

绝缘导线端头的加工步骤如表5-2所示。

表5-2　　绝缘导线端头的加工

步骤	项目名称	常用方法	图示
1	按所需的长度截取导线	使用电工刀、剪刀或斜口钳	
2	按导线的连接方式决定剥头长度	① 用剥线钳剥头 ② 用电工刀和剪刀剥头 ③ 用加热法剥头	
3	对多股线进行捻头处理	按导线原来旋紧方向继续捻紧，一般螺旋角在30°～40°	
4	浸锡	将捻好头的导线端头蘸上助焊剂，用带锡的电烙铁给导线端头上锡	

（2）元器件的插装方法

元器件的插装方法有卧式插装、立式插装、横向插装、倒立插装和嵌入插装。其中，常用的插装方法如图5-2所示。

① 卧式插装：将元器件紧贴印制电路板的板面水平放置。

② 立式插装：将元器件垂直插入印制电路板。

③ 横向插装：将元器件先垂直插入印制电路板，然后将其朝水平方向弯曲。

④ 倒立插装与嵌入插装：将元器件倒立，或嵌入置于印制电路板上，如图5-3所示。

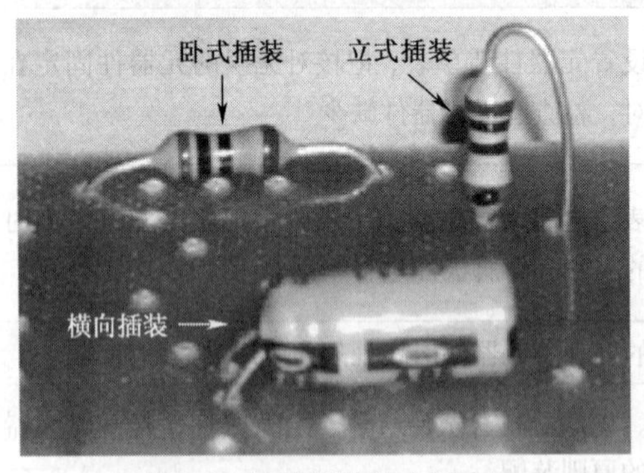

图5-2　元件插装的主要方法

图5-3　倒立插装

（3）元器件引线的加工

按照印制电路板元器件的安装位置选择合适的插装方法，并对元器件引线进行适当的弯折。

（4）元器件引线的浸锡

元器件引线浸锡的方法前面已讲过，此处不再赘述。

（5）印制电路板的处理

如果套件中的印制板氧化比较严重，那么插装前要用细砂纸擦磨焊点上的氧化层，再均匀涂上一层酒精松香液。

3. 收音机电路板的装配工艺

印制电路板的装配工艺是保证整机质量的关键，装配质量的好坏对收音机的性能有很大的影响。因此，对印制电路板总的装配要求是：元器件装插正确，不能插错、漏插，焊点要光滑，无虚焊、假焊和连焊；根据插装和焊接工艺要求进行插装和焊接。为了达到训练效果，减小差错率，每个元器件的安装均可按下面的步骤来完成：

复测元器件→引线清洁、上锡、成形→插装→焊接→修剪引脚→整形

装配过程中的注意事项如表5-3所示。

表5-3　装配过程中的注意事项

序号	注意事项
1	已安装的元器件要在电原理图或元器件明细表中予以注明
2	要注意电解电容的正负极性，不能插错
3	磁性天线线圈的线较细，刮去天线线圈上的绝缘漆时不要弄断导线
4	振荡线圈和中频变压器要找准位置，注意色标
5	装插双联电容器时，三脚或四脚应插到位，并用螺丝先固定后焊接
6	振荡线圈与中频变压器的外壳要焊在电路板上
7	要辨认清楚音频输入、输出变压器，输出变压器的次级电阻不到1Ω，与输入变压器初、次级的电阻相差很大
8	安装音量电位器时应先用螺丝将其固定再进行焊接。若没有固定螺孔则应用少量焊锡先固定其任一焊接片（此时用一手指按住电位器，使其紧贴电路板），使电位器与电路板平行，再焊其余的焊接片，应在短时间内完成，否则易焊坏电阻器动片，进而造成音量电位器损坏或接触不良
9	瓷介电容、电解电容及三极管等元器件安装焊接时，所留引脚不能太长，否则元器件的稳定性降低。一般要求距离电路板面2mm左右

4. 音机整机装配过程

收音机主要零配件有印制电路板、调谐拨轮组件、电位器拨轮、扬声器、电池正负极引片或弹簧件、前后机壳、刻度盘和指针等。

收音机整机装配过程如表5-4所示。

表5-4　收音机整机装配过程

步骤	装配内容	完成图示
1	安装电位器拨轮并用螺钉固定 安装调谐拨轮并用螺钉固定 安装调谐器旋钮、拉线支撑轮并用螺钉固定 装上拉线和指针	

续表

步骤	装配内容	完成图示
2	安装指针固定盘并用螺钉固定 根据调谐器的位置初步确定指针位置	
3	将线路板装入机壳，根据刻度盘重新确定指针位置 调节音量电位器和调谐器波轮，试转动是否顺畅。如果转动顺畅，用螺钉固定线路板；如果有问题需重新调整 安装扬声器并固定，安装电源极片	
4	安装电池 盖上后盖并用螺钉拧紧	

5.2 项目基本知识

知识点1 电子整机装配的基本内容

电子整机装配：

- 电气装配——以印制电路板为主体的电子元器件装插和焊接
- 机械装配——以组成整机的钣金件或塑料件为支撑，通过零件紧固或其他方法进行的由内到外的结构性装配

知识点2 整机装配的工艺过程

电子整机装配工艺过程如图5-4所示。

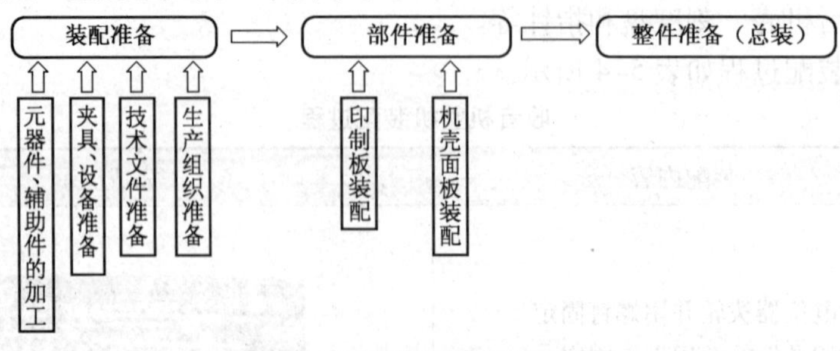

图5-4 电子整机装配工艺过程

电子整机装配工艺包括的内容如图5-5所示。

电子整机装配包含内容繁多，一些工艺在前面已经讲述过，如准备工艺、电路板装配工艺中的焊接工艺等。一些工艺我们暂且用不到或超出学习范围，如机械安装工艺、布线工艺等，这里仅介绍一些常用到的工艺要求。

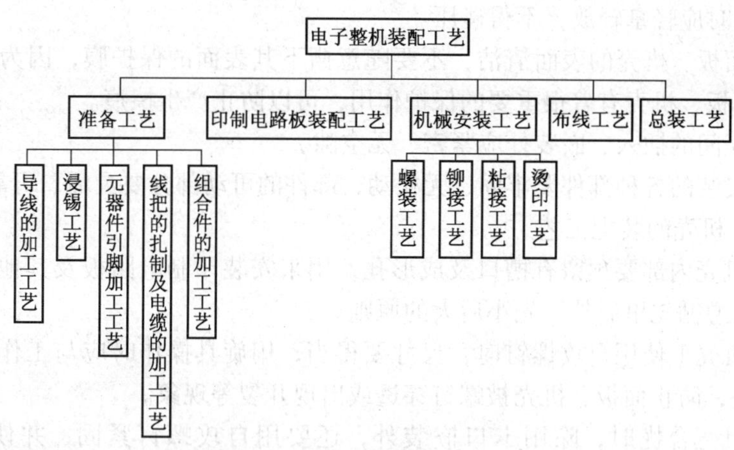

图5-5 电子整机装配工艺内容

1. 印制电路板元器件的插装工艺要求

元器件插装到印制电路板上时，无论采用卧式安装还是立式安装，都应该使元器件的引线尽可能短一些。在单面印制板上采用卧式装配时，小功率元器件总是平行地紧贴板面，在双面板上，元器件则可以离开板面1～2mm，从而避免因元器件发热而减弱铜箔对基板的附着力，并防止元器件的裸露部分与印制板短路。

插装元器件时还要注意以下原则。

(1) 要根据产品安排装配顺序。一般顺序是先小后大、先低后高、先轻后重、先一般后特殊的原则，对于贵重的关键元器件，应该放到最后插装。但在插装过程中，前道工序还要兼顾到后道工序，不能影响到后道工序的安装。

(2) 安装各种元器件时，应该尽量使它们的标记（用色码或字符标注的数值、精度等）朝上或朝着易于辨认的方向，并注意标记的读数方向一致（从左到右或从上到下），这样有利于进行直观检查；对卧式安装的元器件尽量使两端引线的长度相等且对称，把元器件放在两孔中央，排列要整齐；立式安装的色环电阻应该高度一致，最好让起始色环向上以便于检查安装中出现的错误，上端的引线不要留得太长以免与其他元器件短路，如图5-6所示。有极性的元器件插装时要保证方向正确。

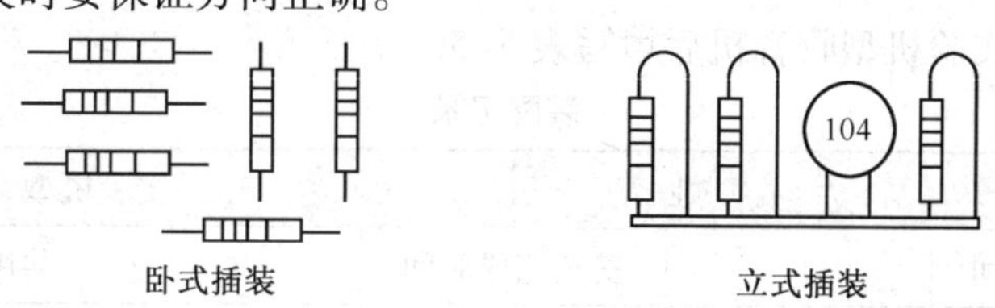

图5-6 元器件的插装

(3) 当元器件在印制板上采用立式装配时，单位面积上容纳元器件的数量较多，适合于机壳内空间较小、元器件紧凑密集的产品。但立式装配的机械性能较差，抗震能力弱，如果元器件倾斜，就有可能接触临近的元器件而造成短路。为使引线相互隔离，往往采用加套绝缘塑料管的方法。

2. 面板、机壳组装工艺

(1) 面板、机壳的装配要求

为了满足产品质量要求，面板、机壳在装配时要注意以下几点。

① 凡与面板、机壳接触到的工作台面均应放置橡胶垫，以防止装配过程中划伤其表面。

搬运面板、机壳时应轻拿轻放，不得碰压。

② 为保证面板、机壳的表面清洁，不要随意撕下其表面的保护膜，因为保护膜在整个装配过程中对面板、机壳有着很重要的保护作用，可以防止产生擦痕。

③ 板与机壳间的插入、嵌装处应紧密、无空隙。

④ 面板上安装的各种部件要牢固、无松动，部件的可动部分要灵活、可靠。

（2）面板、机壳的装配工艺

① 面板、机壳内部要预留有槽口及成形孔，用来安装印制电路板及其他部件，如扬声器等。装配时要遵循先里后外、先小后大的原则。

② 面板、机壳上使用自攻螺钉时，尺寸要得当，用旋具操作时应与工作件垂直，扭力矩的大小要合适，防止面板、机壳被螺钉穿透或出现开裂等现象。

③ 机框、机壳合拢时，除用卡口嵌装外，还要用自攻螺钉紧固，并使紧固件垂直、牢固。

④ 整机装配完成后，还须按要求将商标、装饰件等粘贴到指定位置，并尽可能牢固、端正。

通过网络查询，了解电子产品的装配工艺和装配要求。

项目学习评价

一、思考题

（1）电子产品的装配需要经过哪些步骤？

（2）元器件的插装方法有哪些？

（3）插装元器件时有哪些要求？

（4）面板、机壳的装配有哪些要求？

二、技能训练

分组训练，装配实验机型收音机后填写表5-5。

表5-5　装配记录

<table>
<tr><td colspan="2">班级</td><td></td><td>姓名</td><td></td><td>实验机型</td><td></td></tr>
<tr><td rowspan="2">学生填写</td><td>安装开始时间</td><td></td><td>安装完成时间</td><td></td><td>共用课时</td><td></td></tr>
<tr><td>安装流程及存在的问题</td><td colspan="5"></td></tr>
<tr><td>教师填写</td><td>工艺水平测定及存在的问题</td><td colspan="5"></td></tr>
</table>

三、项目评价评分表

1. 个人知识和技能评价表

班级：________________ 姓名：________________ 成绩：____________

评价方面	评价内容及要求	分值	自我评价	小组评价	教师评价	得分
项目知识内容	① 电子整机装配的基本内容	5				
	② 整机装配的过程	5				
	③ 整机装配的工艺	5				
	④ 元器件的插装工艺	15				
项目技能内容	① 电阻产品的装配步骤	10				
	② 装配的准备	15				
	③ 收音机的装配工艺	35				
安全文明生产和职业素质培养	① 安全用电，规范操作	5				
	② 文明操作，不迟到早退，操作工位卫生良好，按时按要求完成实训任务	5				

2. 小组学习活动评价表

班级：________________ 小组编号：________________ 成绩：____________

评价项目	评价内容及评价分值			自评	互评	教师点评
分工合作	优秀（12 ~ 15 分）	良好（9 ~ 11 分）	继续努力（9 分以下）			
	小组成员分工明确，任务分配合理，有小组分工职责明细表	小组成员分工较明确，任务分配较合理，有小组分工职责明细表	小组成员分工不明确，任务分配不合理，无小组分工职责明细表			
获取与项目有关质量、市场、环保等内容的信息	优秀（12 ~ 15 分）	良好（9 ~ 11 分）	继续努力（9 分以下）			
	能使用适当的搜索引擎从网络等多种渠道获取信息，并合理地选择、使用信息	能从网络获取信息，并较合理地选择、使用信息	能从网络或其他渠道获取信息，但信息选择不正确，信息使用不恰当			
实操技能操作	优秀（24 ~ 30 分）	良好（18 ~ 23 分）	继续努力（18 分以下）			
	能按技能目标要求规范完成每项实操任务	能按技能目标要求较规范完成实操任务，部分项目有瑕疵	能按技能目标要求完成实操任务，但规范性不够。部分项目操作有待改进			

续表

评价项目	评价内容及评价分值			自评	互评	教师点评
基本知识分析讨论	优秀（16 ~ 20分）	良好（12 ~ 15分）	继续努力（12分以下）			
	讨论热烈、各抒己见，概念准确、原理思路清晰、理解透彻，逻辑性强，并有自己的见解	讨论没有间断、各抒己见，分析有理有据，思路基本清晰	讨论能够展开，分析有间断，思路不清晰，理解不透彻			
成果展示	优秀（16 ~ 20分）	良好（12 ~ 15分）	继续努力（12分以下）			
	能很好地理解项目的任务要求，作品美观，展示操作熟练，讲解清晰，逻辑性强	能较好地理解项目的任务要求，作品美观，展示操作不够熟练，讲解较较清晰但逻辑性不够强	基本理解项目的任务要求，作品有瑕疵，操作不熟练，讲解不清晰			
总分						

项目6　电子整机的测量与调试

项目情景创设

电子整机的测量与调试，就是利用各种电子仪器将电子整机的各个组成电路的工作状态进行调整，使之达到设计要求。电子整机的调试主要分为直流调试和交流调试两部分。直流调试的任务是：调整各单元电路的静态工作点，为交流信号的工作提供最合适的工作条件。交流调试的任务是：保证各单元电路的交流通路畅通、频率特性良好、选择频率准确和带宽合适。经过整机调试的电子设备，在各项性能达标后，才可以按照设计要求工作。收音机整机电流测试如图6-1所示。

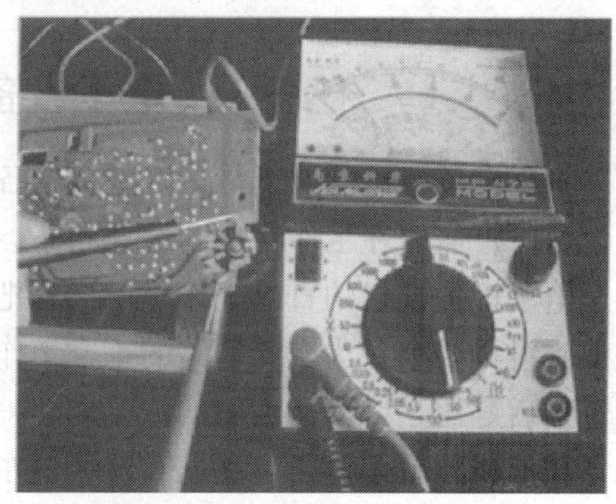

图6-1　收音机整机电流的测试

项目教学目标

项目教学目标		学时	教学方式
技能目标	① 了解电子设备整机直流工作点的调试方法和调试过程 ② 掌握电子设备整机交流工作点的调试方法 ③ 掌握调试设备和仪器的使用方法	6课时	教师演示，学生实际操作 分组学习，以小组为单位进行活动 重点：收音机直流工作点的调试方法；收音机交流工作点的调试过程
知识目标	① 掌握收音机各部分的信号流程和工作特点 ② 电路图带有“※”的元件和“×”处电路板的特点 ③ 掌握收音机统调的含义和步骤	3课时	教师讲授、自主探究
情感目标	通过收音机的安装，使学生了解部分与整体之间的关系，从而培养学生的团结协作精神	课余时间	网络查询

项目任务分析

本项目通过收音机整机的测量与调试过程，主要掌握以下基本技能和基本知识。

（1）电子设备整机直流工作点的调试内容和调试方法。

（2）电子设备整机交流通路的调试。

（3）常用电子仪器的使用方法。

（4）收音机统调方法和频率范围的调整。

项目基本功

6.1 项目基本技能

任务1 电子设备整机直流工作点的调试

电子设备整机的调试是指将整机的各个组成电路的直流工作状态和交流工作状态调整到设计要求，使之在工作时达到最佳状态。它分为直流工作点调试和交流通路调试。

电子设备整机的直流工作点调试是把电子设备整机的各个单元电路的直流电压和电流值调整到设计要求，为交流通路的正常工作提供基础和保障。直流工作点的调试对于交流信号来说，就好比是为高速行驶的汽车修建一条平坦笔直的高速公路一样，意义重大。对于分立元器件组成的电子整机电路，直流调试主要是利用万用表，检测单元电路中三极管的各极直流电压和集电极工作电流，通过调整三极管的偏置电阻使电压和电流达到设计要求。下面以实验机型收音机调试为例进行具体介绍。

1. 直观检测电子整机元器件状态

在组装电子整机的过程中，由于安装、焊接等原因，可能会出现元器件的碰脚、连焊和虚焊等现象，还有可能将电路板上的覆铜焊掉，调试人员需要利用“眼观”、“手晃”等办法找到故障点并排除，为下一步调试做准备。

2. 测量电源输入端的对地电阻（在路电阻）

在组装电子整机的过程中，由于安装、焊接等原因，可能会出现元器件的碰脚、连焊等现象，甚至将元器件内部击穿短路或烧断，因此在对电子整机通电进行调试之前，要先对电源输入端的对地电阻进行测量，防止贸然通电而损坏电源及电子整机。

将万用表拨至 R×100 挡，测量前先将万用表进行调零，再将红表笔接电子整机电源的负极或与之相连的焊盘，即整机的“地线”，然后将黑表笔接于电源开关的后端，测量电子整机电源输入端的正向电阻。再将两表笔对调，测其反向电阻，也可以直接测量滤波电容 C_{18} 两端的在路电阻，如图 6-2 所示。

若电源输入端的对地电阻太小，只有几欧姆或十几欧姆，则说明整机有严重短路的现象。若电源输入端的对地电阻太大，达到几十千欧或上百千欧，则说明电子整机电源输入部分开路，如电路板覆铜裂开等。

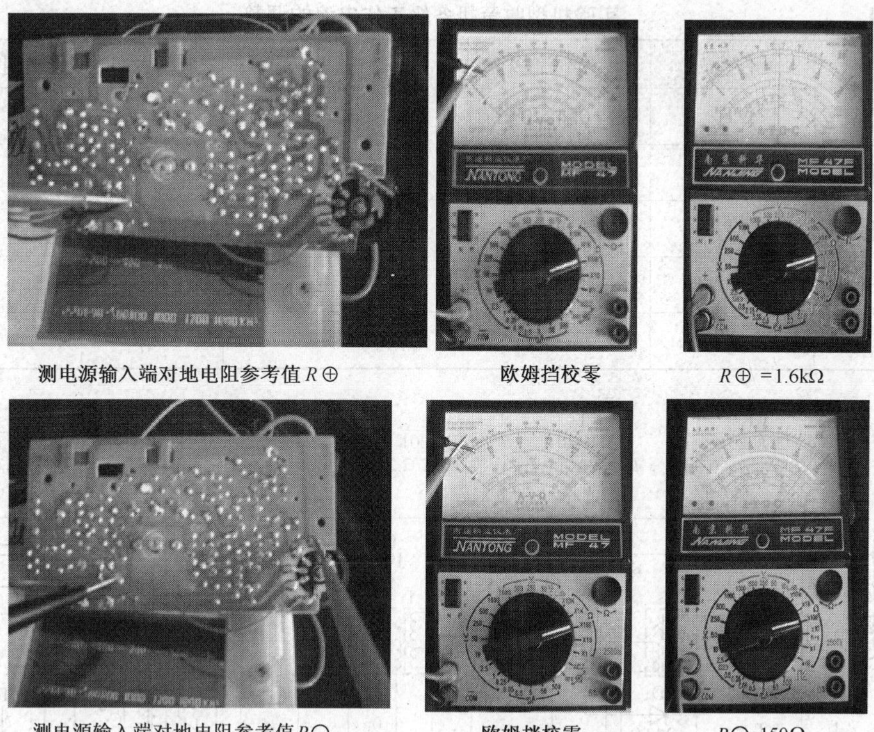

测电源输入端对地电阻参考值 $R\oplus$　　欧姆挡校零　　$R\oplus=1.6\text{k}\Omega$

测电源输入端对地电阻参考值 $R\ominus$　　欧姆挡校零　　$R\ominus=150\Omega$

图 6-2　电源输入端对地电阻的测量

3. 整机加电，准备测试

对电源输入端的对地电阻检查正常后，可以利用电池或直流电源给电子整机提供合适的直流电压。实验机型收音机需要 3V 的电压，因此，可以用两节 1 号电池，也可以用直流电源输出 3V 电压直接加到电池夹处，如图 6-3 所示。

(a) 直流电源加电

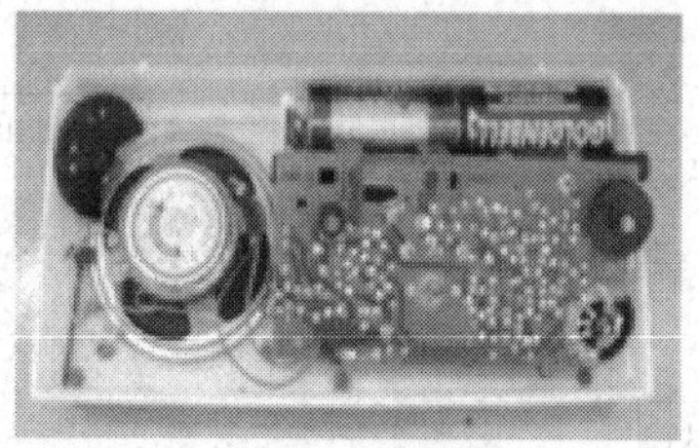

(b) 电池加电

图 6-3　电子整机加电方法

4. 调试各单元电路的工作电流

调试电子整机各单元电路的工作电流就是通过调整各单元电路偏置电阻的大小，从而改变工作电流使之达到设计要求的范围。通过检测工作电流，也可以比较容易地判断出该单元电路的工作状态。实验机型收音机各级工作电流的参考值如表 6-1 所示。

如果电路板上留有测试口，就用电烙铁将测试口焊开；如果没有预留测试口，可以用刀片将相应的覆铜板上的铜箔划断。实验机型收音机的电路板上为各级放大器都留有测试口，为调试提供了很大的方便，其各级测试口分布如图 6-4（a）所示，图中“×”表示测试口。

测试时将万用表拨至合适的直流电流挡位，红表笔置于测试口接电源的一侧，黑表笔置

表 6-1　　实验机型收音机各级工作电流的调整

单元电路	元件标号	参考电流（mA）	调整电流（mA）	调整元件	参考阻值（kΩ）
变频电路	VT_1	0.4～0.6	0.46	R_2	1.3
一中放电路	VT_2	0.3～0.5	0.4	R_4	4.7
二中放电路	VT_3	1.2～2.2	1.4		
前置放大电路	VT_4、VT_5	2～4	2.3	R_{10}	75
功率放大电路	VT_6、VT_7	2～6	4.6	R_{17}	1.6

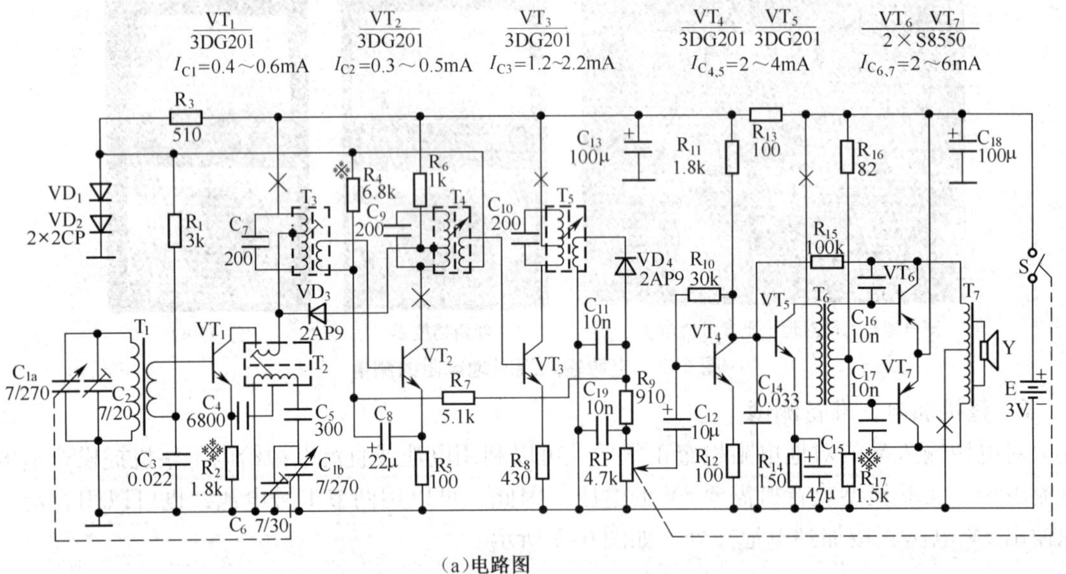

(a)电路图

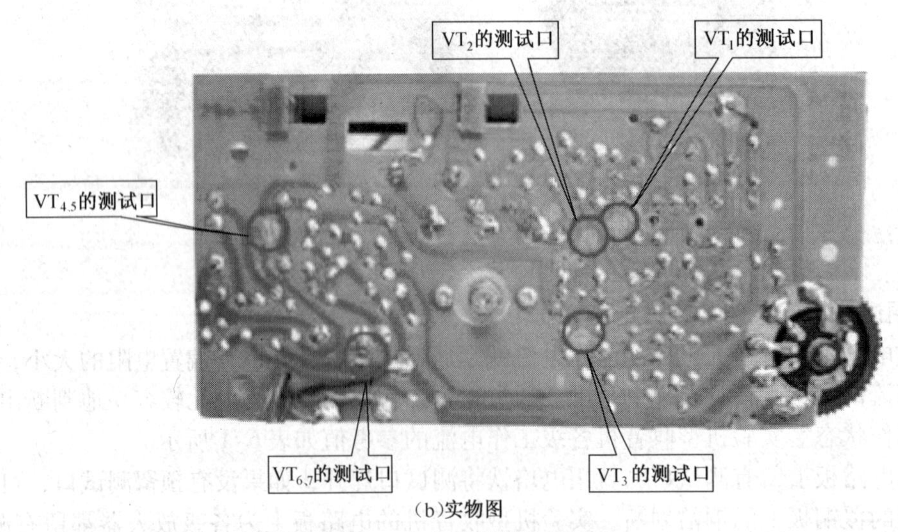

(b)实物图

图 6-4　各级放大器的测试口

于测试口的另一侧，将万用表串入待测电路中，读出万用表的示数。下面仍以实验机型收音机为例，具体介绍其功放级 $VT_{6,7}$ 和变频级 VT_1 的集电极工作电流的调试方法。

（1）变频级工作电流的调试方法

实验机型收音机变频级的正常工作电流范围为0.4～0.6mA，电流太小时本振级不易起振，若电流太大时，虽本振容易起振，但是会产生噪声或故障，因此要将其调整至0.5mA左右。

① 找到变频级 VT_1 的测试口，并将变频级 VT_1 的测试口用电烙铁焊开。

② 将变频级的发射极电阻 R_2 从电路板上焊下来，用4.7kΩ的电位器和1只1kΩ电阻串联后焊到 R_2 的位置代替 R_2（串联1只电阻的目的在于防止当电位器调到最小阻值时，引起 I_C 电流过大而烧坏 VT_1），如图6-5所示。

③ 将万用表功能开关置于DC 0.5mA挡，将表笔放置于图6-4（b）所示电路板上的相应测试口处。

④ 调整电位器的阻值，使万用表的示数为0.5mA。

⑤ 将电位器从电路板上焊下来，用万用表电阻挡测量出电位器和串联电阻的总电阻值，取1个与之相当的电阻器（1.3kΩ）焊到电路板上 R_2 处。

⑥ 经过测试无误后，再将测试口用烙铁焊好，至此，变频级工作电流的调试工作结束。

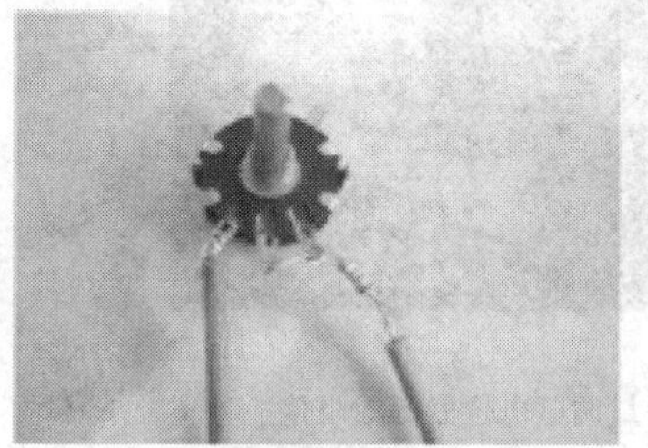

（a）用于替换电阻 R_2 的电位器

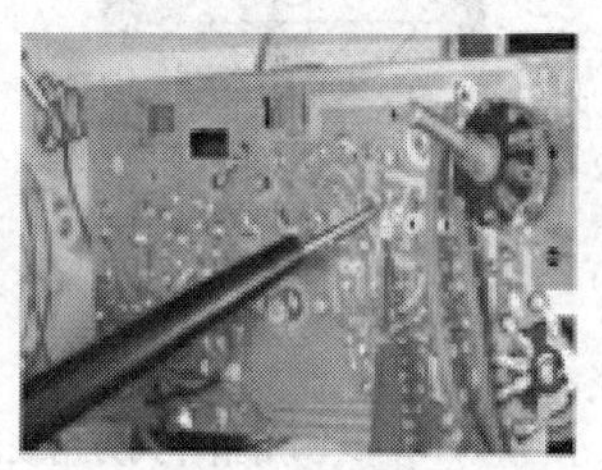

（b）测试 VT_1 的集电极电流

I_{C1}=0.5mA

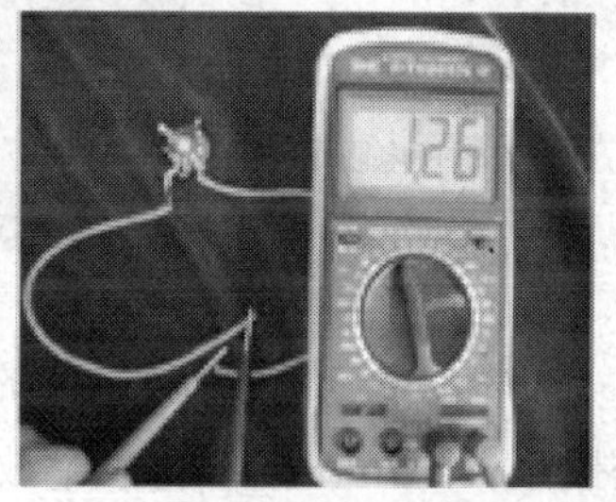

（c）用数字表测调试用的电位器的总阻值

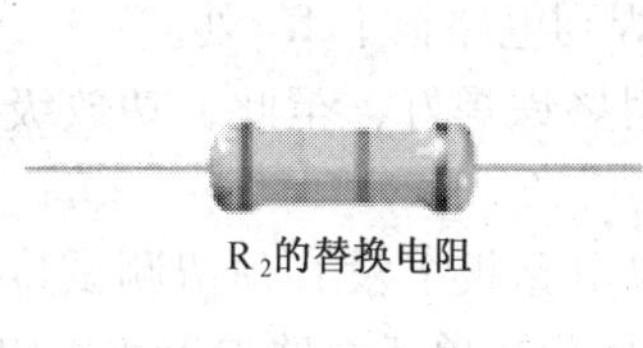

R_2 的替换电阻

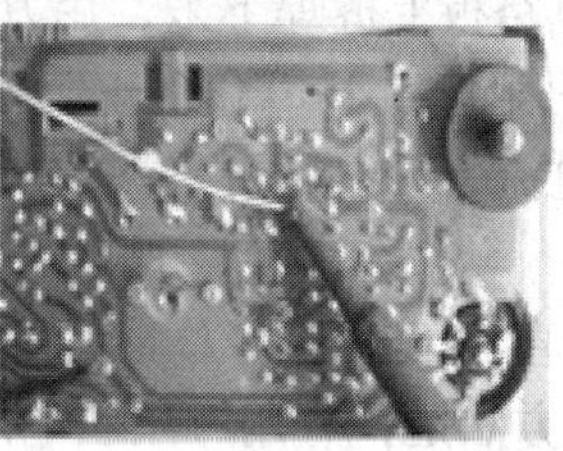

（d）焊上替换电阻

图6-5　变频级工作电流的调试过程

（2）功放级工作电流的调试方法

实习用收音机的功放级是由 VT_6、VT_7 组成的变压器耦合的甲乙类推挽功放电路，两者的工作电流必须同时调试。功放电路测试口的位置如图6-4所示。实验机型收音机功放级的工作电流应该为2～6mA，电流过小则声音太小，电流过大时不仅声音过大，也过于耗电且噪声增大，因此，将其电流调整至5mA左右。

① 将功放级的测试口用电烙铁焊开。

② 将功放级的基极偏置电阻 R_{17}（1.6kΩ）从电路板上焊下来，用1个4.7kΩ的电位器和1个1kΩ的电阻串联后焊到 R_{17} 的位置代替 R_{17}，如图6-6所示。

(a)用于替代偏置电阻 R_{17} 的电位器

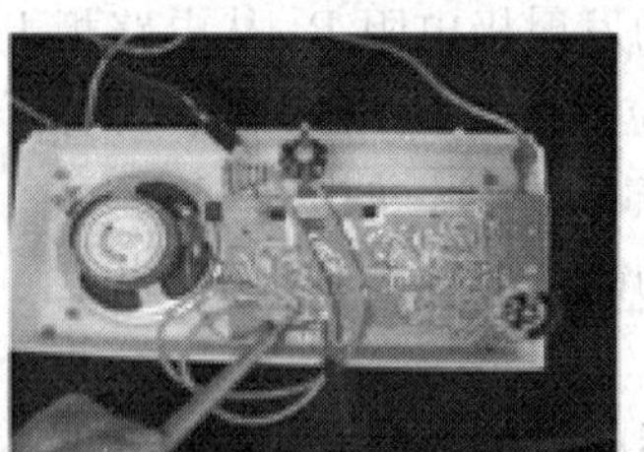

(b)调节电位器监测 $I_{C6,7}$

$I_{C6,7}$=4.7mA

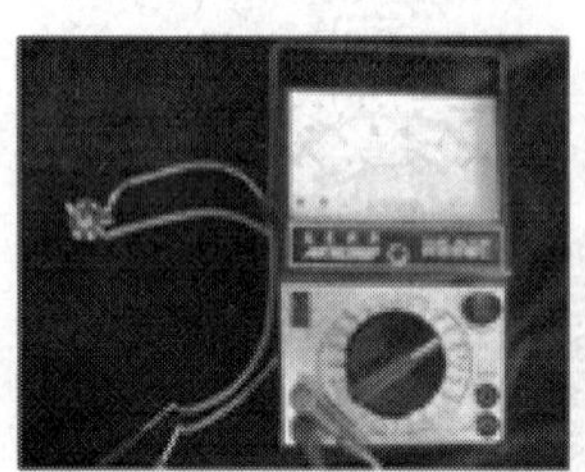

(c)用指针式万用表测量调试电位器等效阻值

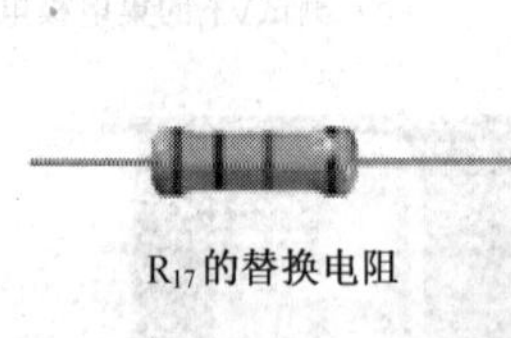

R_{17} 的替换电阻

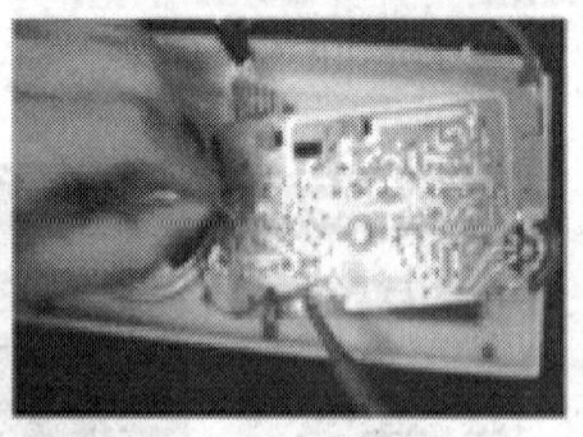

(d)焊上替换电阻

图6-6 功放级工作电流的调试过程

③ 将万用表功能开关拨至DC 5mA挡，将表笔放置于图6-5所示电路板上的测试口处。

④ 调整电位器，使万用表的示数为4.7mA。

⑤ 将电位器从电路板上拆焊下来，用万用表电阻挡测量出电位器和串联电阻的总电阻值为1.65kΩ，取1只阻值为1.6kΩ的电阻器焊到电路板上 R_{17} 处。

⑥ 复测集电极电流，无误后再将测试口用烙铁焊好，至此，功放级工作电流的调试工作结束。

在测量单元电路直流工作电流 I_C 时，如果电路板上没有预留测试口，也可以采用间接测试法。其具体操作方法是：利用万用表电压挡测该单元电路发射极电阻和电压，利用欧姆定律 $I=U/R$ 折算出电流的大小。如图6-7所示，VT_2 的发射极电阻 R_5 为100Ω，测得电压为0.04V，即40mV，则推算出集电极电流 I_{C2} = 40mV/100Ω = 0.4mA。

5. 整机电流的调试

经过对各个单元电路工作电流的调整，电子整机的工作电流就应该在正常范围之内了。测量整机的工作电流，是判断电子整机工作是否正常行之有效的方法之一。下面仍以实验机型收音机为例介绍整机电流的测量方法。

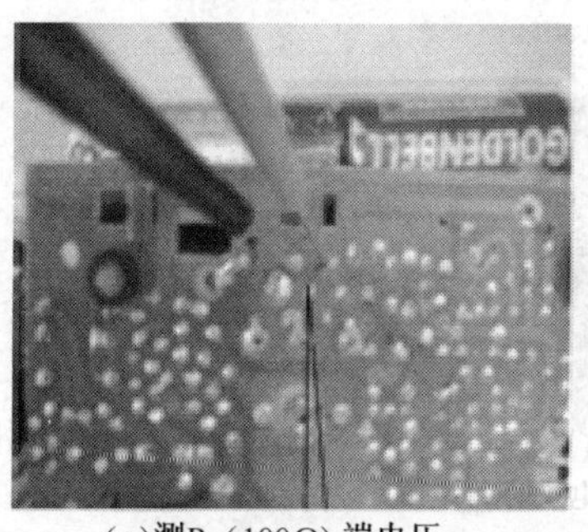

(a)测R_2(100Ω)端电压

(b)读出R_2上的压降0.04V,推算出I_{C2}为0.4mA

图6-7　测发射极电阻的电压推算集电极电流

方法1：在整机的电源处串入电流表，测量整机的工作电流。

方法2：利用电子整机上的电源开关，把它当作切断电路的捷径。将电子整机的电源开关断开，万用表功能开关拨至DC 50mA挡，红表笔接于开关的电源正极侧，黑表笔接于开关的电路侧，万用表的示数即是该机的整机电流。如图6-8所示，实验机型收音机的整机电流约为8mA。

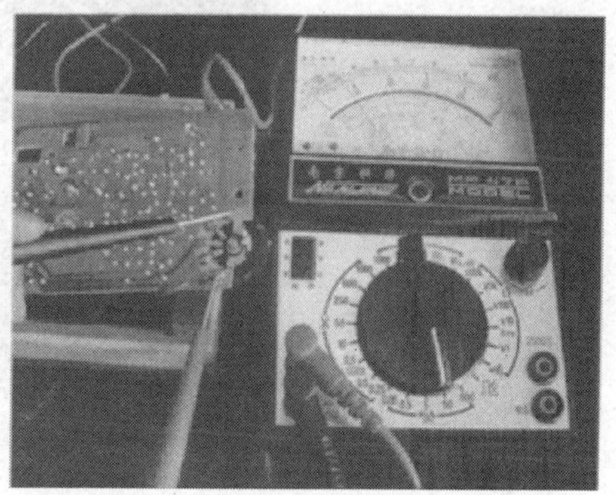

图6-8　整机电流的测试方法

整机电流如较大，大于或等于20mA，则说明整机存在问题；整机电流如太大，达到100mA以上，则说明整机有明显的短路现象（例如，电源端对地有连焊现象、元器件对地击穿）；整机电流如较小，只有3～4mA，则说明各单元电路有开焊的现象；如果没有整机电流，则说明整机电源部分开路。

6. 调试实验机型收音机各级单元电路的工作电压

各级的集电极工作电流调试好后，电路基本上就能正常工作了。测量各级放大电路中三极管各管脚的工作电压，同样也能反映各级工作状态。下面仍以实验机型收音机为例介绍静态电压的调试方法。所谓放大器的静态工作电压是指：在没有信号输入时，放大器各管脚的工作电压。实验用机各级的管脚静态参考电压如表6-2所示。

表6-2　实习用收音机各级管脚静态参考电压

	U_E（V）	U_B（V）	U_C（V）
VT_1	0.65	1.2	2.3
VT_2	0.05	0.7	2.3
VT_3	0.56	1.3	2.3
VT_4	0.05	0.7	1.2
VT_5	0.45	1.2	2.4
VT_6	3	2.4	0
VT_7	3	2.4	0

（1）变频级VT_1各管脚静态电压的测量方法

连接好直流电源和收音机电路，打开电源开关，将万用表功能开关拨至DC 2.5V挡，黑表笔接电池负极（也就是弹簧，即整机的“地”），红表笔分别接变频管VT_1的基极B、集电极C和发射极E，分别测量出U_B、U_C、U_E，如图6-9所示。为了避免外来电台的干扰，应将天线的初级线圈从电路上拆焊掉。

（a）测 VT_1 基极电压的U_B

（b）测 VT_1 的集电极电压U_C

（c）测VT_1 的发射极电压U_E

图 6-9　变频级直流电压的调试方法

（2）功放级 VT_7 各管脚静态电压的测量方法

连接好直流电源，打开电源开关，将万用表功能开关拨至 DC 10V 挡，黑表笔接电池负极（也就是弹簧，即整机的“地”），红表笔分别接功放级 VT_7 的基极 B、集电极 C 和发射极 E，分别测量出 U_B、U_C、U_E，如图 6-10 所示。为了避免外来电台的干扰，应将音量开关拨至最小处进行测量。

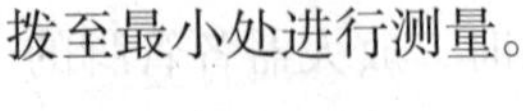

（a）测 VT_7 的基极电压U_B

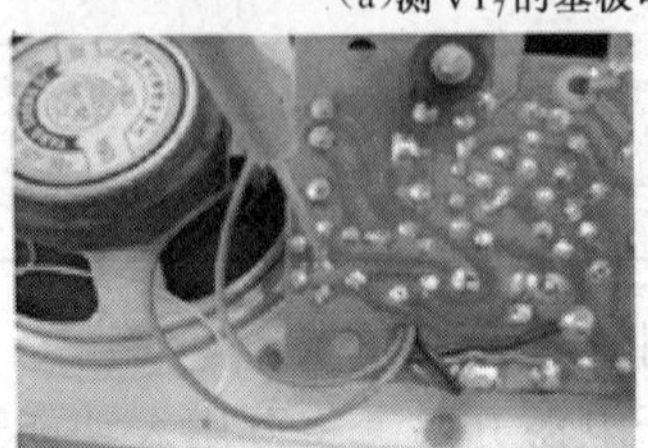

（b）测VT_7 的集电极电压U_C

图 6-10　功放级电压的调试方法

(c)测VT_7的发射极电压U_E

图6-10　功放级电压的调试方法（续）

按此方法可以将其他各级管脚的静态电压依次测出来，其参考电压如表6-2所示。若测量电压与参考电压明显不符，则说明电路或元器件有故障，需要及时排除并更换故障元器件。至此，电子整机的直流调试全部结束。

任务2　电子设备整机交流通路的调试

电子设备整机交流通路的调试就是利用仪器检查各级单元电路，看其是否达到设计要求，具备相应的放大、选频以及变频的能力，并使失真最小。

1. 利用仪器对低频电路部分进行交流调试

（1）利用信号源和示波器，观察调试低频电路

给收音机加电，将低频信号注入输入变压器VT_5的输入端，将示波器的探头接于扬声器两端或输出变压器VT_6的输出端，观察输出波形是否失真，如图6-11所示。如有明显失真的现象，则可以使用直流调试方法，通过调整R_{17}的阻值来使波形不失真。

使用同样的方法，对两级前置低放进行调试，使之失真度最小并且输出波形逐渐增大。

（2）利用信号源和毫伏表结合，对低放电路进行调试

将毫伏表的信号输入电缆接于扬声器两端或输出变压器的输出端，由高频信号发生器的低频信号输出端将1kHz的低频信号依次注入输入变压器的输入端、VT_5的基极和VT_4的基极（或音量电位器的中点）。在此过程中，毫伏表的示数应该逐渐增大，同时扬声器中的声音也应该逐渐增大。

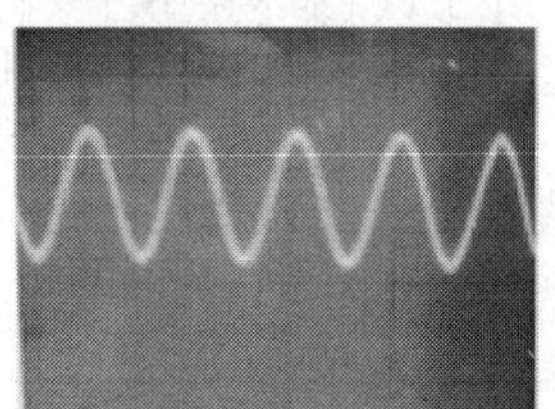

(a)正常波形

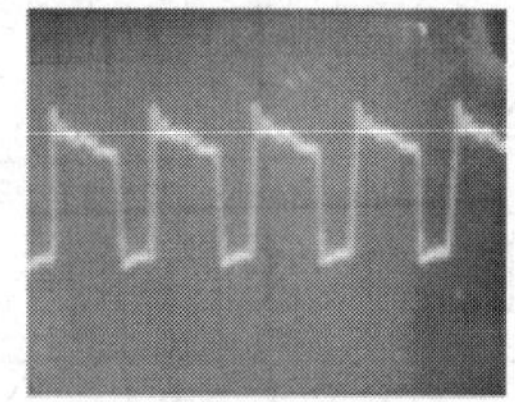

(b)饱和截止失真

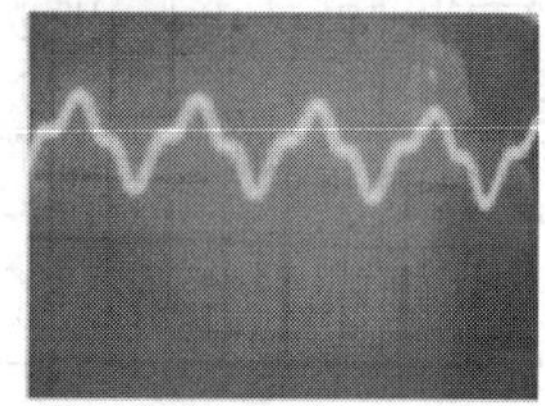

(c)交越失真

图6-11　功放级输出波形图

2. 利用仪器对中放电路的选频特性进行调整

实验机型收音机的特点是先将接收到的各个广播电台的不同频率的电信号都变频为465kHz中频信号，然后再进行放大。而两级中放利用中周的调谐作用，只对中频465kHz的信号进行放大，因此中放电路的3支中周是否谐振于465kHz就很关键了。调中放电路的频率特性是电子整机交流调试的主要任务。下面介绍中放电路频率特性的调试方法。

（1）将低频电路调试正常的收音机加电。

（2）将高频信号发生器的频率选择开关拨至波段Ⅰ上，调幅波/等幅波开关电源拨至

“调幅波”的位置，调节频率选择旋钮，使红色的指示线对准刻度盘 465kHz 的红点位置，由高频信号输出端输出中频信号，如图 6-12 所示。注意，一定要在输出端子上串上 1 支 0.01μF 的电容，保护信号源，同时也保证所调试的放大电路的静态工作点不被破坏。输出电压幅度不宜太大，避免 AGC 电路起控而干扰电路的调试。

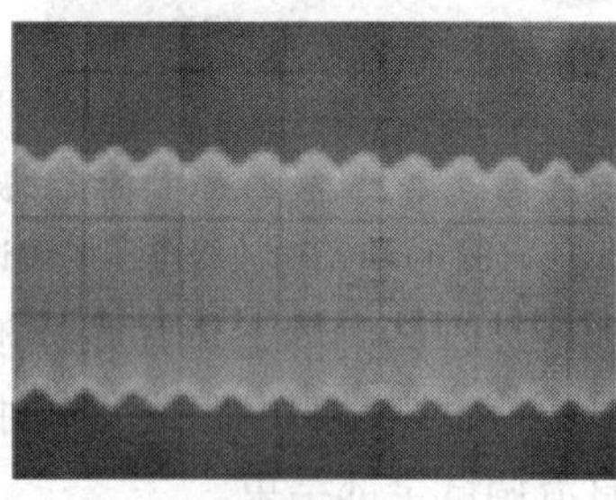

图 6-12　465kHz 中频调幅信号

（3）将示波器或毫伏表接于扬声器两端或输出变压器的输出端。

（4）将高频信号发生器的输出电缆串入电容后碰触 VT_3 的基极，利用无感螺丝刀调节第五中周 T_5 的磁芯，使扬声器中的声音和毫伏表的读数最大，并且示波器中的波形幅度最大而不失真，如图 6-13 所示。

（5）无感螺丝刀是指用非铁磁性物质制成的螺丝刀。实作时可以用不锈钢的专用螺丝刀或成套的塑料螺丝刀，也可以用竹筷子削制一支，如图 6-14 所示。

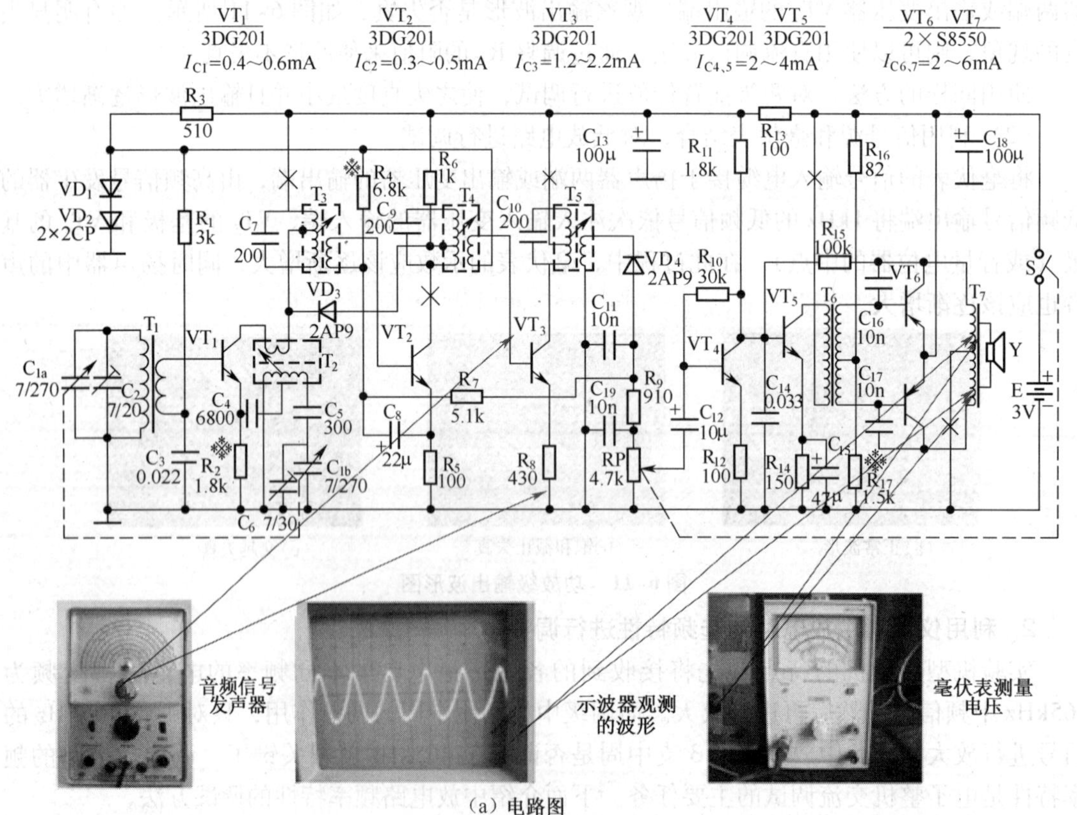

（a）电路图

图 6-13　第五中周的调试点

利用高频信号发生器、毫伏表调中频

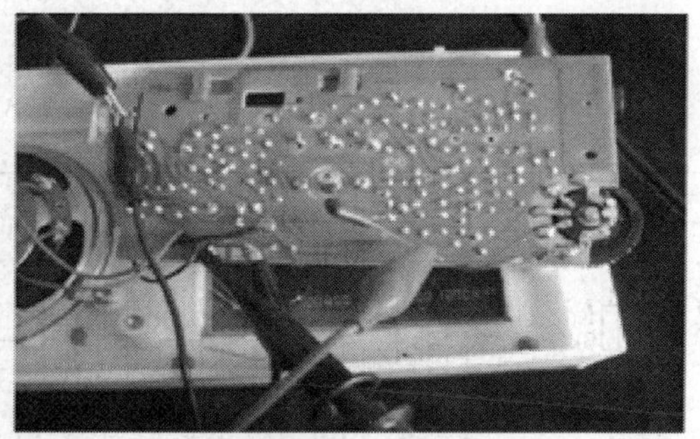
将465kHz的信号注入到VT_3基极

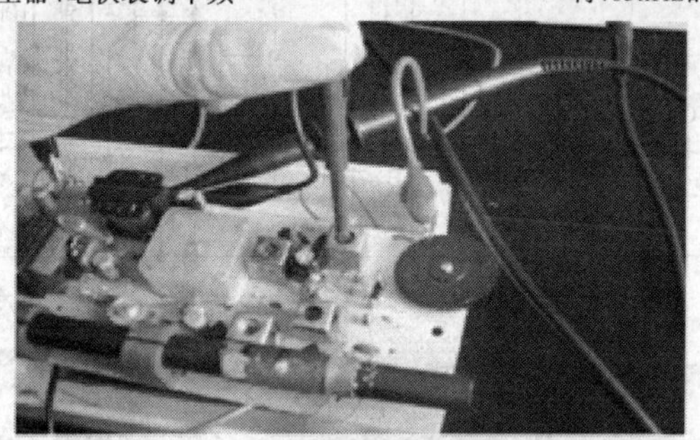
用无感螺丝刀调节第五中周T_5使扬声器中音量最大

(b)实物图

图6-13　第五中周的调试点（续）

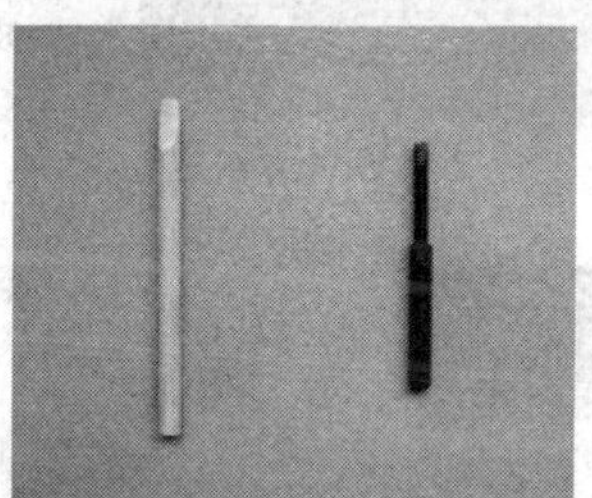
图6-14　无感螺丝刀

（6）第五中周调好后，将465kHz的中频信号注入到VT_2的基极，利用无感螺丝刀调节第四中周T_4的磁芯，使扬声器中的声音和毫伏表的读数最大，并且示波器中的波形幅度最大而不失真，如图6-15所示。

（7）第四中周调好后，将465kHz的中频信号注入到VT_1的集电极，利用无感螺丝刀调节第三中周T_3的磁芯，使扬声器中的声音和毫伏表的读数最大，并且示波器中的波形幅度最大而不失真，如图6-16所示。

（8）调好第三中周后，将上述步骤反复多调儿次，使扬声器中的声音和毫伏表的读数最大，并且示波器中的波形幅度最大而不失真。

（9）全部调试好后用油漆或蜡将3支中周的磁芯封住，在装配工艺上漆封就表示调试结束，同时还可以防止机械震动等引起磁芯位置的变化，从而引起谐振频率的变化，如图6-17所示。

以上是利用专业电子调试仪器调试中放电路频率特性的方法，采用这种方法可以保证调试的准确性，但是比较麻烦而且代价较高，对于普通维修人员来说条件不一定都具备。

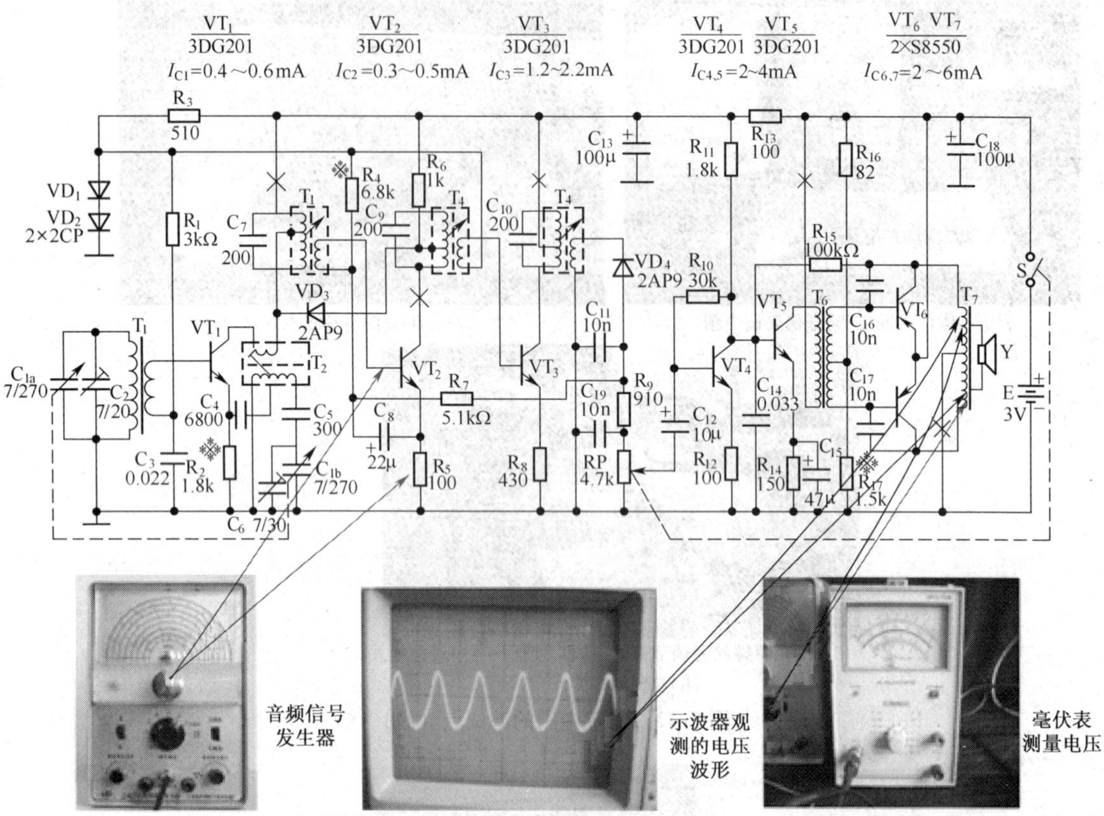

音频信号发生器

示波器观测的电压波形

毫伏表测量电压

（a）电路图

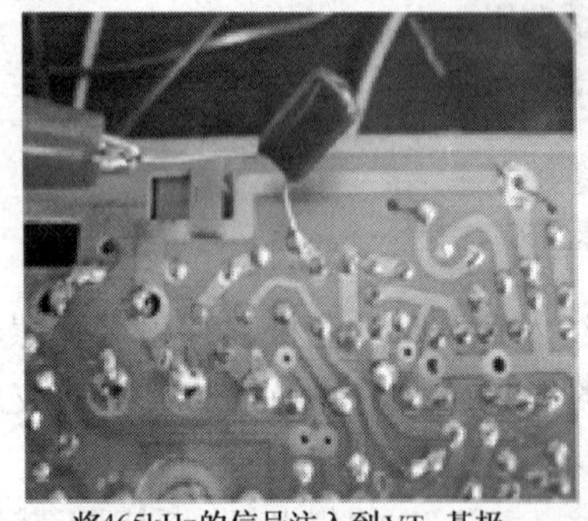

将465kHz的信号注入到VT_2基极

用无感螺丝刀调节第四中周T_4，使扬声器中音最大

(b)实物图

图6-15　第四中周的调试点

3. 对输入回路和变频电路进行频率范围调整和统调

统调的目的是为了保证在整个频率接收范围内，本机的振荡频率都高于外来电台信号的465kHz（跟踪），使中放电路对接收范围内不同电台信号的增益相同，具体的调试方法参见知识点2。

频率范围调整的目的在于使电子整机的接收范围达到设计要求。按标准来说，中波收音机的频率范围应该是525～1 605kHz。

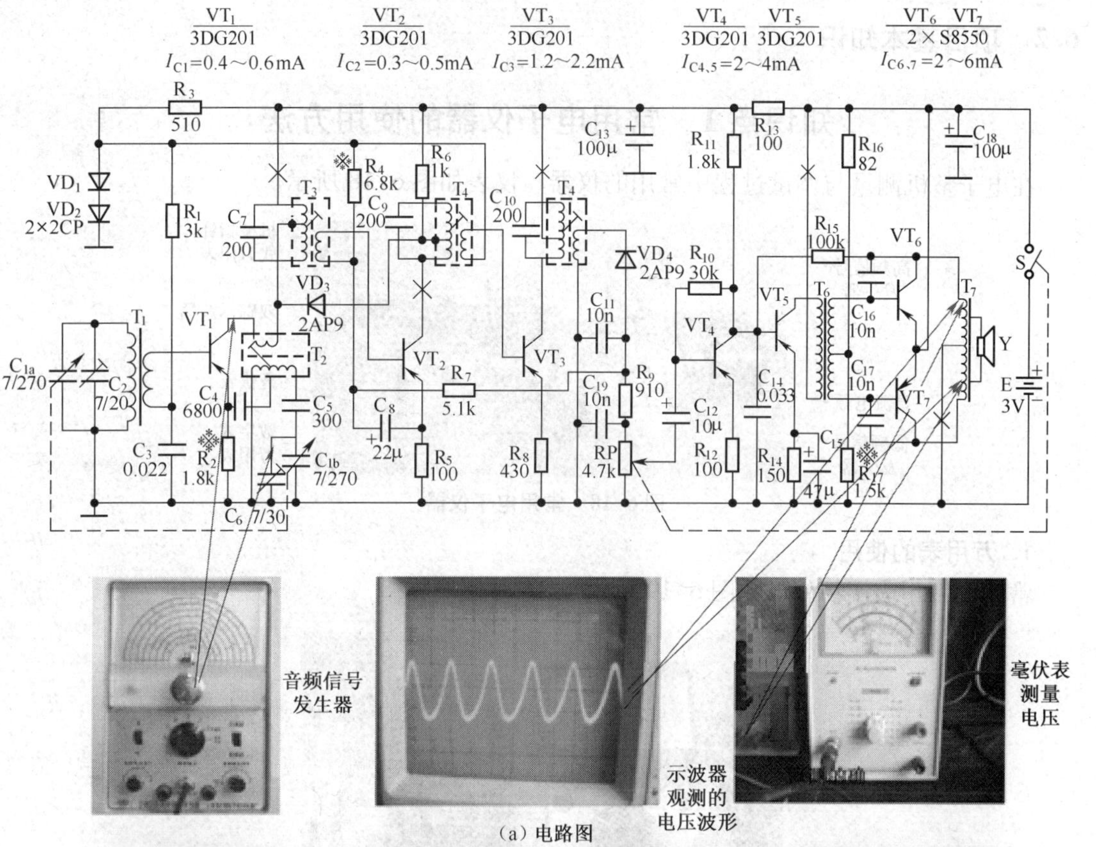

VT1 3DG201 I_{C1}=0.4～0.6mA
VT2 3DG201 I_{C2}=0.3～0.5mA
VT3 3DG201 I_{C3}=1.2～2.2mA
VT4 3DG201 VT5 3DG201 $I_{C4,5}$=2～4mA
VT6 VT7 2×S8550 $I_{C6,7}$=2～6mA

R3 510　VD1 VD2 2×2CP　R1 3k　C7 200　T3　R4 6.8k　R6 1k　C9 200　T4　C10 200　T4　C13 100μ　R11 1.8k　R13 100　R16 82　C18 100μ　VD3 2AP9　T2　VD4 2AP9　R10 30k　R15 100k　VT6　S　T1　VT1　C1a 7/270　C2 7/20　C4 6800　C5 300　VT2　R7 5.1k　VT3　C11 10n　C19 10n　R9 910　VT4　VT5　T6　C16 10n　C17 10n　T7　Y　C14 0.033　VT7　E 3V　C3 0.022　R2 1.8k　C6 7/30　C1b 7/270　C8 22μ　R5 100　R8 430　RP 4.7k　C12 10μ　R12 100　R14 150　C15 47μ　R17 1.5k

音频信号发生器

示波器观测的电压波形

毫伏表测量电压

（a）电路图

将465kHz的中频信号注入到VT_1的集电极

用无感螺丝刀调节第三中周T_3，使扬声器中的声音幅度最大

（b）实物图

图6-16　第三中周的调试点

图6-17　漆封后的中周和振荡线圈

6.2 项目基本知识

知识点1 常用电子仪器的使用方法

在电子整机测量与调试过程中常用的仪器、仪表如图6-18所示。

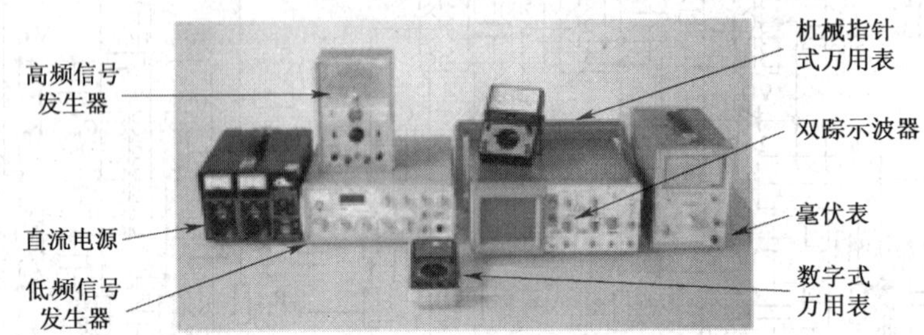

图6-18 常用电子仪器

1. 万用表的使用

常用的万用表实物外形如图6-19所示。

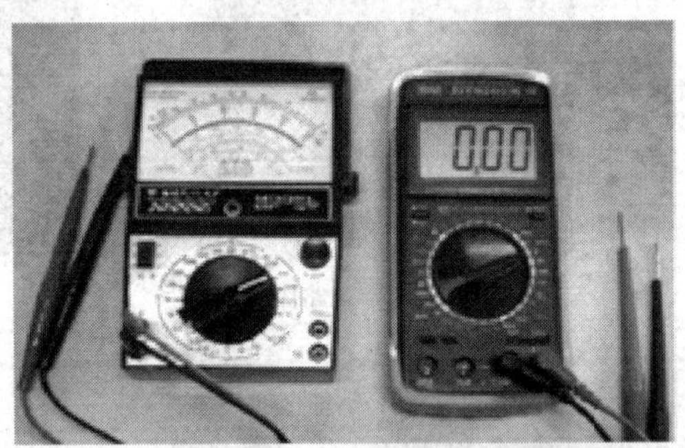

图6-19 常用的万用表

（1）万用表电阻挡的使用

在前面进行元器件测量时，已经详细介绍了万用表电阻挡的使用方法，在这里仅介绍如何用其测量整机电路的在路电阻。整机电路的在路电阻分为正向电阻和反向电阻两种。由于电路中存在大量的非线性元器件，因此在路测正反向电阻时所得结果常常不同，当两者都与参考值一致时才说明电路正常。

正向电阻：将机械式万用表的黑表笔接待测电路的检测点，红表笔接地线，所测的阻值即为该电路的正向电阻，记为R_{+}。

反向电阻：将机械式万用表的红表笔接待测电路的检测点，黑表笔接地线，所测的阻值即为该电路的反向电阻，记为R_{-}。

（2）万用表直流电流挡的使用

万用表直流电流挡用于测量电子整机中相应电路的直流工作电流。使用时将万用表的功能开关拨至DC mA挡，MF47型万用表分为0.05mA、0.5mA、5mA、50mA、500mA和5A共6个量程。MF47型万用表的5A挡是个特殊挡，使用时须将红表笔插入左侧的“+”插孔，黑表笔插入右侧的5A表笔插孔中，同时将挡位开关拨至500mA处，测量时根据需要选择合适的量程。使用前5个小量程时，红表笔插于“+”表笔插孔内，黑表笔插于COM表笔插孔内，其操作方法如表6-3和图6-20所示。

表 6-3　　MF47 型万用表直流电流挡的使用方法

	操作步骤	备　注
1	将转换开关拨到合适的直流电流量程	量程应大于被测电流，但不宜太大
2	找到电路电流测试口，并断开焊点	如果没有断点，可以将相应的覆铜切断
3	分清测试口两侧电位的高低	
4	红表笔接测试口高电位侧，黑表笔接测试口低电位侧	万用表必须串联到相应电路中
5	在表盘上找到电压、电流通用刻度线，并确定指针的位置占几大格和几小格	第三条刻度线是电压、电流通用刻度线，视线应与表盘垂直
6	根据量程计算刻度线上大格和小格代表的电流值	每大格 = 量程/10，每小格 = 大格/5
7	读出具体的电流值	指针未指在刻度上时需要估读

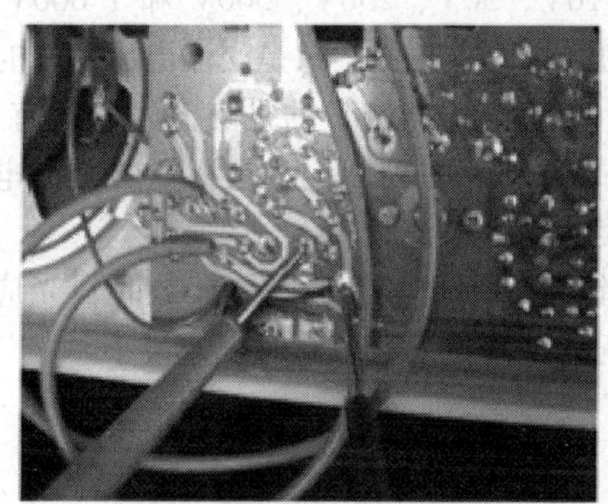

图 6-20　电流挡的使用

(3) 万用表电压挡的使用

MF47 型万用表的电压挡有直流电压挡和交流电压挡，分别用于测量直流电压和交流电压，在整机测试中主要使用直流电压挡，分为 0.25V、0.5V、2.5V、10V、50V、250V、500V、1 000V 以及 2 500V 挡。其中，2 500V 挡是特殊功能挡，需要将红表笔的位置插在右侧的专用插孔内。MF47 型万用表直流电压挡的使用方法如表 6-4 和图 6-21 所示。

表 6-4　　MF47 型万用表直流电压挡的使用方法

	操作步骤	备　注
1	将转换开关拨到合适的直流电压的量程	量程应大于被测电压，但不宜太大
2	分清两个电压测试点电位的高低	可参照电路图确定电位高低
3	红表笔接高电位测试点，黑表笔接低电位测试点	与被测元器件或电路并联
4	在表盘上找到电压、电流通用刻度线，并确定指针的位置占几大格和几小格	第三条刻度线是电压、电流通用刻度线，视线应与表盘垂直
5	根据量程计算刻度线上大格和小格代表的电压值	每大格 = 量程/10，每小格 = 大格/5
6	读出具体的电压值	指针未指在刻度上时需要估读

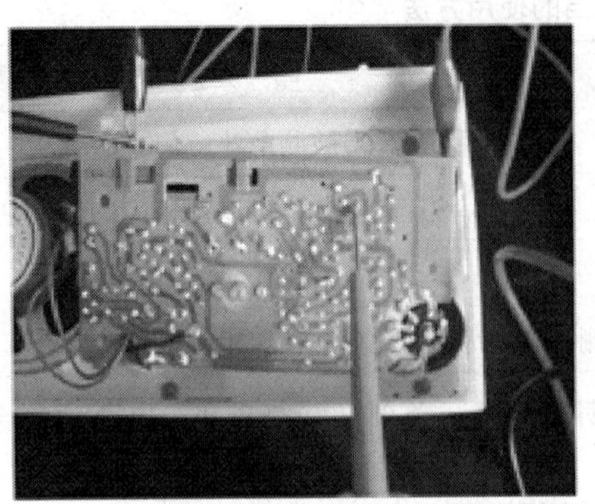

万用表使用DC 2.5V挡,最大可测量2.5V直流电压,每大格代表电压值=2.5V/10=0.25V, 每小格代表的电压值=0.25V/5=0.05V. 图示指针所占格数为4.8格，因此实测电压 = 0.25V×4.8=1.2V

黑表笔接触电源负极，红表笔接待测点

图 6-21　电压挡的使用

MF47 型万用表的交流电压挡，分为 AC 挡 10V、50V、250V、500V 和 1 000V 以及 2 500V特殊挡，交流电压的测量方法与直流电压的测量方法类似，只是交流电压测量时无须考虑电压的方向性，不必区分红、黑表笔。另外，交流电压挡测量的是交流电压的有效值。在 MF47 型万用表中，还专门给 AC 10V 挡设置了一条红色的刻度线，当测量的交流电压小于 10V 时就应该按照这条红色专用刻度线上的刻度数来读取测量值。

MF47 型万用表表盘的中央部位还设计了一面镜子，用于辅助读数。读数时目光应垂直正视刻度盘，当看不到镜中指针的影子时，说明正好是垂直读数，此时误差最小。

2. 高频信号发生器的使用

J2463 高频信号发生器用于产生高、低频信号以及调幅信号，供整机调试使用。它具有 6 个频率波段，输出频率为 0.4 ~ 130MHz，输出低频信号固定为 1kHz。使用时打开电源开关，波段开关拨至于“1”处，旋转频率旋钮对准第一条刻度线上的第二个红点标志（465kHz），输出频率则为 465kHz。高、低频信号分别使用相应的输出端口输出。使用输出线将信号加于整机的待测点，就可模拟电子整机的工作信号进行调试检修。使用时为了保护信号源，保证待测电路的直流工作点不受影响，应在输出端串一个 0.01μF“隔直流通交流”电容器。高频信号发生器的实物外形如图 6-22 所示。

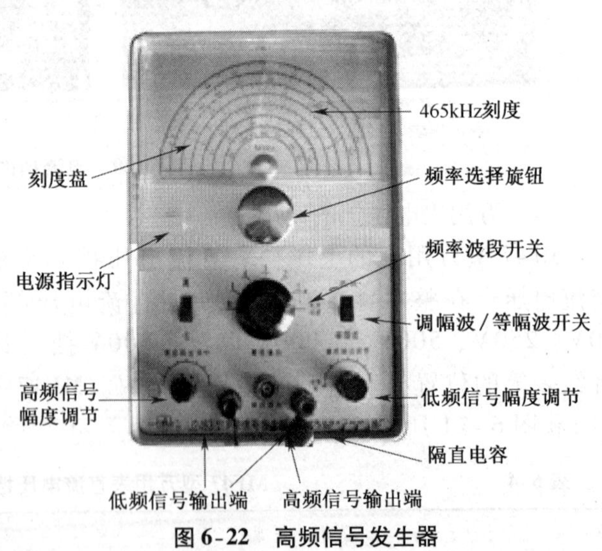

图 6-22　高频信号发生器

3. 双踪示波器的使用

双踪示波器是电子维修人员的好助手，它既可以定性观察电子整机待测点电压、电流的波形和元器件的特性曲线，又可以定量测量信号的振幅、周期、频率和相位等。利用好示波器进行电子整机调试与维修，可以起到事半功倍的效果。下面以 XJ4328 型双踪示波器为例介绍示波器常用功能的使用方法。

（1）面板常用功能开关介绍

面板上的常用功能开关的介绍如图6-23所示。

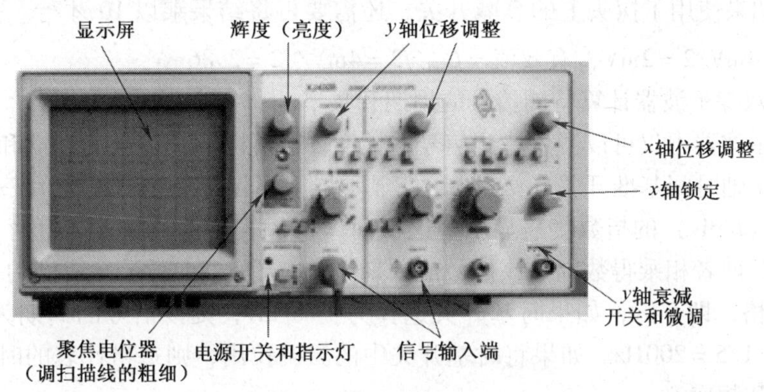

图6-23　双踪示波器的面板功能

（2）双踪示波器的使用方法

双踪示波器的使用方法如表6-5所示。

表6-5　双踪示波器的使用方法

操作步骤		备注
1	打开电源开关预热	电子管产品均需先预热才能正常工作
2	调节辉度和聚焦旋钮，使光迹亮度、大小合适	亮度合适可以保护荧光屏，聚焦良好便于准确测量
3	调节T/div使屏幕上形成一条水平亮线，调节光迹旋转旋钮使之处于水平状态，与屏幕上的刻度线平行	便于准确地读取格数，计算周期和幅度
4	将信号检测探头连接到通道1（CH_1）或通道2（CH_2），按下相应的通道选择开关，将探头接入待测点	一般情况下使用CH_1
5	调节T/div和V/div旋钮使荧光屏上显示一个或两个完整的波形	注意，将x、y轴的微调都向右旋到底至“锁定”状态
6	调节y轴位移旋钮，数出波形所占的格数	将波形的下端与某条刻度基线对齐
7	计算信号峰—峰值	$V_{峰-峰} = V/\text{div} \times \text{div}$，如果用了探头上的衰减开关，还需再乘以10倍
8	调节x轴位移旋钮，数出一个周期的波形在x轴上所占的格数	
9	计算信号的周期T	$T = T/\text{div} \times \text{div}$
10	折算出信号的频率f	$f = 1/T$

（3）利用双踪示波器计算待测信号的电压幅度和周期

双踪示波器的面板上有直流和交流输入端选择，可以根据输入信号的不同和测量目的的不同，选择AC/DC输入方式。将y轴增益的微调向右旋转到底至“锁定”状态，此时x轴增益的微调指示挡位，显示屏上纵向的一大格代表一定的电压值，数清波形的波峰与波谷间的坐标格数，两者相乘的结果即是该波形的电压峰—峰值。如图 6-24 所示，波形在显示屏上占了 4 大格即 4div，如果 y 轴增益的挡位为 1mV/div，则待测波形的电压峰峰值为 $1 \times 4 = 4$mV。注意，如果使用了探头上的衰减开关，还需要再将结果乘以 10 才行。交流电最大值 $U_m = V_{峰-峰}/2 = 4\text{mV}/2 = 2\text{mV}$，有效值 $= U_m/\sqrt{2} = 4\text{mV}/\sqrt{2} = 2.86\text{mV}$。

（4）利用双踪示波器计算待测信号的周期和频率

利用双踪示波器不仅可以测量待测信号的幅度，还可以测量信号的周期和频率。利用 y 轴位移旋钮和 x 轴时间基准开关（t/div），使显示屏上显示出一个或两个完整的波形，x 轴时间基准开关（t/div）的指数代表显示屏上横向一格代表多少时间。查出两个波峰之间所占的坐标格数，两者相乘得数即是该信号的周期 T。如图 6-24 所示，信号的一个周期在显示屏上占了 5 格，即 5div，如果时基开关选择为 1ms/div，则该信号的周期为 $1 \times 5 = 5$ms，频率 f 为 $1/T = 1/5 = 200$Hz。如果将时基开关中的微调拉出，则每格代表的时间应除以 10，再计算周期 T 和频率 f。

双踪示波器利用功能选择开关还可以同时显示两个信号的波形，进行幅度、相位的比较，此处不再赘述。

4. 交流电压表的使用

（1）DF2174B 型交流电压表

DF2174B 型交流电压表是用于测量交流电压的专用仪表，可以用于测量 30μV～100V 交流电的有效值，还可以以分贝的形式读数，由于其主要用于测量微小交流电压，因此常称为“毫伏表”或“微伏表”。其面板功能的介绍如图 6-25 所示。

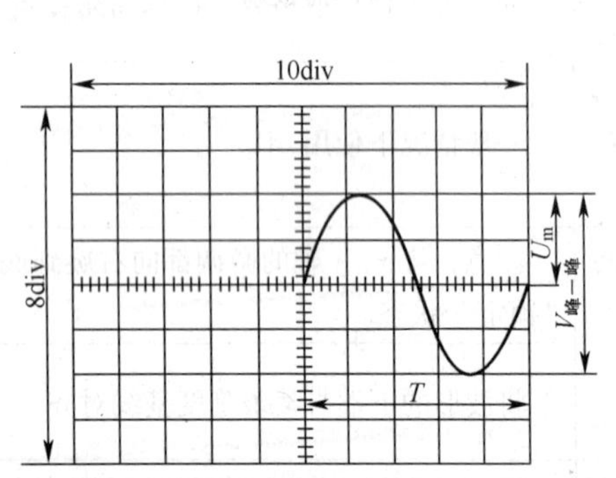

图 6-24　双踪示波器测量电压幅度和周期

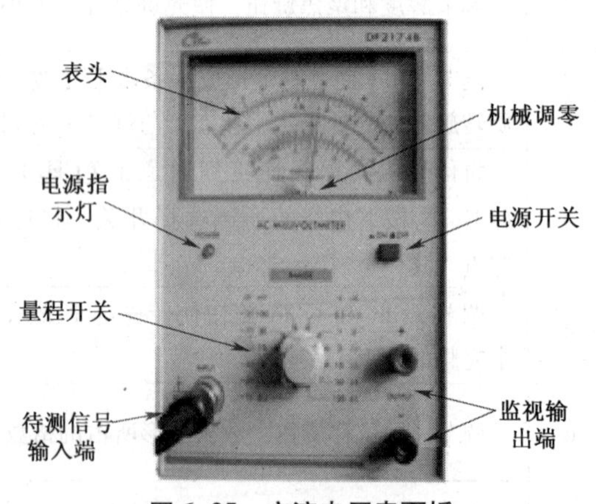

图 6-25　交流电压表面板

（2）交流电压表的使用方法

① 通电前先检查确定调整指针机械调零，并将输入电缆线插入输入信号孔中。

② 接通电源，按下电源开关，预热 10min。

③ 选择合适的挡位，如果不确定待测电压的范围，则应先选择大量程，然后逐渐减小量程。

④ 将输入电缆的探头夹到待测点，即可读出读数。

知识点 2　收音机统调和频率范围的调整

本知识点以实验机型收音机为例介绍收音机统调和频率范围的调整方法。

1. 统调

（1）利用仪器统调

为了提高收音机的灵敏度和选择性，应保证收音机在接收信号时，本振频率始终比输入信号频率高一个 465kHz 的固定中频，这一调整过程叫收音机的统调。三点统调是指收音机接收频率范围内选择 3 个点（一般是 600kHz、1 000kHz 和 1 500kHz）进行统调，而收音机电路设计时已经考虑到 1 000kHz 的统调，所以收音机的统调通常考虑低频端和高频端的调整就可以了。

① 先使高频信号发生器输出频率为 600kHz 的调幅信号，调双联电容 C_1 使收音机收到此信号。调节天线线圈 B_1 在天线磁棒上的位置，使示波器或毫伏表的输出最大，完成低频统调。

② 调整高频信号发生器，使输出频率为 1.5MHz 的调幅信号，调节双联电容 C_1，收到信号后调节拉线补偿电容 C_2 使输出最大，达到高端统调。

③ 高低端互相影响，反复调二三次即可。

（2）利用电台统调

收音机统调的方法类似于仪器法，分别接收一个低频段的电台和一个高频段的电台，分别调节天线线圈在磁棒上的位置和输入回路的补偿电容 C_2，使扬声器中的声音最大，如图 6-26所示。注意遵循“低感高容”的原则，即低频段调整天线线圈在磁棒上的位置，高频段调整输入回路的补偿电容 C_2 的容量。高、低频端反复调试二三次即可。

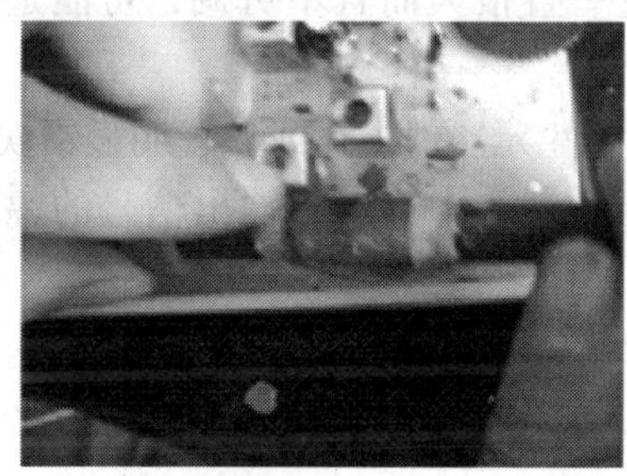

图 6-26　调整统调

2. 频率范围调整

（1）利用仪器调整收音机的频率范围

① 调整收音机红刻度指针，在双联电容两个极端（全部旋进或全部旋出）状态下，使指针指在刻度盘的 525～1 605kHz。

② 调整低频端时，高频信号发生器输出 525kHz 信号，将示波器或毫伏表接在扬声器的两端，调节双联可变电容使其全部旋入，频率指针对准 525kHz，调节本振线圈 T_2 磁芯，使示波器或毫伏表有最大输出。

③ 调整高频端时，信号发生器输出 1 605kHz 调幅信号，将双联电容全部旋出，频率指针指在刻度盘的 1 605kHz 上，调磁介微调电容 C_6，使示波器有最大输出（可用万用表 AC 挡和毫伏表代替）。

④ 调整低频端会影响高端，调高端会影响低端，因此上述过程要反复调二三次。

（2）利用电台调整收音机的频率范围

收音机频率范围调整的方法类似于仪器法，分别接收一个低频段的电台和一个高频段的电台，分别调节本振线圈和本振回路的补偿电容 C_6，使扬声器中的声音最大，如图 6-27 所示。注意遵循“低感高容”的原则，即低频段调节本振线圈的磁芯，高频段调节本振回路的补偿电容 C_6。高、低频端反复调试二三次即可。

图 6-27　调试频率范围

项目学习评价

一、思考题

（1）调节单元电路工作电流时，如果电流一直很大而且不可调，可能是由什么原因引起的？如果电流很小，又可能是什么原因？

提示：电流过大或过小且不可调，应是关键性元器件损坏或偏置明显错误。

（2）调节中放电路的中频特性时，如果调到某个中周时，输出信号的幅度和扬声器中的声音没有明显变化，最有可能损坏的元器件是什么？

提示：调中周即是调中频谐振频率。

（3）调试结束后测试动态下的整机电流，它与静态时的整机电流相比有何变化，为什么？

提示：静态与动态的差别在于有无工作信号。

（4）如何将一台使用正常的收音机改装成简易的信号发生器，并将其用于收音机的调试中？

提示：低频电路中的工作信号是 50Hz ~ 15kHz 的低频信号，中放电路的工作信号是 465kHz 的中频信号。

二、技能训练

根据实验设备条件，进行分组技能训练。

1. 熟悉实验机型收音机并寻找相应检测点

在教师的指导下熟悉实验机型收音机，快速找出电源输入点、音量电位器开关、各级电流检测口、3 支中周、本振线圈、补偿电容和 7 个（或只）三极管的管脚分布。

2. 检查元器件焊锡情况并测试在路电阻

直观法检查元器件有无错焊、漏焊、连焊、虚焊和碰脚现象，确认无误后测试电源输入端（C_{18}两端）的在路电阻将测量结果填入表 6-6。

表 6-6　C_{18}两端的在路电阻

	测量值	测量方法（表笔所测位置）
R_+		
R_-		

3. 调试各级单元电路的直流工作电流

调试各级单元电路的直流工作电流，将结果填入表 6-7。

表 6-7　调试各级单元电路的直流工作电流

	用以调整的元件序号	调整前阻值	调整后阻值	电流允许范围	实测电流
VT_1					
VT_2					
VT_3					
$VT_{4、5}$					
$VT_{6、7}$					

4. 调试各级单元电路的直流工作电压

调试各级单元电路的直流工作电压，将结果填入表 6-8。

表 6-8　调试各级单元电路的直流工作电压

		VT_1	VT_2	VT_3	VT_4	VT_5	VT_6	VT_7
所测电压	U_B							
	U_E							
	U_C							

5. 对低放电路进行交流调试并读出各仪器的示数

（1）高频信号发生器的使用

高频信号发生器输出低频信号，由输出探头将低频信号分别注入低放电路各级输入端，将使用情况填入表 6-9。

表 6-9　高频信号发生器的使用

仪器型号	仪器序号	测试点位置	频率挡位开关	刻度数	输出频率

（2）毫伏表的使用

将毫伏表接丁扬声器两端，读出相应刻度数并将结果填入表 6-10。

表 6-10　毫伏表的使用

仪器型号	仪器序号	信号加入位置	电压量程开关	刻度数	信号电压

(3) 示波器的使用

将示波器接于扬声器两端，选择合适的挡位，读出相应刻度数，计算信号输出幅度，将结果填入表6-11。

表6-11 **示波器的使用**

仪器型号	仪器序号	信号加入位置	T/div	信号周期	V/div	$V_{峰-峰}$

(4) 观察示波器的输出波形

记录波形形状，尤其是失真时输出端的波形。

6. 中放电路的中频调试

(1) 信号源的使用

高频信号发生器输出中频465kHz调幅信号，由输出探头将高频信号分别注入中放电路各级输入端，将使用情况填入表6-12。

表6-12 **信号源的使用**

仪器型号	仪器序号	测试点位置	频率挡位开关	刻度数	输出频率

(2) 毫伏表的使用

将毫伏表接于扬声器两端，读出相应示数，将结果填入表6-13。

表6-13 **毫伏表的使用**

仪 器 型 号	仪 器 序 号	信号加入位置	电压量程开关	刻 度 数	信号电压

(3) 示波器的使用

将示波器接于扬声器两端，选择合适的挡位，读出相应刻度数，计算信号输出幅度，将结果填入表6-14。

表6-14 **示波器的使用**

仪器型号	仪器序号	信号加入位置	T/div	信号周期	V/div	$V_{峰-峰}$

三、项目评价评分表

1. 个人知识和技能评价表

班级：＿＿＿＿＿＿＿＿　姓名：＿＿＿＿＿＿＿＿　成绩：＿＿＿＿＿

评价方面	评价内容及要求	分值	自我评价	小组评价	教师评价	得分
项目知识内容	① 常用电子仪器的使用方法	10				
	② 收音机的统调	10				
	③ 收音机频率范围的调整	10				
项目技能内容	① 电子设备整机直流工作点的调试	25				
	② 电子设备整机交流通路的调试	35				
安全文明生产和职业素质培养	① 安全用电，规范操作	5				
	② 文明操作，不迟到早退，操作工位卫生良好，按时按要求完成实训任务	5				

2. 小组学习活动评价表

班级：＿＿＿＿＿＿＿＿　小组编号：＿＿＿＿＿＿＿＿　成绩：＿＿＿＿＿

评价项目	评价内容及评价分值			自评	互评	教师点评
分工合作	优秀（12 ~ 15分）	良好（9 ~ 11分）	继续努力(9分以下)			
	小组成员分工明确，任务分配合理，有小组分工职责明细表	小组成员分工较明确，任务分配较合理，有小组分工职责明细表	小组成员分工不明确，任务分配不合理，无小组分工职责明细表			
获取与项目有关质量、市场、环保等内容的信息	优秀（12 ~ 15分）	良好（9 ~ 11分）	继续努力（9分以下）			
	能使用适当的搜索引擎从网络等多种渠道获取信息，并合理地选择、使用信息	能从网络获取信息，并较合理地选择、使用信息	能从网络或其他渠道获取信息，但信息选择不正确，信息使用不恰当			
实操技能操作	优秀（24 ~ 30分）	良好（18 ~ 23分）	继续努力(18分以下)			
	能按技能目标要求规范完成每项实操任务，能准确读出检测结果，并根据检测结果判断电路工作状态	能按技能目标要求规范完成每项实操任务，能较准确读出检测结果，并根据检测结果对电路分工作状态做出初步判断	能按技能目标要求完成每项实操任务，但测试结果不够准确，不能根据测试结果判断电路的工作情况			

续表

评价项目	评价内容及评价分值			自评	互评	教师点评
基本知识分析讨论	优秀（16 ~ 20 分）	良好（12 ~ 15 分）	继续努力（12 分以下）			
	讨论热烈、各抒己见，概念准确、原理思路清晰、理解透彻，逻辑性强，并有自己的见解	讨论没有间断、各抒己见，分析有理有据，思路基本清晰	讨论能够展开，分析有间断，思路不清晰，理解不透彻			
成果展示	优秀（16 ~ 20 分）	良好（12 ~ 15 分）	继续努力（12 分以下）			
	能很好地理解项目的任务要求，展示成果逻辑性强	能较好地理解项目的任务要求，展示成果逻辑性较强	基本理解项目的项目的任务要求，成果展示停留测试过程			
总分						

项目7　电子整机检修技术

项目情景创设

检修电子设备可以采用的方法有很多，例如，直观检查法、电阻测量法、电流测量法、电压测量法和信号注入法等。图7-1所示的是用电阻测量法判断收音机某三极管是否存在故障。本项目将结合实验机型收音机来讲述电子整机常用的检修方法。

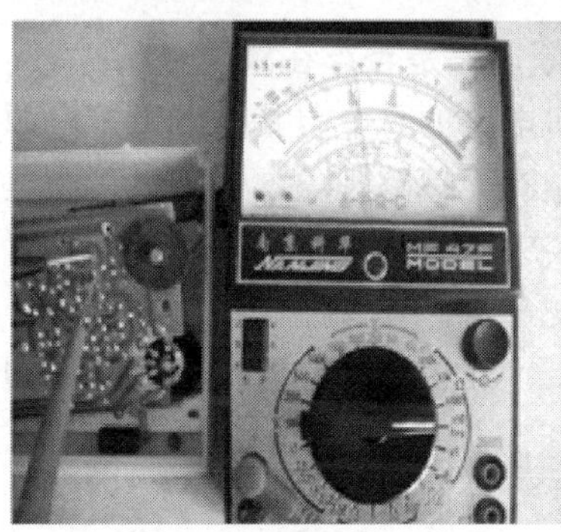

图7-1　用电阻测量法判断三极管是否存在故障

项目教学目标

项目教学目标		学时	教学方式
技能目标	① 了解电子整机检修技术的常用方法 ② 掌握电阻检测法和电压检测法的具体运用 ③ 了解电流测量法的使用特点 ④ 熟悉信号注入法在整机检测时的应用	6课时	教师演示，学生实际操作 分组学习，以小组为单位进行活动 重点：电阻测量法、电流测量法、电压测量法、信号注入法的具体运用 教师指导、答疑
知识目标	① 电阻检测法、电压检测法等方法的具体运用特点 ② 了解信号注入检测法和示波器观察法的不同之处	4课时	教师讲授、自主探究
情感目标	激发学生对检修电路故障的兴趣	课余时间	网络查询、小组讨论、相互协作

项目任务分析

本项目通过收音机电路的检测和故障维修，主要掌握以下基本技能和基本知识。

（1）掌握电阻测量法的特点和应用。

（2）掌握电流测量法的特点和应用。

（3）掌握电压测量法的特点和应用。

（4）掌握信号注入法的特点和应用。

（5）了解示波器观察法的特点和应用。

项目基本功

7.1 项目基本技能

任务1 用电阻测量法检测电路故障

1. 测电子整机的总电阻判断电路是否存在故障

用万用表欧姆挡测电子整机电路的总电阻就是测量主电源正、负极之间的电阻，其目的是判断电路板在安装焊接过程中有无短路现象，使用过程中是否发生元器件击穿短路、开路的现象。

【例1】 测量实验机型收音机总电阻，测量位置如图7-2、图7-3所示，其具体测量方法参见项目6中图6-2，如果所测阻值很小，则说明安装错误、焊接短路、元器件引脚之间相碰或元器件损坏。如果阻值与正常阻值相差很大，则说明断路或脱焊，有待进一步检查。

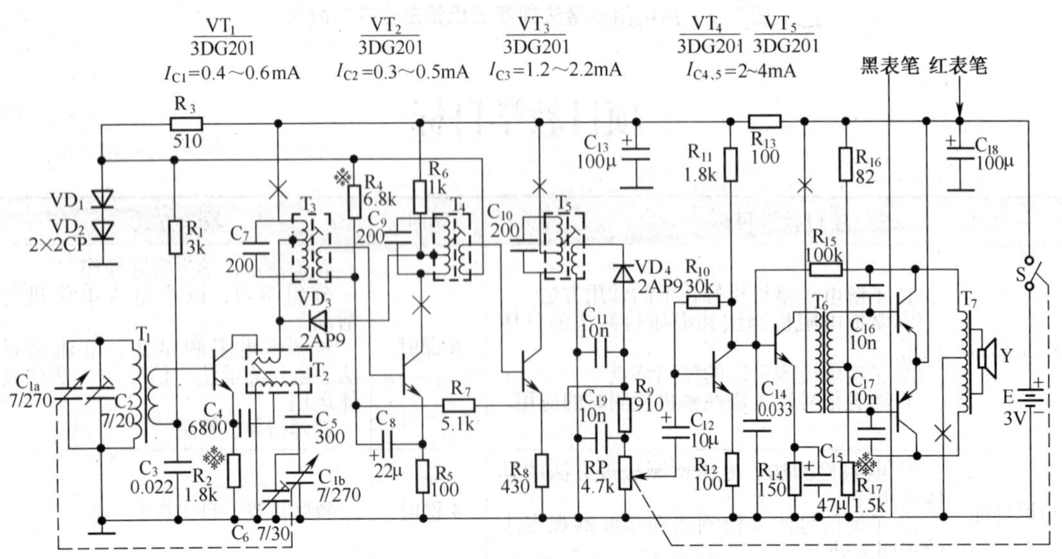

图7-2 实验机型收音机总电阻的检测位置

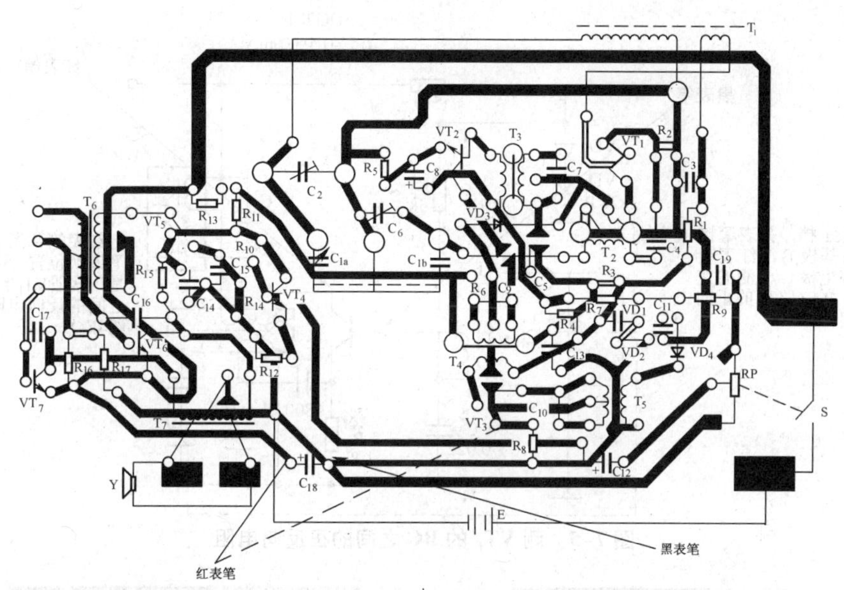

图7-3　实验机型收音机总电阻在装配图中的检测位置

2. 测关键元器件的在路电阻判断元件是否存在故障

用万用表欧姆挡的低量程 R×10 挡或 R×1 挡检测可疑元器件在路电阻，比较其所测电阻与参考阻值，通过分析判断元器件是否损坏。

【例2】　用万用表欧姆挡来检测实验机型收音机变频管 VT_1 的 E、B、C 之间的在路电阻，如图7-4、图7-5和图7-6所示，其测的是 VT_1 的 BC 之间正反向电阻。如果 BC 间正反向电阻均为零，说明 BC 击穿短路损坏；如果 BC 正反向电阻均很大，说明 BC 断路损坏，此时应焊下 VT_1，进一步检测以确定元件是否损坏以便更换。

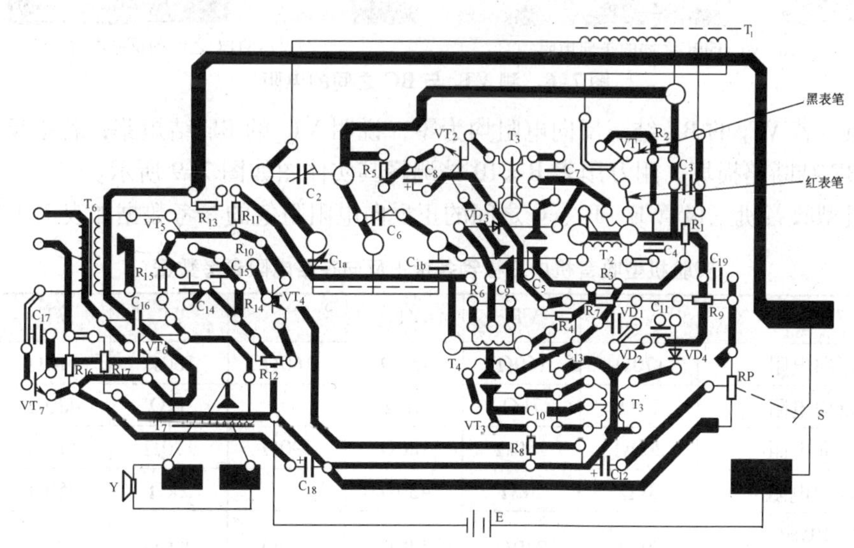

图7-4　测 VT_1 的 BC 之间的正向电阻

图7-7、图7-8所示的是变频级的原理图和装配电路图，其检测的是 VT_1 的 BE 之间的

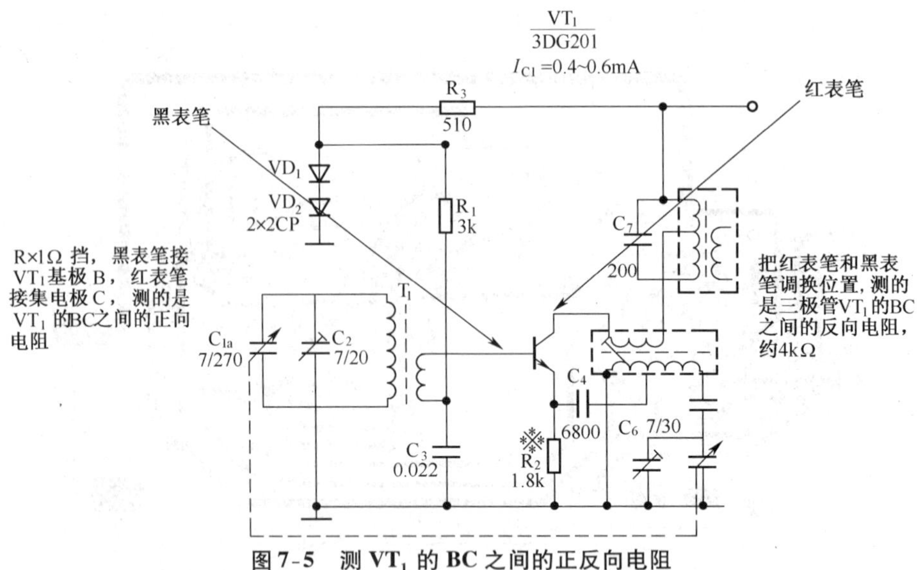

图 7-5　测 VT_1 的 BC 之间的正反向电阻

(a) VT_1 的BC之间的正向电阻

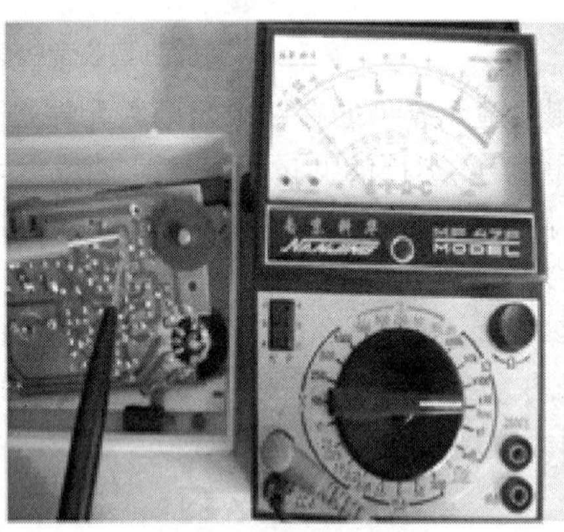

(b) VT_1 的BC之间的反向电阻

图 7-6　测 VT_1 与 BC 之间的电阻

正反向电阻。若 VT_1 的 BE 结正反向电阻均为零，说明 VT_1 的 BE 结短路；若正反向电阻很大，说明 BE 结断路损坏。用万用表 R×10 挡测量其实体图如图 7-9 所示。

实验机型收音机三极管 E、B 、C 之间的正反向电阻阻值的参考数据如表 7-1 所示。

表 7-1　　实验机型收音机中三极管各极正反向在路电阻参考数据

	VT_1	VT_2	VT_3	VT_4	VT_5	VT_6	VT_7
B-E 正向电阻	170Ω	160Ω	150Ω	160Ω	160Ω	110Ω	110Ω
B-E 反向电阻	7kΩ	7kΩ	2kΩ	∞	3kΩ	420Ω	420Ω
B-C 正向电阻	200Ω	180Ω	180Ω	190Ω	170Ω	110Ω	110Ω
B-C 反向电阻	3kΩ	5kΩ	430Ω	∞	2kΩ	750Ω	750Ω
C-E 间电阻（红接 E，黑接 C）	2kΩ	340Ω	140Ω	450Ω	200Ω	200Ω	200Ω
C-E 间电阻（红接 C，黑接 E）	3kΩ	600Ω	1. 2kΩ	3kΩ	700Ω	400Ω	400Ω

注：万用表置于 R×10 挡。

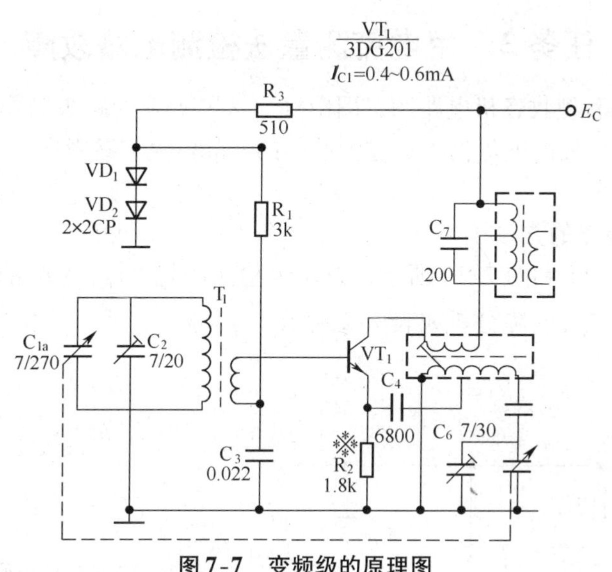

图 7-7　变频级的原理图

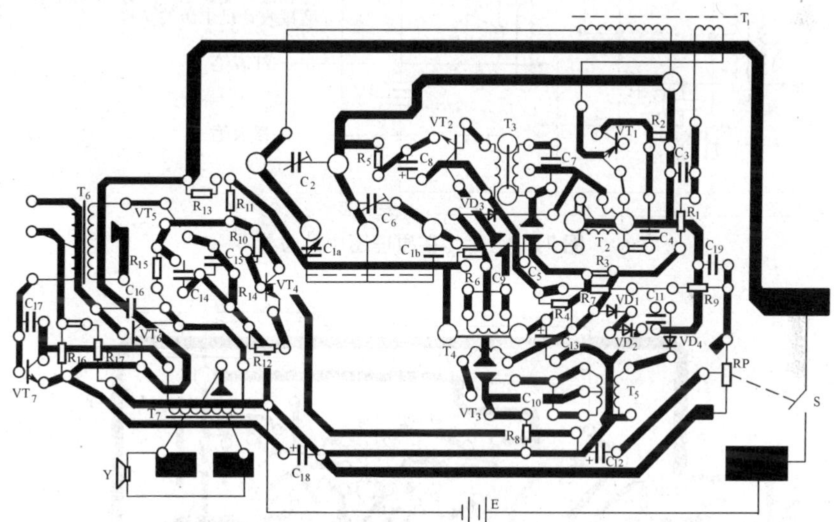

图 7-8　变频级的装配电路图

（a）测 VT1的 BE 之间的正向电阻

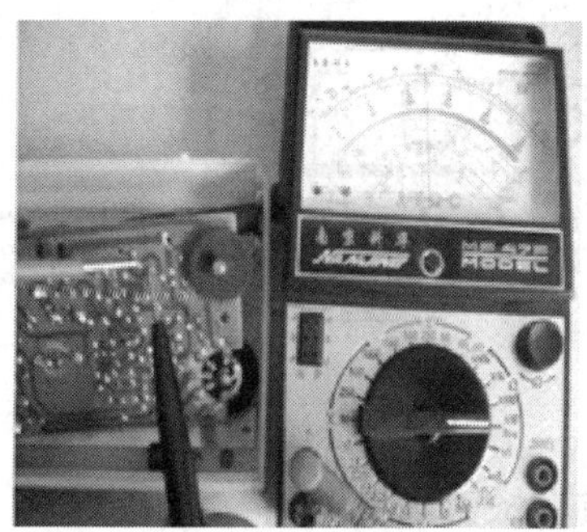

（b）测 VT1的 BE 之间的反向电阻

图 7-9　测 VT_1 的 BE 之间的电阻

任务2　用电流测量法检测电路故障

图7-2所示是实验型收音机电路图，图中打“×”处在线路板制作过程中预留有缺口，其目的就是用来测试该处的电流值，通过测试出的实际电流与参考电流相比较从而判断电路是否存在故障。

1. 测量功放级电流的方法

如图7-10、图7-11和图7-12所示，万用表检测的是VT_6、VT_7的静态工作电流$I_{C6、7}$，其检测数据、故障现象和故障分析如表7-2所示。

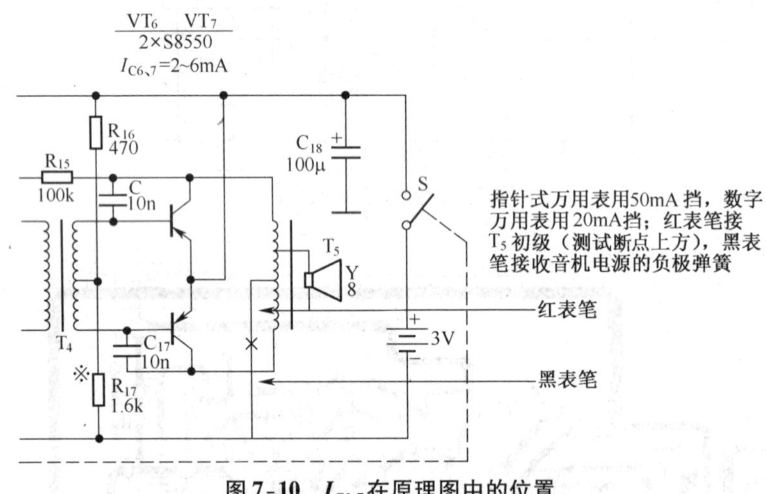

图7-10　$I_{C6、7}$在原理图中的位置

图7-11　$I_{C6、7}$在装配图中的位置

2. 测量前置放大电路电流的方法

图7-13、图7-14所示的是检测低频前置放大电路静态工作电流的示意图，万用表用直流电流5mA挡进行测量。

实验机型收音机其他电路的静态工作电流（VT_2、VT_3、$VT_{4、5}$的I_C值）可参照上述方法

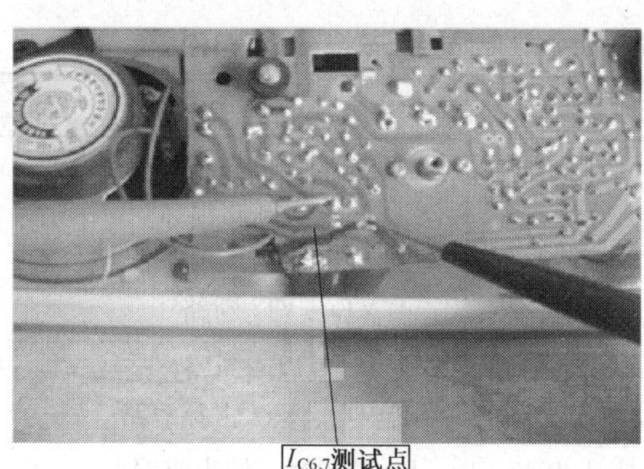

图 7-12　$VT_{6、7}$工作电流的测量（50mA 挡）

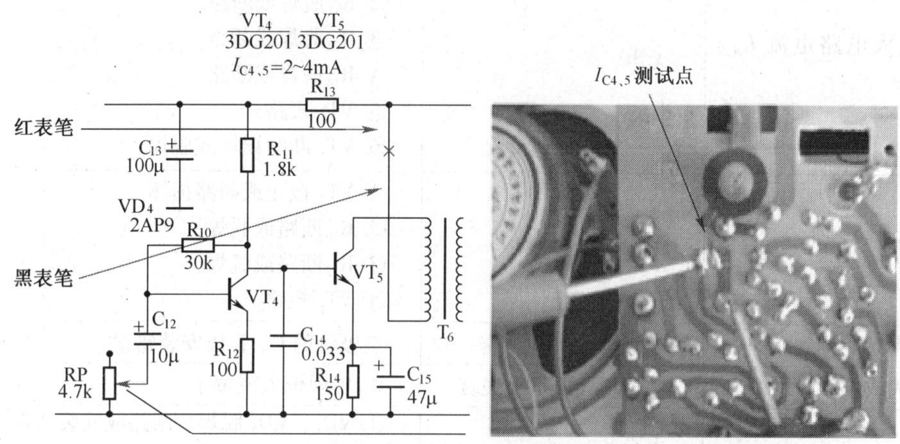

图 7-13　$I_{C4、5}$静态工作点电流测试点在原理图和实体图中的位置

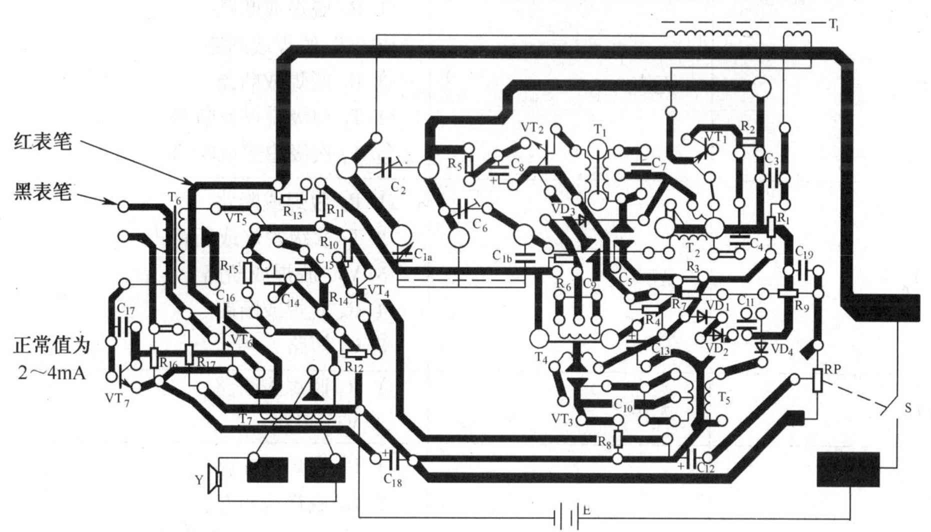

图 7-14　$I_{C4、5}$静态工作点电流测试点在装配图中的位置

自行检测。

3. 通过电流检测进行故障分析

如果检测电流与参考电流相等或接近，说明直流电路工作基本正常；如果检测电流与参考电流有较大差别，说明电路存在一定的问题，其分析如表 7-2 所示。

表 7-2　　实验机型收音机各级电路电流故障分析

静态工作点电流	故障现象	故障原因分析
功放电路静态工作电流 $I_{C6,7}=0$	声音小、失真或无声	① R_{17}脱焊断路损坏 ② T_6 次级断路损坏 ③ T_7 断路损坏 ④ VT_6、VT_7 断路
$I_{C6,7}$很大	失真	① R_{16}脱焊或断路，造成 VT_6、VT_7 饱和 ② VT_6、VT_7 击穿短路
$I_{C6,7}$偏大或偏小	噪声增大或声小失真	R_{17}未调好，偏小或偏大
前置放大电路电流 $I_{C4,5}=0$	无声	① T_6 初级线圈断路损坏 ② R_{11}脱焊或断路 ③ R_{13}脱焊或断路 ④ R_{14}脱焊或断路 ⑤ VT_4 短路 ⑥ VT_5 断路损坏或脱焊
$I_{C4,5}$很大	无声	① VT_4 截止或断路损坏 ② R_{10}断路或脱焊 ③ R_{12}断路或脱焊 ④ VT_5 短路
$I_{C4,5}$最大只能调到 0.5mA	无声	三极管的 C、E 极安装错误
$I_{C4,5}$偏大或偏小	噪声增大或声小失真	R_{10}电阻偏大或偏小
I_{C3}很大	无声	① VD_1、VD_2 脱焊、断路或安装错误 ② VT_3 短路损坏
I_{C3}为 0	无声	① R_3 脱焊或断路 ② VT_3 脱焊或断路 ③ R_8 脱焊或断路 ④ T_5 初级脱焊或断路 ⑤ T_4 次级脱焊或断路
I_{C2}为 0	无声	① R_4 脱焊或断路 ② T_3 次级脱焊或断路 ③ VT_2 脱焊或断路 ④ R_5 脱焊或断路 ⑤ C_8 短路
I_{C2}偏大	无声	① R_7 脱焊或断路 ② VT_2 短路
I_{C1}为 0	无声	① R_1 脱焊或断路 ② R_2 脱焊或断路 ③ VT_1 脱焊或断路损坏 ④ T_3 白色中周虚焊或断路 ⑤ L_2 次级断路或虚焊 ⑥ L_1 初级断路
I_{C1}偏大	噪声大	① VT_1 短路 ② R_1 电阻偏小

任务 3　用电压测量法检测电路故障

1. 测量实验机型收音机整机供电电压

测量实验机型收音机供电电压如图 7-15、图 7-16 所示。

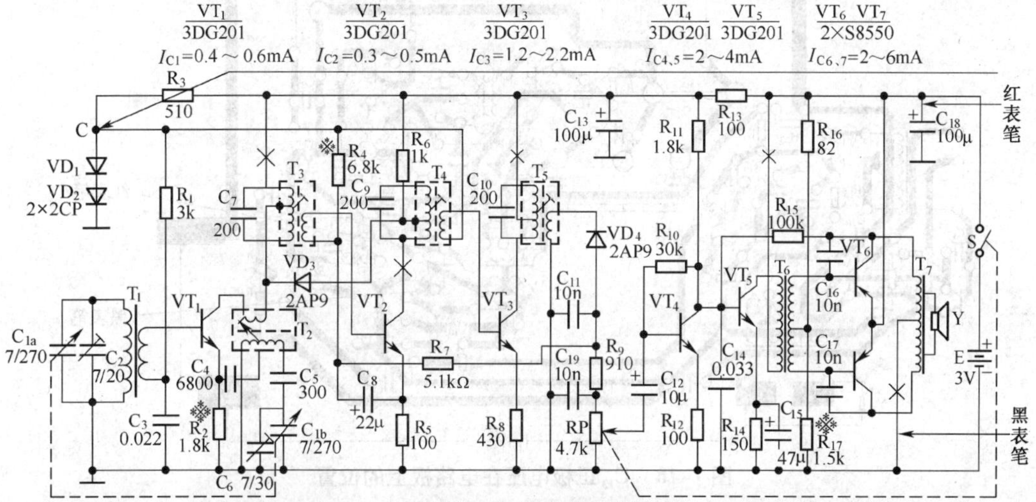

图 7-15　测实验机型收音机供电电压

(a) C_{18}正极（A 点）　(b) C_{13}正极（B 点）　(c) VD_1正极（C 点）

图 7-16　电源供电电压检测点

（1）用万用表 10V 直流电压挡测量实验机型收音机电容 C_{18} 正极（A 点）的电源电压，此电压是收音机功放电路的供电电压，也是整机的供电电源电压，如图 7-15、图 7-16（a）和图 7-17 所示。

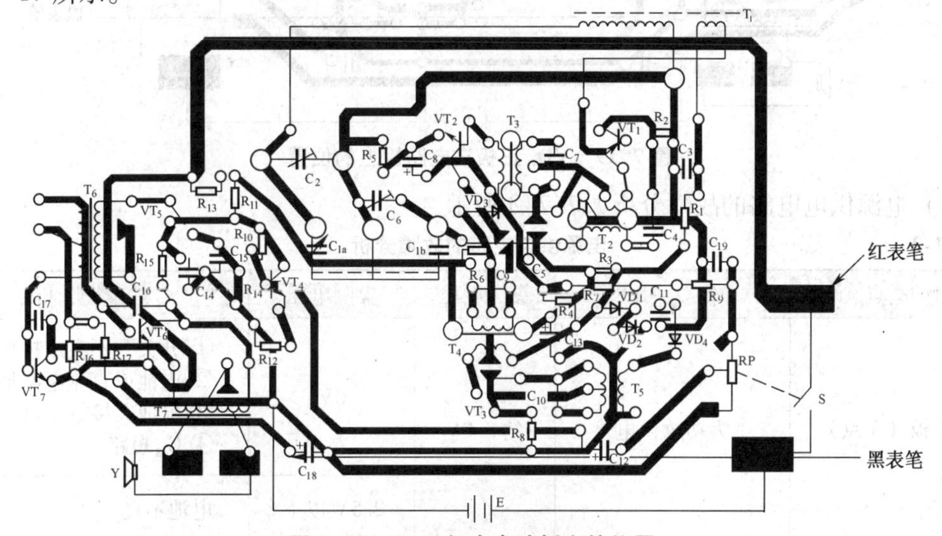

图 7-17　C_{18} 正极在电路板上的位置

（2）用万用表 2.5V 挡测量变频管和中放三极管的集电极供电电源，测试点在 C_{13} 正极（B 点），如图 7-14、图 7-16（b）和图 7-18 所示。

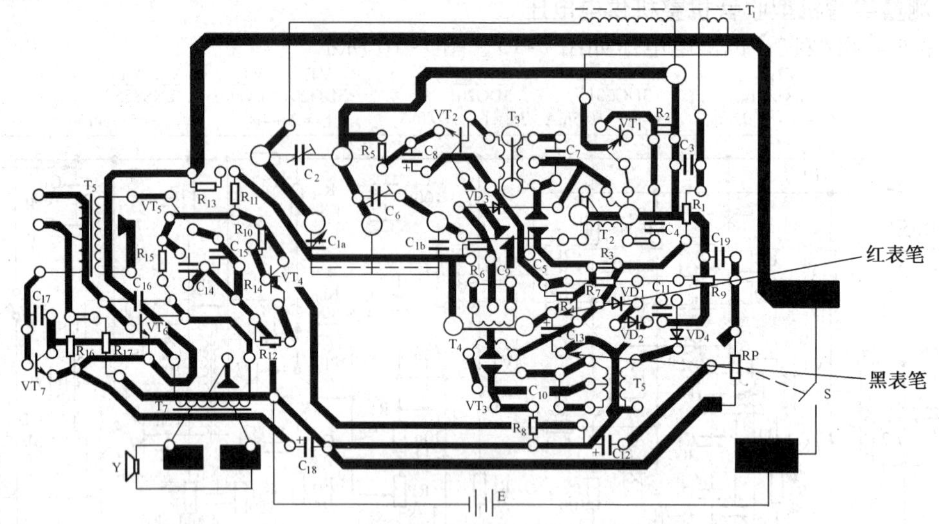

图 7-18　C_{13} 正极电压在电路板上的位置

（3）用万用表 2.5V 挡测量变频管和中放三极管的基极供电电源，测试点在 VD_1 的正极（C 点），如图 7-15、图 7-16（C）和图 7-19 所示。

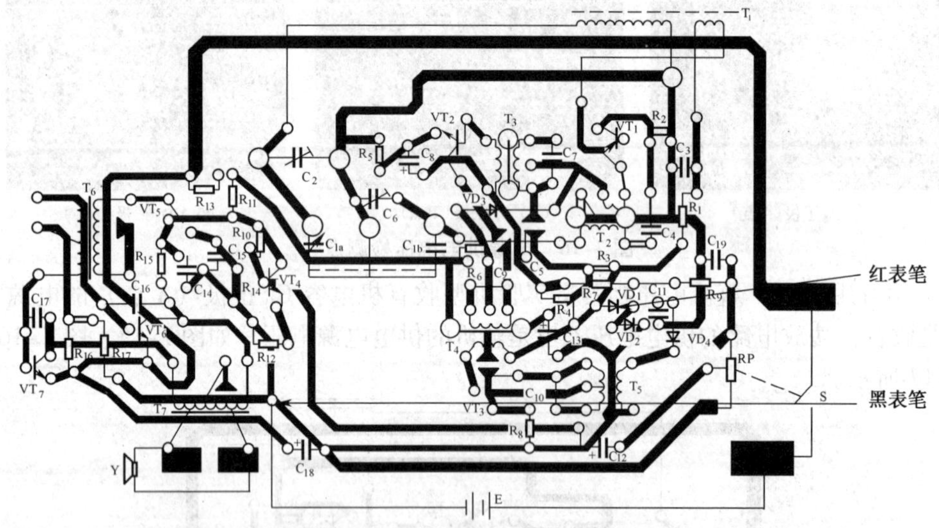

图 7-19　VD_1 正极在电路板上的位置

（4）电源供电电路的故障分析如表 7-3 所示。

表 7-3　电源供电电路的故障分析

测 试 点	作　用	参考电压	实测电压	故 障 分 析
C_{18}正极（A 点）	为功放供电	约 3.0V	0V	① 开关 S 不良或损坏 ② 电池或直流电源损坏 ③ 电池夹接触不良 ④ C_{18}短路
			2.5V 以下	电池不良

续表

测试点	作　用	参考电压	实测电压	故障分析
C_{13}正极（B点）	为变频和中放集电极供电	约2.2V	0	① R_{13}脱焊或断路 ② C_{13}短路
VD_1正极（C点）	为变频和中放基极供电	约1.3V	0	R_3脱焊或断路
			大于1.5V	VD_1、VD_2脱焊或装反

2. 测量各级放大电路三极管三个电极电压

（1）测量实验机型收音机中放三极管 VT_2 的各极电压。

将万用表转换开关拨至直流电压挡，黑表笔接地，红表笔分别测 VT_2 的E、B、C电压，具体方法如图7-20、图7-21和图7-22所示。

图7-20　用DC 0.5V挡检测 VT_2 的E极电压（0.05V左右）

图7-21　用DC 2.5V挡检测 VT_2 的B极电压（0.6V左右）

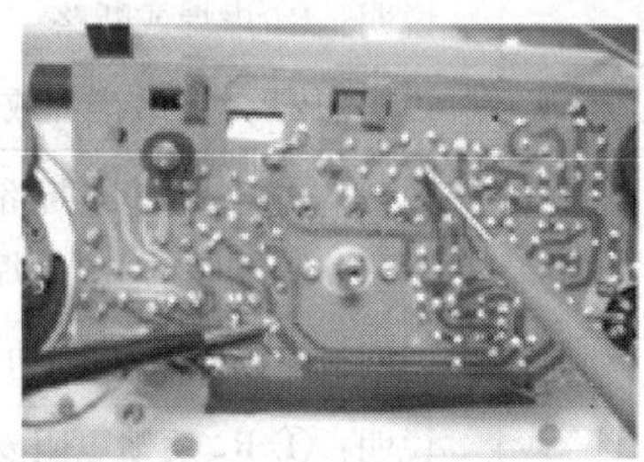

图7-22　用DC 2.5V挡检测 VT_2 的C极电压（2.5V左右）

（2）其他各三极管的测量方法可参考 VT_2，各级E、B、C参考电压如表7-4所示。

表7-4　实验机型收音机各三极管管脚静态参考电压

	U_E（V）	U_B（V）	U_C（V）
VT_1	0.65	1.2	2.3
VT_2	0.06	0.7	2.3
VT_3	0.56	1.3	2.3

续表

	U_E（V）	U_B（V）	U_C（V）
VT_4	0.05	0.7	1.2
VT_5	0.45	1.2	2.4
VT_6	3.0	2.4	0
VT_7	3.0	2.4	0

（3）各三极管E、B、C实测电压数据分析如表7-5所示。

表7-5　　实验机型收音机电压测量法的故障分析

VT_1	若 $U_B=0$（$U_C=2.5V$，$U_E=0V$）	说明：R_1 脱焊或断路、T_1 次级脱焊或断路
	若 $U_E=0V$，$U_B=1.2V$，$U_C=2.4V$	说明：VT_1 的BE脱焊或断路
	若 $U_C=0.5V$ 很小	说明：① T_3 初级断路或脱焊 ② L_2 初级断路或脱焊
VT_2	若 $U_B=0V$，$U_E=0V$	说明：① R_4 虚焊或断路 ② T_3 次级脱焊或断路
	若 VT_2 的 $U_C\approx0V$	说明：T_4 初级断路或脱焊、R_6 断路
	若 VT_2 的 $U_E=0V$	说明：VT_2 的BE断路或脱焊
VT_3	若 VT_3 的 $U_B=0V$，$U_E=0V$	说明：T_4 次级虚焊或断路
	若 VT_3 的 $U_C=0.6V$，$U_E=0.6V$	说明：C、E之间短路击穿
	若 VT_3 的 $U_E=0V$	说明：VT_3 的BE断路或脱焊
VT_4	若 $U_B=0V$，$U_E=0V$	说明：R_{10} 虚焊或断路
	若 U_C 偏高	说明：① R_{10}、R_{12} 虚焊或断路 ② VT_4 断路或脱焊
VT_5	若 $U_B=0$ V，$U_E=0V$，$U_C=3V$	说明：R_{11} 虚焊或断路
	若 $U_C=3V$，$U_E=0V$，U_B 不等于零	说明：VT_5 的BE虚焊或断路
	若 $U_C=3V$，U_E、U_B 不等于零	说明：① R_{14} 虚焊或断路 ② VT_5 的BC虚焊或断路
	若 U_C 很低	说明：输入变压器 T_4 初级断路
	若 U_B 低	说明：① R_{15} 反馈电阻安装错误，如100kΩ错误安装成10kΩ ② C_{14} 漏电 ③ VT_4 的BE漏电
VT_6、VT_7	如 $U_B=3V$	说明：R17脱焊或断路
	若 $VT_{6,7}$ 的基极电压 $U_B=2V$	说明：R_{16} 脱焊或断路，功放电路的电流大，有声但噪声大且失真
	若 U_B 偏低	说明：输入变压器 T_6 次级断路

3. 利用电压测量法检查实验机型收音机本振是否正常

用万用表测量变频管 VT_1 的 E 极电压，同时用镊子将振荡线圈次级抽头对地短路，或者用镊子短路 C_{1b}，这时发射极电压若有零点几伏的变化，说明电路振荡；若电压无变化，说明本振电路有故障。检查振荡线圈 T_2、双联电容 C_{1b}、补偿电容 C_6、调整电容 C_5 和反馈耦合电容 C_4 等元件是否脱焊、安装错误、焊接短路或损坏。

任务 4　用信号注入法检测电路故障

1. 利用信号注入法快速确定故障范围

收音机根据工作频率不同分为高频、中频和低频电路，音量电位器是中、低频电路的分界点，因此该处就是判定故障在中放电路还是在低频放大电路的关键测试点。

接通实验机型收音机电源开关 S，调节 XD22 型低频信号发生器，使输出信号频率为 0.5～1kHz，将所用信号发生器的输出线串接 1μF 左右的电容器注入电位器两端，如图 7-23 所示。若扬声器发声，说明低频放大电路基本正常；若听不到扬声器发声，则说明低频放大电路有故障。

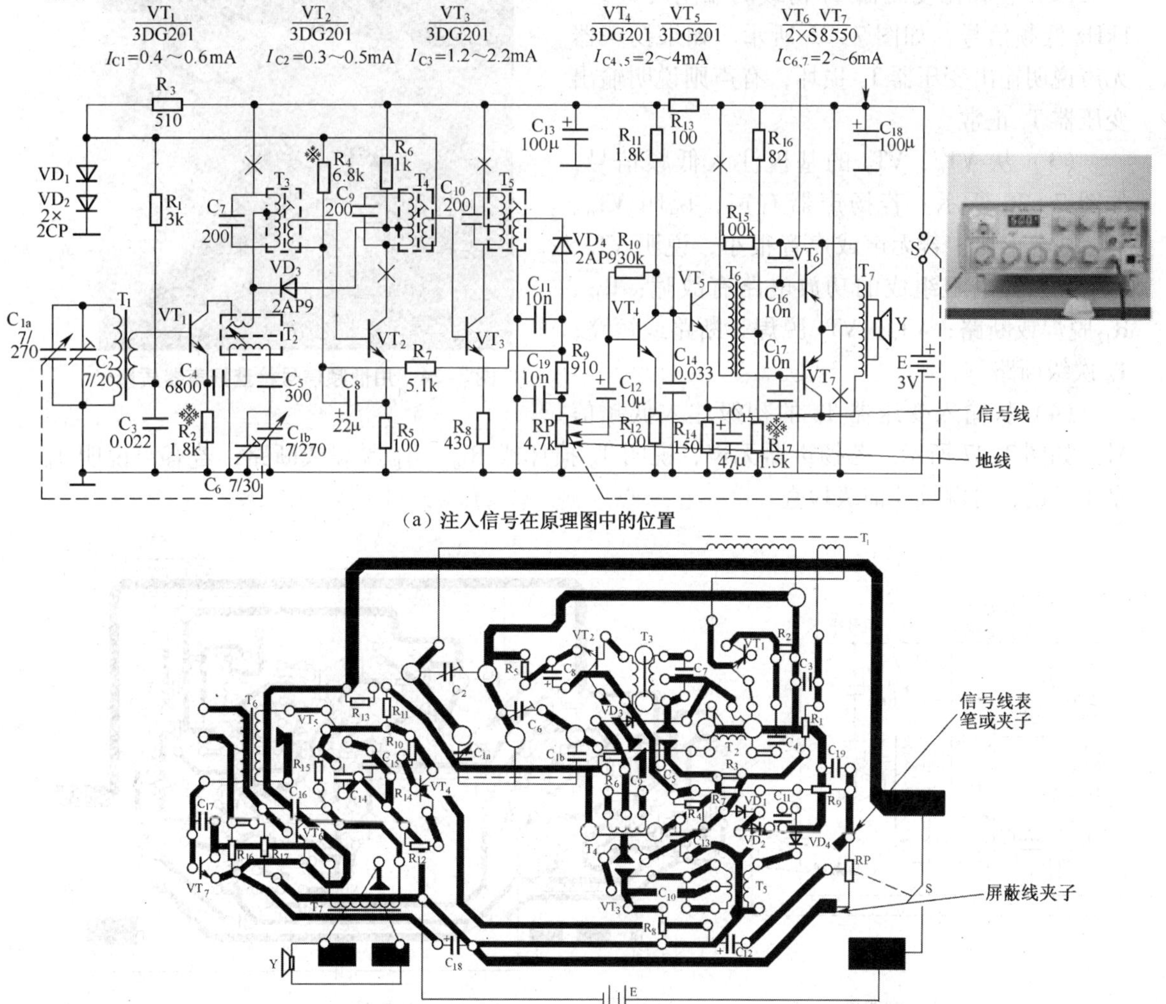

（a）注入信号在原理图中的位置

（b）电位器在电路板中的位置

图 7-23　利用信号注入法判断故障范围

（c）从电位器两端注入500Hz低频信号

图 7-23　利用信号注入法判断故障范围（续）

2. 利用信号注入法对低频放大电路进行检查

（1）从扬声器两端注入 1kHz 低频信号，如图 7-24 所示。如无声说明扬声器损坏，有声则说明扬声器正常。

（2）在输出变压器 T_7 初级两端注入 0.5 ~ 1kHz 低频信号，如图 7-25 所示。如果扬声器无声说明输出变压器 T_7 损坏，有声则说明输出变压器 T_7 正常。

图 7-24　用低频信号检查扬声器质量

（3）从 VT_6、VT_7 的基极注入低频信号，如图 7-26 所示。若扬声器有声，说明 VT_6、VT_7 基本正常；若无声或声音很小，说明 VT_6、VT_7 及偏置电阻组成的功放电路有故障：R_{16}、R_{17}脱焊或断路；VT_6、VT_7 脱焊、断路或短路；T_6 次级断路。

（4）从输入变压器 T_6 的初级注入低频信号，如图 7-27 所示。若扬声器无声，说明 T_6 损坏或 R_{16}、R_{17}脱焊或断路；若有声说明 T_6 是正常的，可继续往前级检查。

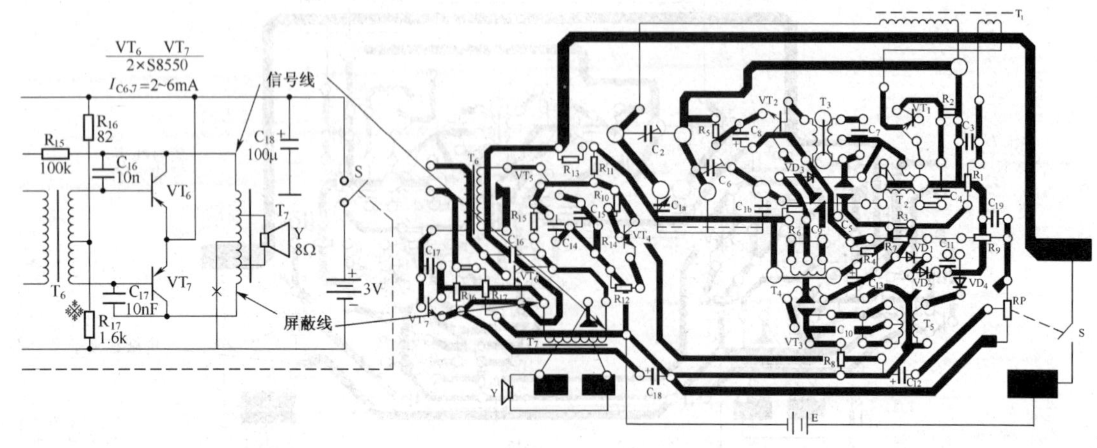

（a）电路图　　（b）印制电路图

图 7-25　检查 T_5 质量

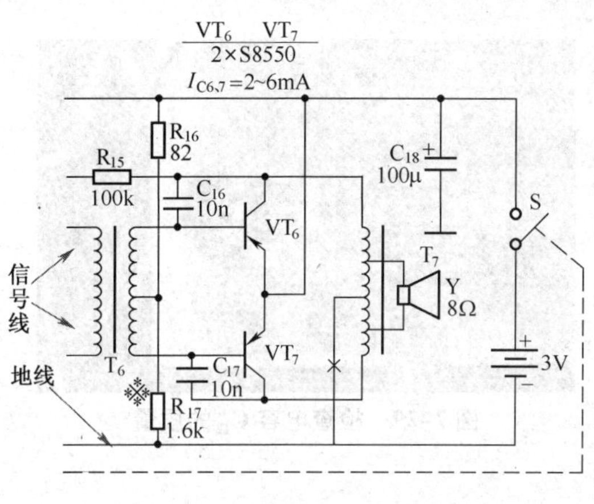

(a)电路图

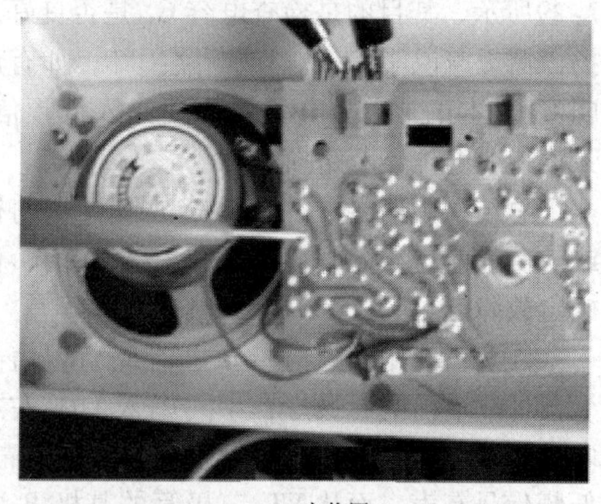

(b)实物图

图 7-26　从 VT_6、VT_7 的基极注入低频信号

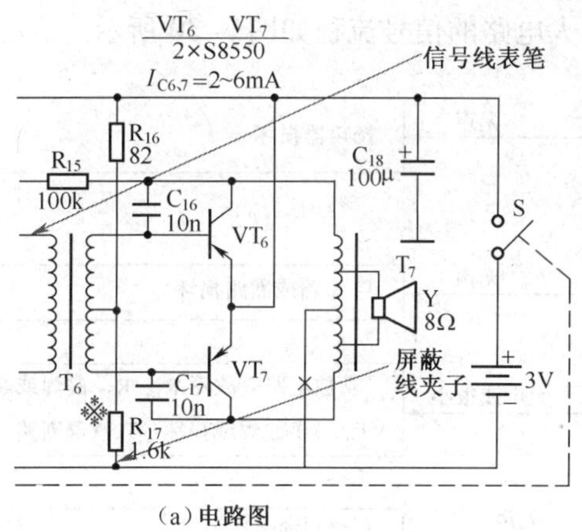

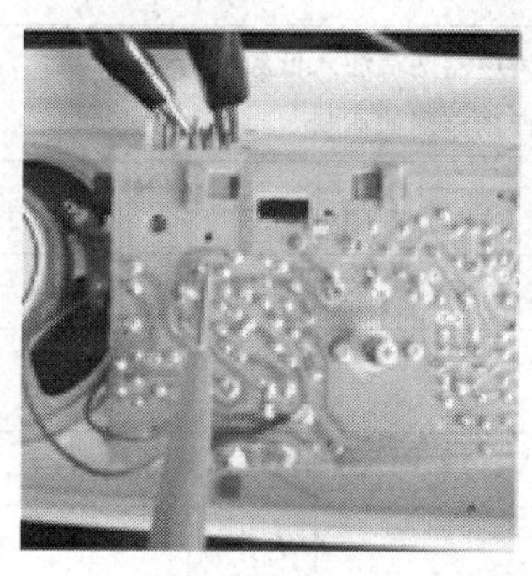

(a)电路图　　(b)实物图

图 7-27　从输入变压器 T_6 的初级注入低频信号

（5）从 VT_4 的基极注入低频信号，如图 7-28 所示。若扬声器无声说明前置放大级有故障，应进一步用万用表检查 VT_4、VT_5 及偏置电路，检查 R_{10}、R_{11}、R_{12}、R_{13}、R_{14}是否虚焊、断路损坏，检查 VT_4、VT_5 是否虚焊、断路或短路以及 C、E 极间是否安装错误；若有声说明前置放大电路正常，再检查耦合电容 C_{12}是否良好。

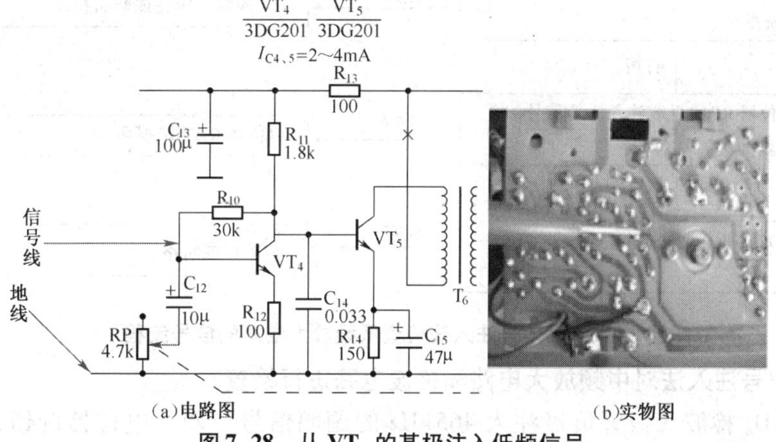

(a)电路图　　(b)实物图

图 7-28　从 VT_4 的基极注入低频信号

图 7-29　检查电容 C_{12} 的质量

(6) 从电位器中间端子注入信号，如图 7-29所示，其目的是检查电容 C_{12} 是否良好。如扬声器无声说明 C_{12} 脱焊或断路损坏；如有声说明 C_{12} 基本正常。从电位器两端注入低频信号，无声说明电位器断路损坏。

总结：用信号注入法检查故障，从前往后或从后往前进行均可，尽量从后级往前，便于确定故障点。

注意：使用低频信号发生器或高频信号发生器低频输出时，最好在中间串入 1μF 左右的电容，以免注入的交流信号影响收音机的静态工作点。例如，从电位器中间端子注入 1kHz 低频信号有声，而从 VT_4 三极管的基极 B 注入信号无声，说明信号发生器的信号影响收音机的静态工作点。

综上所述，用信号注入法检查低频放大电路的信号流程如图 7-30 所示。

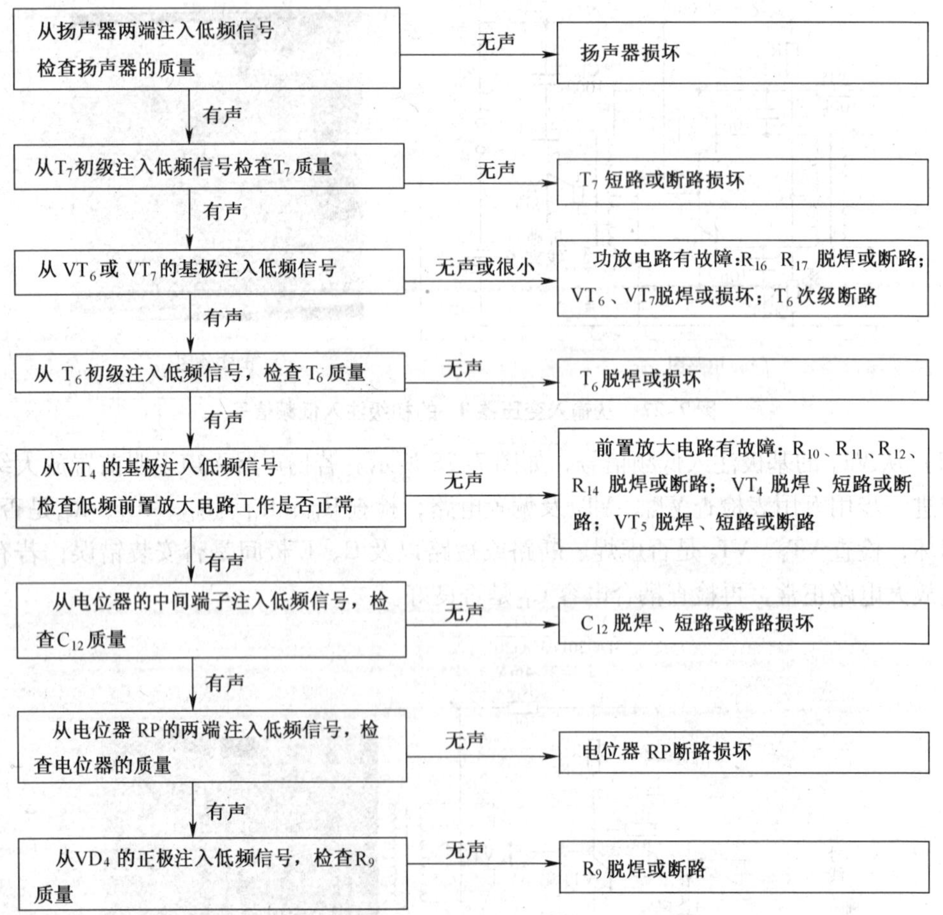

图 7-30　用信号注入法检查低频放大电路的信号流程

3. 利用信号注入法对中频放大电路和检波电路进行检查

(1) 从 VD_4 检波二极管负极注入 465kHz 的调幅信号，调节电位器旋钮，如图 7-31

所示。如听不到“嘟嘟”声，说明 VD_4 虚焊或损坏；如扬声器有声则说明 VD_4 基本是好的。

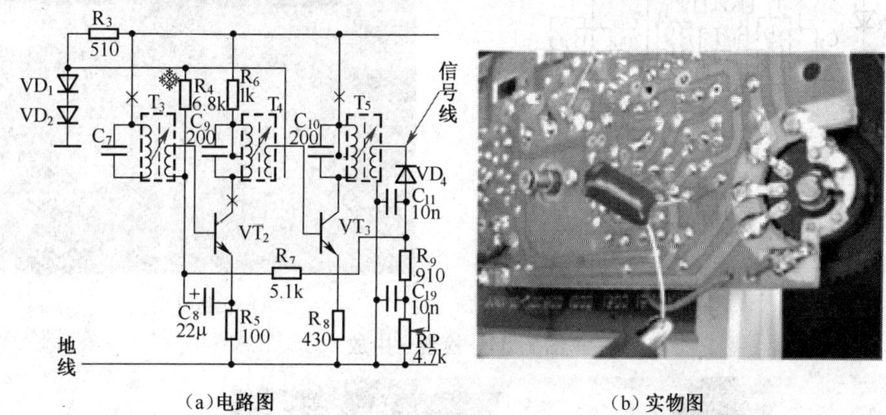

（a）电路图　　（b）实物图

图7-31　检查检波极

（2）从绿色中周 T_5 的初级注入465kHz调幅信号，若扬声器无声说明 T_3 虚焊、未谐振在465kHz或损坏；如有放大的“嘟嘟”声，或调 T_5 的磁芯后能听到声音，说明 T_5 正常。

（3）从二中放 VT_3 的基极B注入中频信号，如图7-32所示。若扬声器无声或调节 T_5 磁芯仍无声，说明二中放不正常，应进一步检查 T_5、R_3、VD_1、VD_2、R_8 和 VT_3；若有放大的“嘟嘟”声，说明二中放基本上是好的，再检查 T_4 中周。

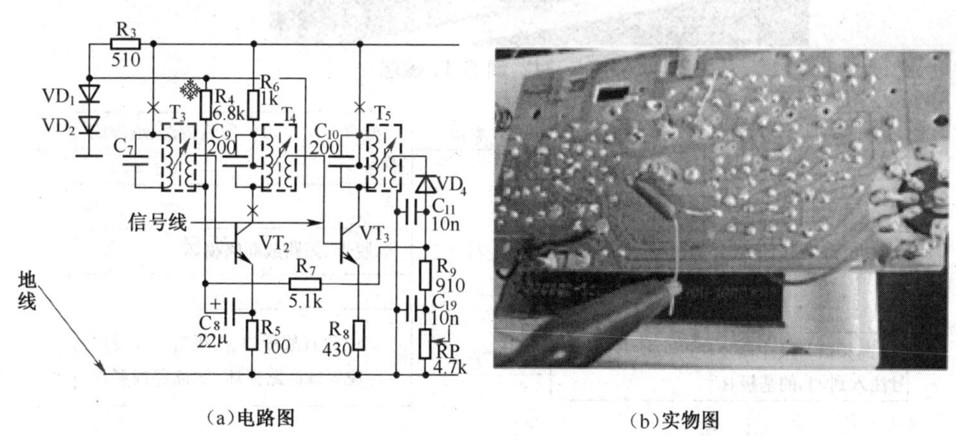

（a）电路图　　（b）实物图

图7-32　检查二中放

（4）从 T_2 的初级注入465kHz中频已调幅信号。若扬声器无声或调节 T_4 磁芯仍无声，说明 T_4 虚焊或损坏，如图7-32所示；若有声或用无感螺丝刀调节 T_4 磁芯后有声，说明 T_4 是好的，再往前级检查。

（5）从一中放三极管 VT_2 的基极注入465kHz调幅信号，如图7-33所示。若扬声器无声说明一中放有故障，进一步检查 R_4、R_5、T_3 和 VT_2，一般故障是 R_4、R_5 脱焊或断路损坏，T_3 次级脱焊或断路，VT_2 脱焊或损坏；若有声则说明一中放基本正常。

（6）从 T_3 的初级注入465kHz中频调幅信号，若扬声器无声或调节 T_3 磁芯仍无声，说明 T_3 脱焊或损坏，如图7-34所示。

综上所述，中频放大电路和检波电路的检修流程如图7-35所示。

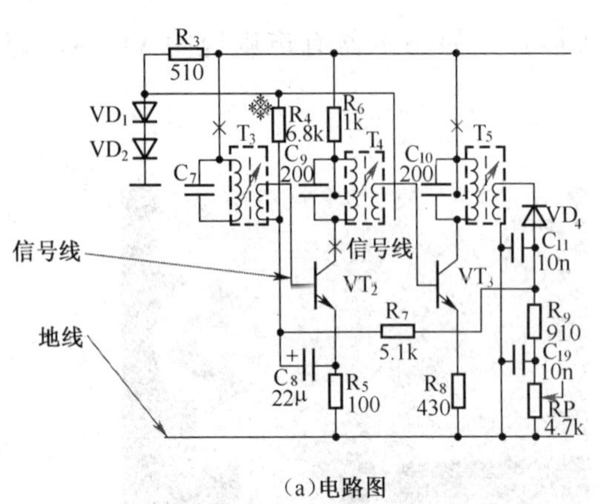

(a)电路图

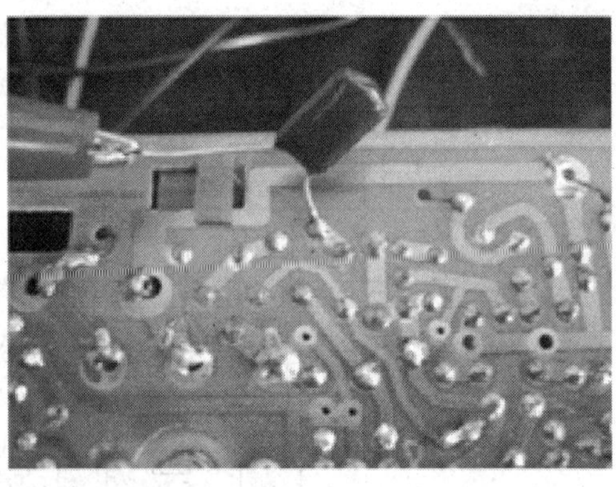

(b)实物图

图 7-33　检查一中放

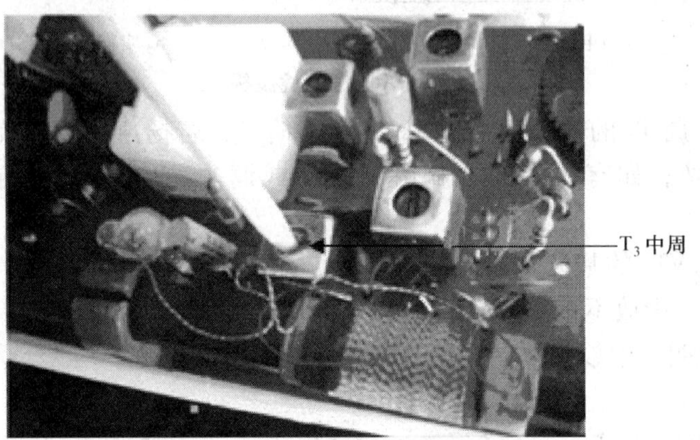

图 7-34　调节 T_3 磁芯

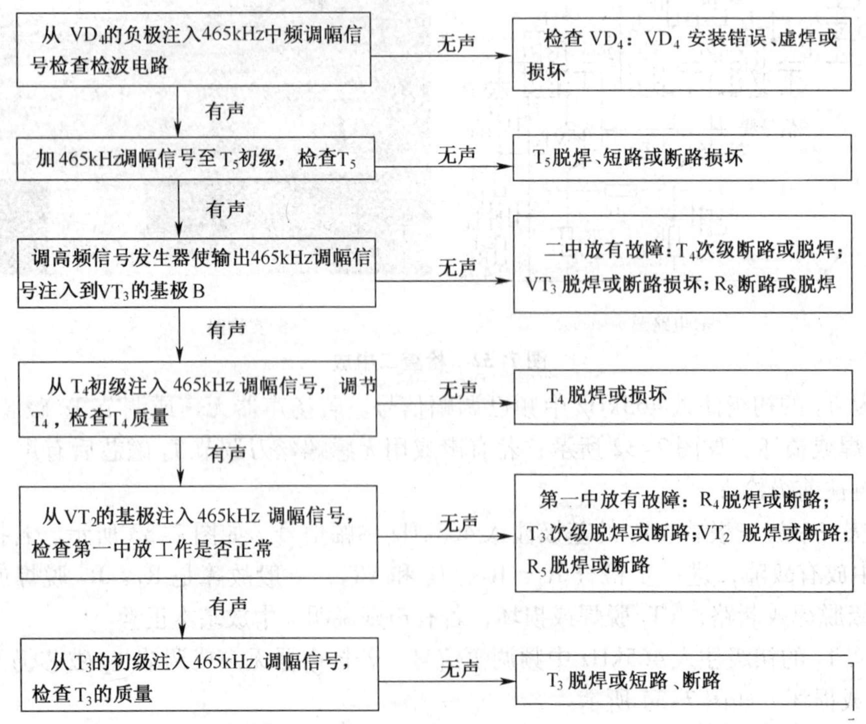

图 7-35　中频放大电路和检波电路的检修流程

4. 利用信号注入法对实验机型收音机变频级进行检修

（1）从变频管 VT_1 的集电极注入 465kHz 调幅信号。若扬声器无声说明振荡中周线圈 T_2 有虚焊或损坏；如有声则继续进行检查。

（2）从变频电路输入端 VT_1 的 B 极注入 465kHz 调幅信号，如图 7-36 所示。如扬声器中无“嘟嘟”声，说明高频无放大，静态工作点电流设置不对，VT_1 虚焊、安装错误或损坏，偏置电阻 R_1、R_2 脱焊或断路；如从 VT_1 的 B 极注入 465kHz 调幅信号，扬声器中有“嘟嘟”声，说明高放是好的。

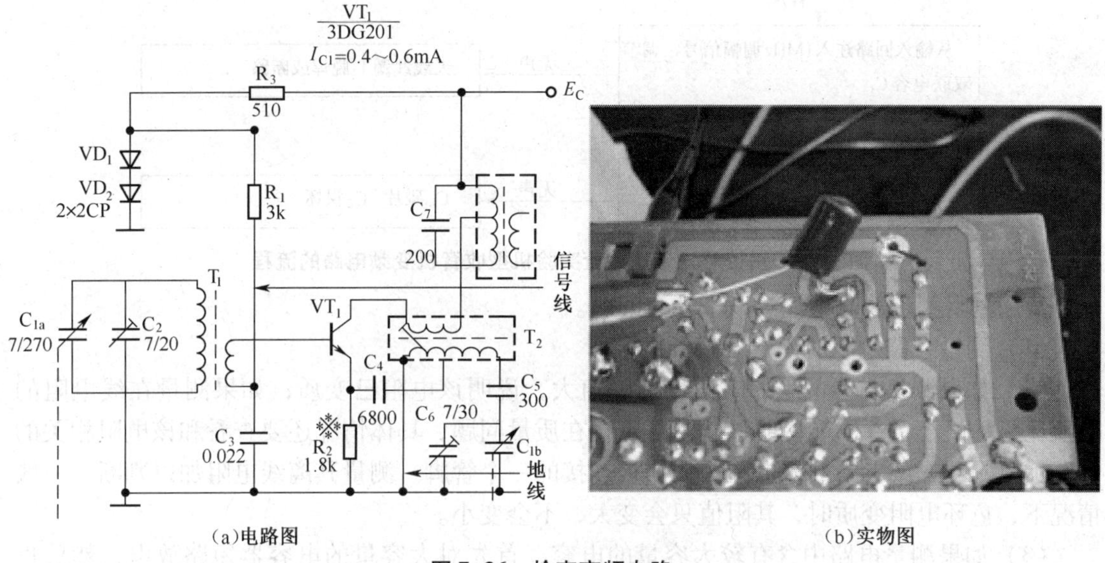

图 7-36　检查变频电路

（3）从 VT_1 的 B 极注入 1MHz 调幅信号，如图 7-36 所示。调节双联电容 C_1，如不能听到声音，则故障在本振电路或耦合元件，如振荡线圈 T_2 脱焊或损坏，垫整电容 C_5 脱焊或损坏，补偿电容 C_6 断路或短路损坏，耦合电容 C_4 脱焊或损坏，旁路电容 C_3 脱焊或损坏。

（4）从 VT_1 的 B 极注入 1MHz 调幅信号，调双联电容 C_1，如能听到声音，则故障在输入回路，如天线线圈 T_1 断路损坏或脱焊，双联电容 C_{1a}碰极短路或质量不良。

综合以上，用信号注入法检查实验机型收音机变频电路的流程如图 7-37 所示。

上网查阅电子维修方面的知识，学习检修技巧；查阅收音机检修的相关知识。

7.2　项目基本知识

知识点 1　电阻测量法

电阻测量法是根据测量电路某两端电阻的数值，来分析判断电路的故障情况的检查方法，是电子产品质量检测、故障排除最常用的方法之一。电子测量法是对有故障的整机电路、单元电路或有疑问的元器件，利用万用表欧姆挡，测量其在路电阻和离线电阻，并与正常值比较找出故障的方法。在路测量时，万用表黑表笔接待测点，红表笔接地，所测阻值称为正向电阻，记作 R⊕；在路测量时，红表笔接待测点，黑表笔接地，所测阻值称为反向电阻，记作 R⊖。由于电路中有大量的 PN 结存在，正、反向阻值一般会有较大差别。在平时检测电路和查阅资料时注意收集材料，以备将来查阅。

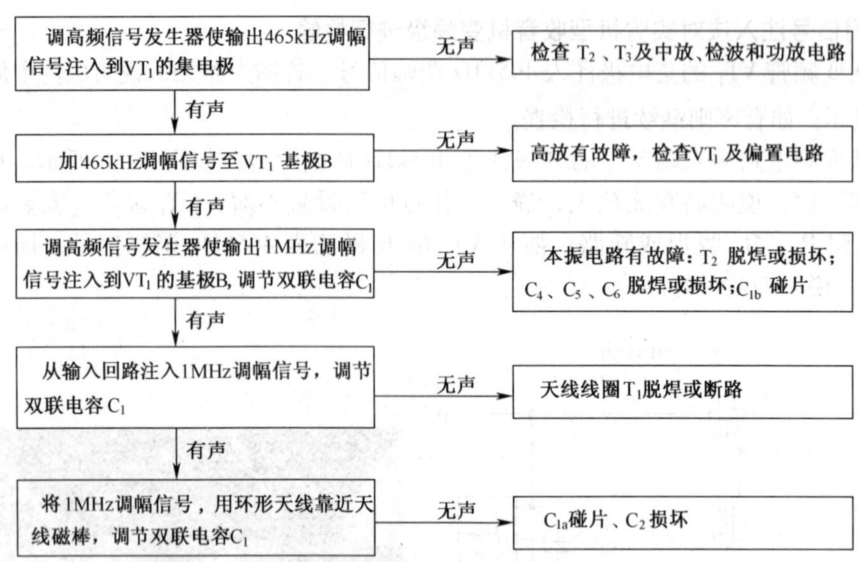

图 7-37　用信号注入法检查实验机型收音机变频电路的流程

使用电阻测量法时请注意以下几个问题。

（1）测量在路电阻时一定要切断电源。

（2）如果测量在线电阻的阻值比标称值大，说明该电阻已变质；如果测量在线电阻的阻值比标称值小，并不能说明该电阻一定存在质量问题，具体情况还要查看和该电阻相关的电路加以判断，或者断开该电阻与线路板连接的一个管脚，测量其离线电阻加以判断。一般情况下，色环电阻变质时，其阻值只会变大，不会变小。

（3）如果测量电路中含有较大容量的电容，首先对大容量的电容器短路放电，然后再进行测量，并要注意到电容漏电对测量数值的影响。

（4）如果待测电路含有集成电路，请注意：① 集成电路的测量数值离散性较大，测量阻值和参考数值有偏离是正常的；② 注意测量时 R⊕、R⊖要严格区分开；③ 如果测量数值与参考数值差别较大，首先要怀疑并检查集成电路的外围元件，若外围元件确定没有质量问题和焊接问题，才试着更换集成电路。

（5）怀疑线路板导电铜箔质量、接点虚焊时，用电阻测量法也是一个好主意，但若用数字万用表半导体管挡测量，则更省事。

知识点 2　电压测量法

电压测量法是测量某待测点电压与所给参考电压来比较，根据电压数值来分析判断电路的故障情况的检查电路故障的方法。电路中各处的直流电压大小虽然各不相同，但具体到某一电路的直流电压大小却是相对固定的。通过测量电压的大小，并与正常值相比较，就可判断该处电路是否异常。

电压测量法是指利用万用表电压挡测量电路板上元器件引脚的工作电压，并与正常电压比较，找出故障点的方法。由于测量电压的操作相对简单，所以它是电器维修技术中最基本、最常用的检测方法之一。

下列情况更适合采用电压测量法。

（1）检查整机或单元电路的供电是否正常。把测量电压和参考值做比较，如果测量值正常，说明供电电路基本不存在问题；如果电压偏低，需进一步判断是供电电路问题还是负载出现了漏电或电路出现局部短路；如果电压偏高，需要检查供电电路的稳压电路。

（2）三极管是否工作在放大状态。三极管是否工作在放大状态，可以通过测量三极管的发射结电压 V_{be} 和集电结电压 V_{ec} 即可，如果发射结电压正偏、集电结电压反偏，则说明三极管处于放大状态；如果发射结反偏，则电路处于截止状态；如果发射结、集电结都处于正偏状态，则三极管处于饱和状态。

（3）判断振荡电路是否起振。方法参考本项目任务 3。

（4）检查集成电路是否正常工作。在用电压测量法检查集成电路时，首先应保证集成电路的供电必须正常，然后检测各管脚电压与参考电压是否相符合，如果电压偏离了参考电压，则首先检查外围元件，然后再怀疑集成电路。

使用电压测量法时请注意以下几个问题。

（1）用电压测量法检测某点电压时，红表笔接待测点，黑表笔接地。如果两表笔接反，当使用的是指针表时，则有可能损坏万用表，当使用的是数字表时，则读数多数为负值。

（2）用电压测量法时，要注意挡位合适，如果不知道待测点电压，可以从电压挡高挡位开始进行测量，然后根据情况选择合适挡位。

（3）用电压测量法时，有些电路存在静态电压和动态点之分，测量时需注意。

知识点 3　电流测量法

电流测量法是通过测量整机或某支路电流的大小，再通过分析判断电路工作是否正常的检修方法。

用万用表的电流挡测量电路各关键检测点的工作电流，主要测量各单元电路的静态工作电流和整机工作电流，如在半导体管收音机中主要是检测各三极管集电极电流 I_C。在收音机主板上一般都预留有测试口，测量时将测试口用烙铁断开，将万用表拨至电流挡测量时，红表笔接高电位，黑表笔接低电位点，串联接在检测口。

如果在线路板设计时没有预留电流测试孔，可以通过下列方法测量待测支路的电流。

（1）测量该支路某电阻上的电压，根据 $I = U/R$ 来计算该处支路电流。

（2）用烙铁去掉该支路某电阻与电路板的连接，将万用表串入该支路测量电流，然后恢复电路。

（3）用小刀或钢锯条将待测点的覆铜板划断，再进行测量，然后用电烙铁修复划断口。由于电流测量法有时比较麻烦，其应用不如前两种方法广泛。

知识点 4　信号注入法和干扰法

1. 信号注入法

信号注入法是将合适的频率信号注入到待测放大电路的输入端，利用扬声器声音的有无或者利用示波器观察波形有无、是否失真和幅度大小变化来判断故障所在的检查方法。利用信号注入法可快速判断故障出在哪一部分，从而检查故障部位或缩小故障范围。

2. 干扰法

干扰法类似于信号注入法，但是这时注入的不是由信号发生器产生的特定信号，而是利用人体感应产生的干扰信号，或者利用万用表电阻挡人为产生的间断电流。其具体方法如下。

① 用手握螺丝刀的金属柄从电子整机的后级依次向前级碰触检查，此时在整机的输出端应该有明显的噪声或噪波产生；若没有声音，说明故障在碰触点所在单元电路及至扬声器之间。

② 将万用表拨至 R×1 挡或 R×10 挡，红表笔接地，黑表笔断续碰触扬声器、输出变压器、功放三极管、前置低放和音量电位器等测试点。此时，扬声器中应有“喀嚓”的响声，而且声音应从后至前逐渐变大；若没有声音，说明后面的元器件有故障。

信号注入法和干扰法的顺序都是由后一级向前一级逐级加入的。如果信号加在某一级，后面能表现正常，而信号加到该级则信号显示不正常，则故障在该级。

知识点5　示波器观察法

示波器观察法是利用示波器观察待测电路的波形，从而判断故障部位的检查方法。由于示波器价格较贵且携带不太方便，所以应用受到一定限制。在某些电路检修时，示波器观察法却有着得天独厚的优点。比如在测量彩色电视机无彩色信号时，可以很方便地观察到信号是在哪丢失的。这里仅仅介绍示波器观察法，具体示波器观察法的运用，读者可以上网查阅。需要强调的是，示波器观察法是由前级向后级依次进行，这一点和信号注入法正好相反。图6-11、图6-12 所示是示波器观察法的一个简单应用。

项目学习评价

一、思考题

（1）什么是电阻测量法？使用电阻测量法时需要注意哪些问题？

（2）哪些情况适合使用电流测量法？

（3）哪些情况更适合使用电压测量法？使用电压测量法有哪些注意事项？

（4）信号注入法和干扰法有哪些异同？

（5）示波器观察法适合在哪种情况下使用？

二、技能训练

根据实验设备，将学生进行分组实验。

1. 训练1

教师给学生演示用万用表测量在路电阻、电压和工作电流的方法和步骤。

2. 训练2

教师给学生演示并讲解如何用信号发生器注入信号检测电路和查找故障范围。

3. 训练3

（1）测量实验机型收音机各元件在路电阻，将所测数据填入表7-6，并与表7-1 所示参考数据对比。

表7-6　　测量实验机型收音机各元件在路电阻

	VT_1	VT_2	VT_3	VT_4	VT_5	VT_6	VT_7
B-E 正向电阻							
B-E 反向电阻							
B-C 正向电阻							

续表

	VT_1	VT_2	VT_3	VT_4	VT_5	VT_6	VT_7
B-C 反向电阻							
C-E 间电阻（红接 E，黑接 C）							
C-E 间电阻（红接 C，黑接 E）							
T_6 初级电阻		T_6 次级电阻		T_7 初级（总）电阻		T_7 次级电阻	
电路总电阻							
测出的异常数据							
造成的故障现象							
故障分析							
检修思路及方案							
故障元件及解决方案							

（2）测量实验机型收音机各关键点电压，将所测数据填入表 7-7，并与表 7-3、表 7-4 所示参考数据对比。

表 7-7　　测量实验机型收音机各关键点

C_{18} 正极电压			C_{13} 正极电压		电压	VD_1 正极电压	
	VT_1	VT_2	VT_3	VT_4	VT_5	VT_6	VT_7
V_E							
V_B							
V_C							
测出的异常数据							
造成的故障现象							
故障分析							
检修思路及方案							
故障元件			解决方案				

（3）测量实验机型收音机总电流和各工作点电流，将所测数据填入表 7-8。

表 7-8　　测量实验机型收音机总电流和各工作点电流

总电流（DC 50mA 挡）			mA	
VT_6、VT_7 集电极电流	$I_{C6、7}$		功放级参考电流	
VT_4、VT_5 集电极电流	$I_{C4、5}$		前置级参考电流	
VT_3 集电极电流	I_{C3}		二中放参考数值	
VT_2 集电极电流	I_{C2}		一中放参考数值	
VT_1 集电极电流	I_{C1}		变频电路参考数值	

续表

总电流（DC 50mA 挡）	mA
测出的异常电流	
造成的故障现象	
故障分析	
故障元件	
解决方案	

三、项目评价评分表

1. 个人知识和技能评价表

班级：________________ 姓名：________________ 成绩：__________

评价方面	评价内容及要求	分值	自我评价	小组评价	教师评价	得分
项目知识内容	①了解电阻测量法的注意事项	10				
	②了解电压测量法的优点和注意事项	10				
	③了解电流测量法的具体使用方法	5				
	④了解信号注入法、示波器观察法的应用	10				
项目技能内容	①掌握用电阻测量法检测电路故障的方法	15				
	②掌握用电流测量法检测电路故障的方法	10				
	③掌握用电压测量法检测电路故障的方法	15				
	④掌握用信号注入法检测电路故障的方法	15				
安全文明生产和职业素质培养	①安全用电，规范操作	5				
	②文明操作，不迟到早退，操作工位卫生良好，按时按要求完成实训任务	5				

2. 小组学习活动评价表

班级：________________ 小组编号：________________ 成绩：__________

评价项目	评价内容及评价分值			自评	互评	教师点评
分工合作	优秀（12～15分）	良好（9～11分）	继续努力（9分以下）			
	小组成员分工明确，任务分配合理，有小组分工职责明细表	小组成员分工较明确，任务分配较合理，有小组分工职责明细表	小组成员分工不明确，任务分配不合理，无小组分工职责明细表			

续表

评价项目	评价内容及评价分值			自评	互评	教师点评
获取与项目有关质量、市场、环保等内容的信息	优秀（12～15 分）	良好（9～11 分）	继续努力（9 分以下）			
	能使用适当的搜索引擎从网络等多种渠道获取信息，并合理地选择、使用信息	能从网络获取信息，并较合理地选择、使用信息	能从网络或其他渠道获取信息，但信息选择不正确，信息使用不恰当			
实操技能操作	优秀（24～30 分）	良好（18～23 分）	继续努力(18 分以下)			
	能按技能目标要求规范完成每项检修任务，能准确运用各种检测方法检修故障，并掌握检修原理	能按技能目标要求规范完成每项检修任务，但检修方法不够恰当	能按技能目标要求完成基本任务，但规范性不够。运用方法不够灵活			
基本知识分析讨论	优秀（16～20 分）	良好（12～15 分）	继续努力（12 分以下）			
	讨论热烈、各抒己见，概念准确、原理思路清晰、理解透彻，逻辑性强，并有自己的见解	讨论没有间断、各抒己见，分析有理有据，思路基本清晰	讨论能够展开，分析有间断，思路不清晰，理解不透彻			
成果展示	优秀（16～20 分）	良好（12～15 分）	继续努力（12 分以下）			
	能很好地理解项目的任务要求，成果展示逻辑性强	能较好地理解项目的任务要求，成果展示逻辑性较强	基本理解项目的任务要求，但效果不够理想			
总分						

第二篇　电子技能基本功综合训练

第一篇中介绍了电子技能的一些基本功。要掌握这些基本功，读者必须进行大量的、认真的练习。学习之后读者可自行装配几种简单有趣的实用电子设备，以巩固前一阶段的学习成果，进一步体会电子技能基本功。

项目8　印制板的手工制作

项目情景创设

在电子产品样机尚未设计定型的试验阶段，或当电子技术爱好者进行业余制作的时候，经常只需要制作一两块板进行测试或者组装，这样往往需要手工制作印制板。因此，掌握业余条件下手工制作印制板是必要的。图8-1所示是手工制作的可调稳压电源的印制电路板。本项目将学习电路板的手工制作方法。

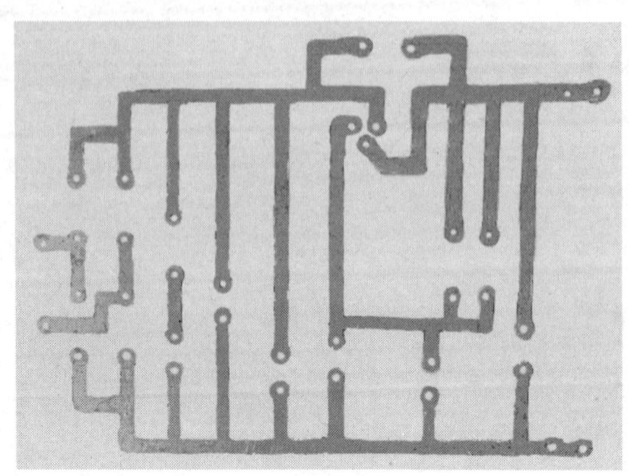

图8-1　手工制作印制电路板

项目教学目标

	项目教学目标	学时	教学方式
技能目标	① 熟悉印制电路板的手工制作过程和工艺要求 ② 学会自制单面印制电路板 ③ 初步掌握原理图元件、节点、电源及地的放置、属性的设置及连线 ④ 熟悉单管和多管放大电路原理图的绘制	4 课时	教师演示，学生实际操作；分组学习，以小组为单位进行活动 重点：描图、腐蚀、除漆、钻孔 教师指导、答疑
知识目标	① 了解电路板的知识 ② 熟悉原理图设计的流程和基本原则	2 课时	教师讲授、自主探究
情感目标	激发学生对电子制作的兴趣，培养信息素养、团队意识	课余时间	网络查询、小组讨论、相互协作

项目任务分析

通过本项目印制板手工制作的学习，主要掌握以下基本技能和基本知识。

（1）熟悉单面印制板的手工制作过程。

（2）了解制作过程中每一步骤的制作要点。

（3）掌握印制板设计时的注意事项。

项目基本功

8.1　项目基本技能

任务1　单面印制电路板的人工制作过程

虽然单面印制电路板的人工制作工艺十分复杂，但还是有章可循的，其工艺流程可概括为：

绘图→裁板→打磨→描图→涂漆→腐蚀→除漆→钻孔→涂层

单面印制电路板的人工制作过程及要领如表8-1所示。

表8-1　人工制作印制电路板的过程

操作步骤	项目	制 作 要 领	说　明
1	绘图	① 取一张大小适宜的绘图纸（坐标纸）放在泡沫板上 ② 按元器件布局和印制电路板布线要求进行布局和布线	利用直尺、三角板等工具在绘图纸上将电路图转化为印制电路图。必须多次比较、调整和修改线路位置，才能达到理想的设计效果

续表

操作步骤	项目	制作要领	说明
2	裁板	① 根据电路设计要求选择不同类型的敷铜板 ② 将敷铜板与绘图纸按 1:1 的比例，用小刀沿直尺刻划或用钢锯条切割裁定	常用敷铜板有两种： ① 酚醛敷铜板，呈黑黄色或淡黄色。机械强度不够，绝缘电阻较低，高频损耗较大，但价格便宜。一般应用在中低频电路等场合 ② 环氧酚醛玻璃布敷铜板，呈淡黄色或淡绿色。机械强度较高，绝缘电阻较大，高频损耗较小，但价格较高。一般应用于高频电路等场合
3	打磨	① 用细砂纸轻轻打磨裁剪板的金属面，使其露出金属本色 ② 用橡皮将金属表面擦干净	
4	描图	① 用夹子将已设计好的绘图纸、复写纸和打磨干净的敷铜板按一定层次夹在一起 ② 用笔描绘图纸上的印制电路图样，使之正确复写在敷铜板上	装置顺序： 绘图纸（上） ↓ 复写纸（中） ↓ 敷铜板（下）
5	涂漆	用毛笔或蘸水笔沾上油漆，耐心地依次从上至下、从左至右描绘敷铜板上已复写好了的电路图	若拖不开笔，可在油漆中加入少许无水酒精稀释。在描绘过程中，若电路出现毛刺、凸点或粗细不均匀，可用棉签的棉球部位蘸上无水酒精进行修改
6	腐蚀	① 配置腐蚀溶液 ② 腐蚀。待印制电路板上的油漆干后，将它完全浸入溶液中进行腐蚀	将一定量的固体三氯化铁按 100g 与 200ml 水的比例倒在瓷盘中搅拌，制成三氯化铁腐蚀溶液 加快腐蚀的方法有：① 增加三氯化铁的浓度；② 提高三氯化铁溶液的温度，但不得超过 65℃；③ 适当加速对印制电路板的搅拌和晃动 在腐蚀过程中，要每隔一段时间用镊子将被腐蚀印制电路板从三氯化铁溶液中取出，查看腐蚀情况，以防油漆覆盖的金属被腐蚀掉。待印制电路板中没有油漆覆盖的金属部分完全腐蚀掉后，将其从三氯化铁溶液中取出，用清水反复冲洗，再用洁净的干布擦干
7	除漆	① 用小刀或细砂纸除掉印制电路板上的油漆 ② 用小刀修饰导线边缘	用小刀对线路中的花边、毛刺等做一定的修改，使之达到设计要求

续表

操作步骤	项目	制作要领	说　　明
8	钻孔	① 冲眼 ② 钻孔	将冲子的尖部与焊盘中心垂直接触，用铁锤轻轻敲击冲子顶端在焊盘上打眼 根据元器件大小、引脚粗细选择合适直径钻头，将钻头装在手枪钻上。将钻头的尖部垂直对准焊盘上的小眼，通电钻孔。一般电阻、电容和三极管可选择直径为1mm的钻头
9	涂层	① 配制松香水 ② 涂层	将松香碾成粉末，溶解于2～3倍的无水酒精中，配制成松香水 用干净的毛笔或小刷子蘸上松香水，均匀地在印制电路板上金属部分涂一层，晾干使之结硬。结硬的松香既可以防止印制电路板上的金属发生氧化，还有助于元器件在焊盘上的焊接，起到助焊的作用

通过网络了解更多的"涂漆"、"腐蚀"、"除漆"的方法。

在实际制作单面印制电路板的人工制作过程中，根据实际要求和条件，可以适当将上述制作过程进行简化，表8-2所示为手工制作电路板的简化过程。

表8-2　　手工制作电路板的简化过程

步骤	内容	图　示	步骤	内容	图　示
1	描图、裁剪电路板	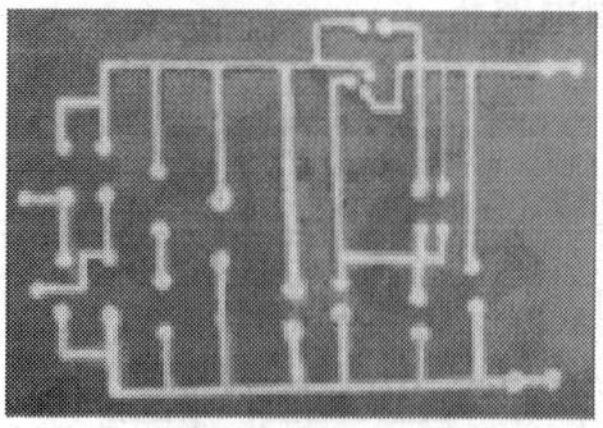	4	除去防腐蚀涂层	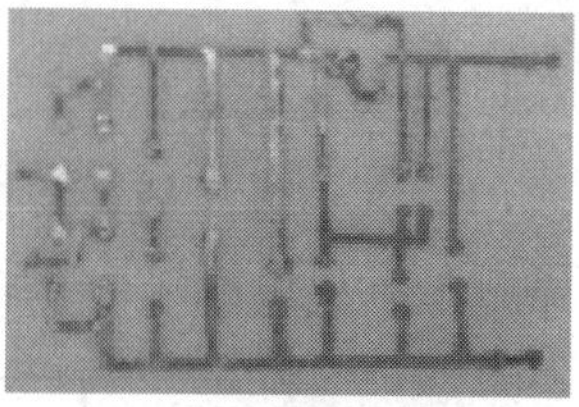
2	腐蚀电路板	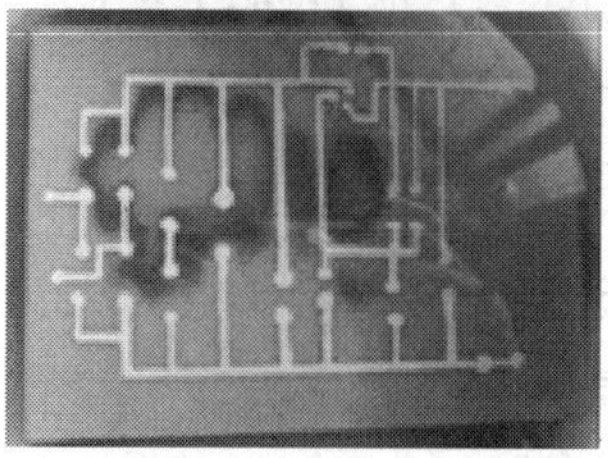	5	钻孔	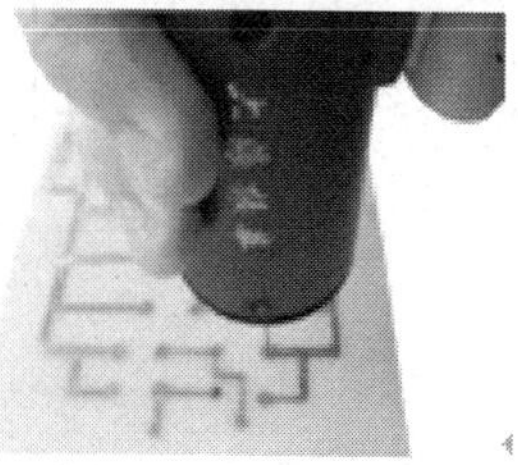
3	去掉腐蚀液，晾干电路板	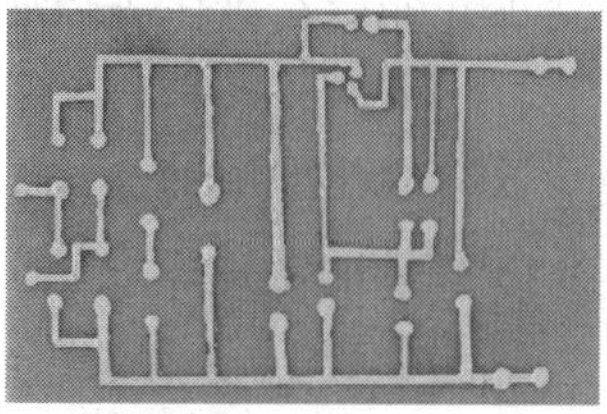	6	涂层	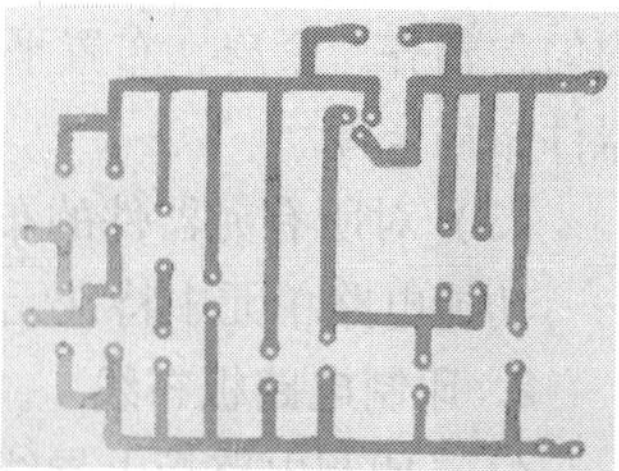

8.2 项目基本知识

知识点1 设计印制电路板时的注意事项

印制电路板由绝缘材料和黏附在其上的导线图形组成，简称为电路板，英文缩写为PCB。印制线路图是指印制电路板上的导线图形。印制电路板按结构可分为以下3种类型。

单面板：绝缘板上只有一面有导线图形的印制板，如图8-2（a）所示。

双面板：绝缘板上两面都有导线图形的印制板，如图8-2（b）所示。

多层板：绝缘板上有两层以上导线图形的印制板，如图8-2（c）所示。

印制电路板通过绝缘板上的导线将各自独立的电子元器件按一定关系进行连接。印制电路板按制作可分为机器制板（丝网印制等）和人工制板两种方式，其设计和制作会直接影响到产品的质量。本知识点将介绍印制电路板人工制作的基本过程和工艺要求。

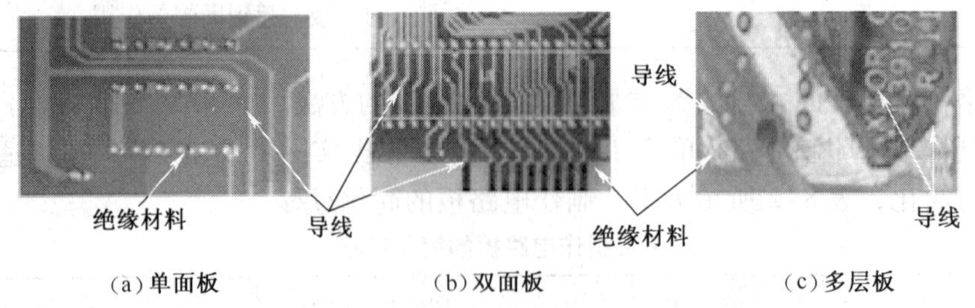

图8-2 印制电路板

1. 元器件布局

（1）元器件布局通常按照信号的流程逐个安排各个功能电路单元的位置，以便于信号流通并使其尽可能保持一致的方向，如图8-3所示（箭头表示信号流向）。

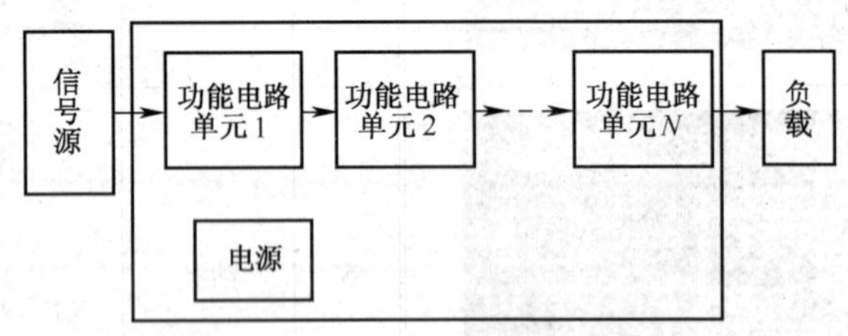

图8-3 信号流程图

（2）围绕每个功能电路单元核心元器件为中心进行布局时，印制板上的元器件排列应均匀、整齐、紧凑，布置平行或垂直，可以通过减少和缩短各模块之间的引线和连接线使元器件布局合理。

（3）对所有元器件的布局安排应考虑到安装、焊接、调试和维修的方便。

功能电路单元中特殊元器件的布局应遵循表8-3所示的特殊要求。

2. 印制电路板布线

（1）印制电路板上导线的最小宽度由印制电路与绝缘基板间的黏附强度和流过它们的

表 8-3　　特殊元器件的布局

序号	特殊要求	举例说明
1	在高频电路中，易受干扰的元器件应远离干扰源	输入和输出元器件应尽量远离
2	某些元器件和导线之间可能会存在较高的电位差，应加大它们的距离以避免放电击穿而引起短路	高压元器件与弱电元器件分开
3	可调节元器件布局时应放置在适当位置	音量电位器通常设计在板的边缘
4	笨重的元器件一般布局在印制电路板的边缘位置上，并由支架或卡具加以固定	开关变压器通常固定在板的边缘
5	对发热量大的元器件应考虑加装散热板，必要时单独放置；不耐热元器件应远离发热元器件	大功率三极管加装散热片；热敏元器件应远离发热元器件

电流值决定。常用印制电路的宽度有 0.5mm、1.0mm 和 1.5mm 等几种。分立元器件电路印制电路宽度通常在 1.5～2.0mm，完全符合电路设计要求，但集成电路、数字电路印制电路宽度可达到 0.2～0.3mm。电源线和公共地线在布线允许条件下宽度应大于 3mm。印制电路允许通过的电流和线路宽度的关系如表 8-4 所示。

表 8-4　　印制导线的宽度规格与允许电流

印制导线宽度（mm）	0.5	1.0	1.5	2.0
允许电流（A）	0.8	1.0	1.5	1.9

（2）每两条印制电路的最小间距主要由它们之间的绝缘电阻和击穿电压决定。印制电路间距越大，相互之间绝缘电阻就越大，可承受的电压就越高。一般间距在 1～1.5mm 就完全可以满足大多数电路的设计要求。对集成电路尤其是数字电路来说，由于它们的工作电压都很低，因此只要工艺允许，其印制电路间距都可以很小，如图 8-4 所示。

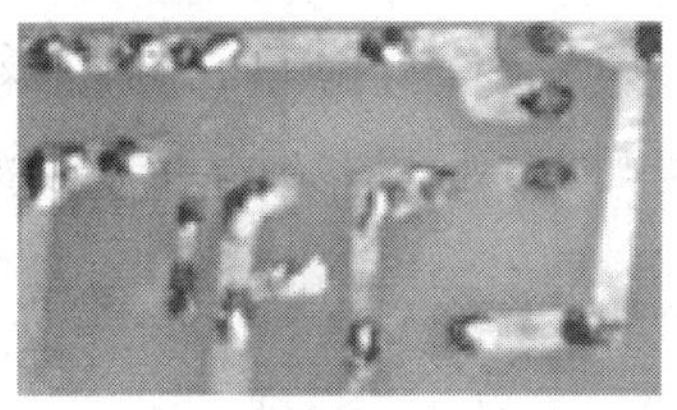

（a）人工制板

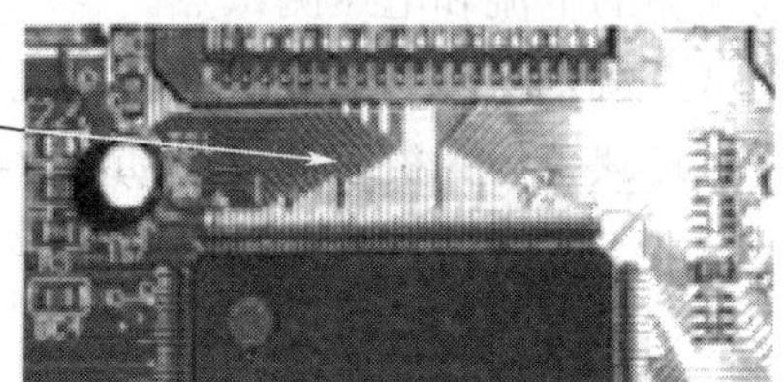

（b）机器制板

图 8-4　人工制板和机器制板的线路间距

在具体布线过程中，由于受电子元器件个性、功能电路单元关联性的影响，同时考虑到电路设计上存在的一些具体要求，印制电路的布线还应遵循其他特殊要求。

① 布线的距离。布线应考虑不同元器件之间的距离，彼此不可靠得太近，以免各元器件金属部分相碰而造成短路现象，给安装和维修带来困难。如图 8-5 所示，A 点处中周与电

阻、B点处电阻与三极管和C点处电阻与电阻金属相碰易引起短路故障。

图 8-5　布线应考虑不同元器件之间的距离

② 布线时应避免长距离平行走线。在走线过程中，遇转弯时应尽量采用45°折线布线而少用90°折线布线。元器件引脚线要尽量短。如图 8-6 所示，A 处折线正确，B 处折线需要改进，C 处引脚线很短。

③ 桥接线。布线出现走线交叉时，为防止走线兜圈，原则上应对交叉线中的一根导线进行零欧姆电阻桥接，有时也用零欧姆的金属导线代替。如图 8-7 所示，A、B 两点间的桥接为金属导线。

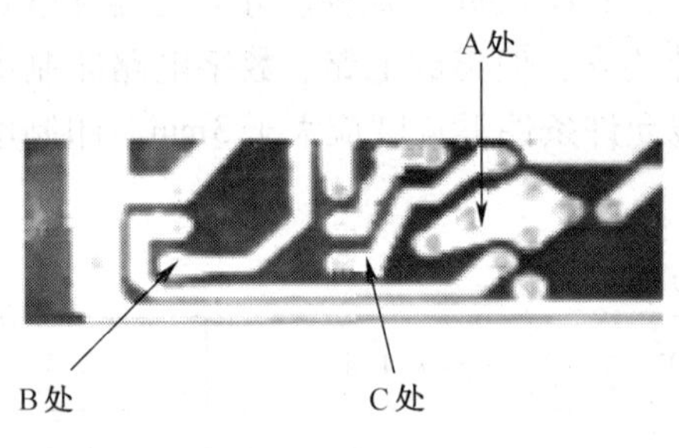

图 8-6　布线时应避免长距离平行走线

金属导线

图 8-7　布线时防止出现走线交叉

焊盘宽度一般为 0.5～1.5mm。圆环直径比元器件引线直径大 0.2～0.3mm，便于打孔和安装元器件。

④ 电流和电压测试点。为使电路正常工作和方便测试维修，通常在重要部位的印制电路上设置需检测的电流和电压测试点。

电流测试点就是在印制电路关键点的焊盘附近部位设计的一个缺口。它平时被焊锡覆盖，需测量时将缺口焊锡烫开即可。如图 8-8 所示，要测量 VT_3 三极管集电极电流 I_C，在

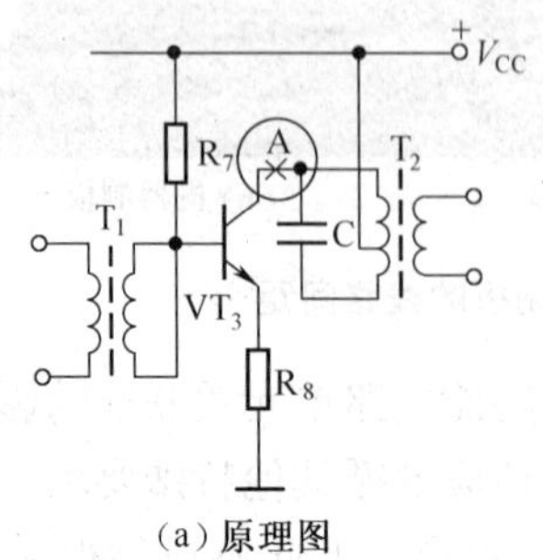

(a) 原理图

(b) 实物图

图 8-8　电流测试点

没有缺口的条件下，通常是用小刀在 A 处切割线路，然后在 A 缺口处串入万用表进行测量。这样必然对印制电路造成一定的损伤，为避免这一问题发生，在设计印制板时应先对重要电路加以考虑。如图 8-9 所示，A、B、C 分别为缺口，以便于调试和维修。

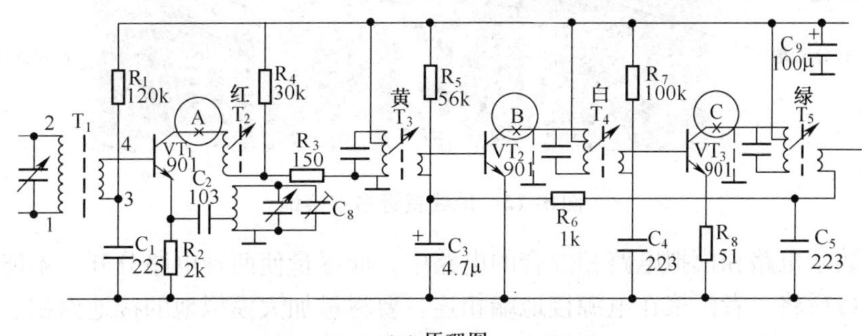

(a) 原理图

(b) 实物图

图 8-9　测试点位置

电压测试点就是在印制电路关键点上设计安装的一个长 10～20mm 的金属棒。其目的是为了便于测量电路中对应点的电压和电压波形，如图 8-10 所示。

⑤ 应重视地线的设计。地线对控制干扰起着很重要的作用，如果电路中传输信号的工作频率小于 1MHz，则应采用一点接地的形式。如图 8-11 所示，B、C 线均为地线，它们都接在单点地 A 上。

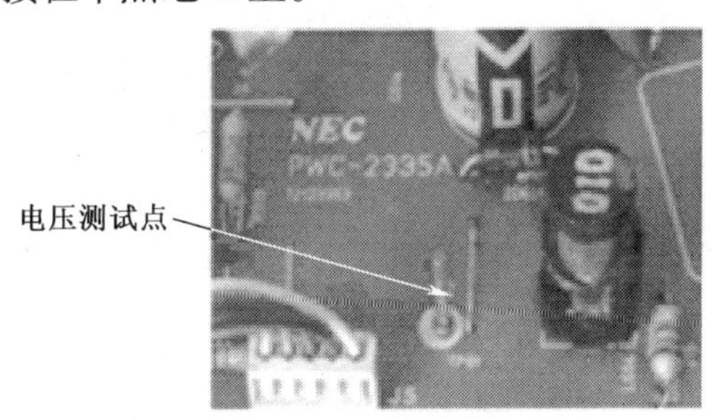

图 8-10　电压测试点

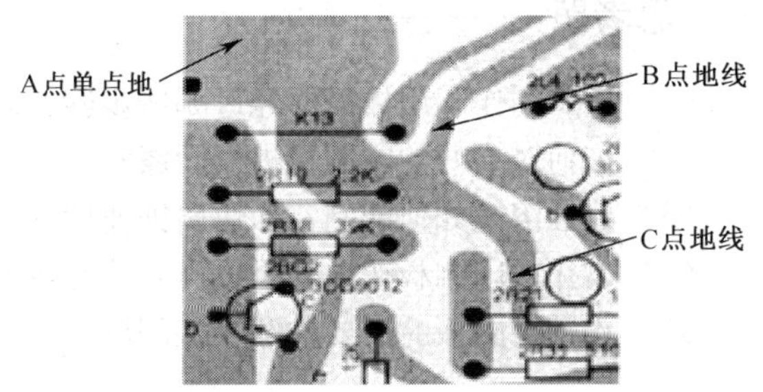

图 8-11　地线一点接地

如果电路中传输信号的工作频率大于 1MHz 时，则应采用就近多点接地的形式。如图 8-12所示，B、C 分支地接在 A 点地上，而 D、E、F 分支地又接在 B 分支地上。此种接地形式广泛应用于电路设计之中。

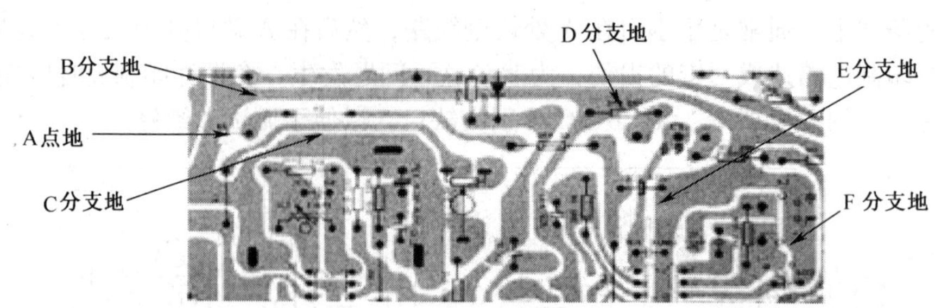

图 8-12 地线就近多点接地

如果在数字电路和模拟电路相混合的电路中，应尽量使两种电路分开，不能混淆数字地和模拟地，最后将二者汇聚在电源接地端相连。要尽量加大模拟地的接地面积。

如果只有数字电路组成地线系统时，则应将地线设计成闭合环路，这可以提高电路的抗噪声能力。

3. 焊盘的形状和尺寸

焊盘是一个与印制导线连接的圆环，通过它可以实现元器件之间的互连，如图 8-13 所示。其形状有岛形和圆形两种，如图 8-14 所示。

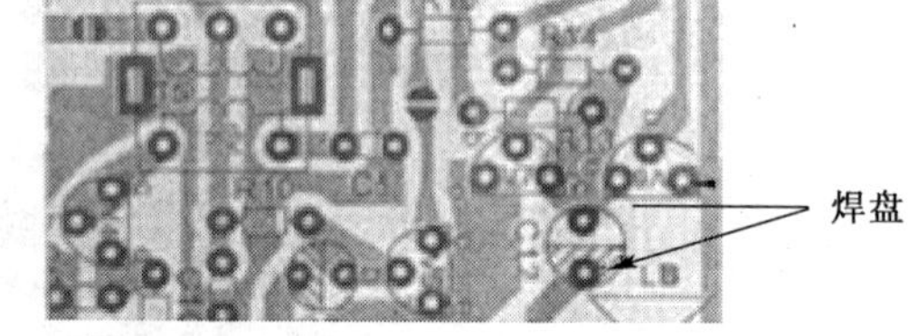

图 8-13 焊盘实物图

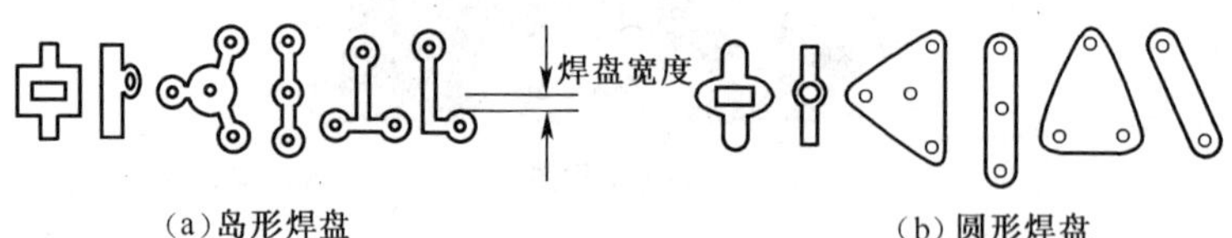

(a)岛形焊盘 (b) 圆形焊盘

图 8-14 焊盘的形状

项目学习评价

一、思考题

(1) 手工制作印制板需要经过哪些步骤?

(2) 如何对描好的印制板进行涂漆?

(3) 腐蚀溶液如何配制? 加快腐蚀速度的方法有哪些?

(4) 常用的印制板按导电层分类有哪几种?

(5) 设计线路板时需要注意哪些问题?

二、技能训练

分组进行下列技能训练。

(1) 给每位组员发一块大小合适的覆铜板，腐蚀出自己的“姓名”，熟悉腐蚀电路板的过程，并留作纪念。

（2）将原理图过渡到印制电路图。

通过识读并临摹图8-15（a）~图8-15（e）所示流程图，熟悉从原理图过渡到印制电路图的过程，并领会绘图要领。

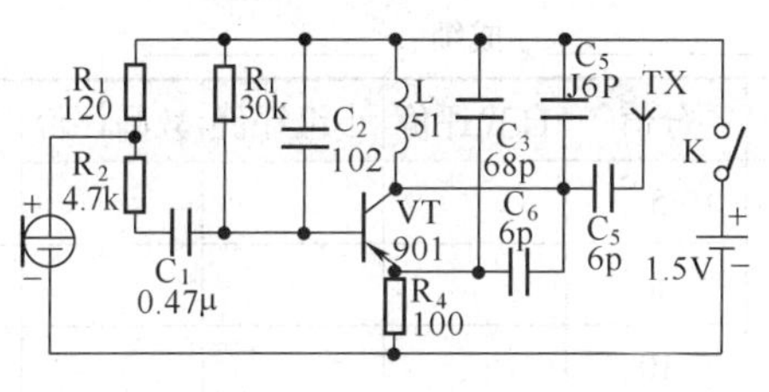

（a）原理图

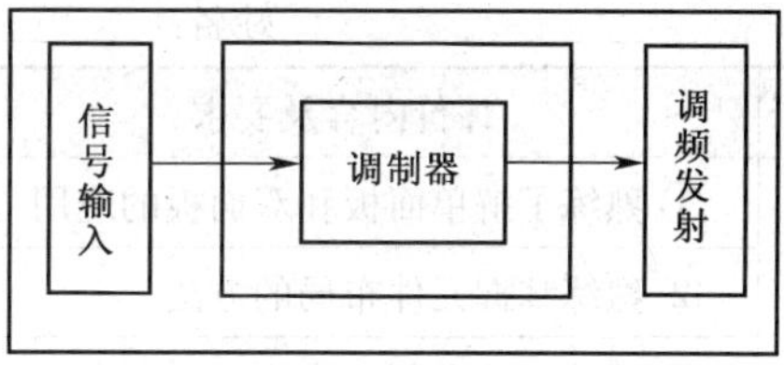

（b）功能电路单元图

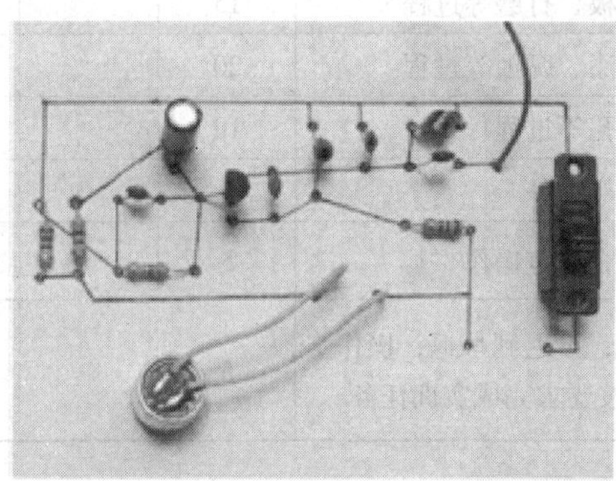

（c）印制板上元器件初始布局和布线图

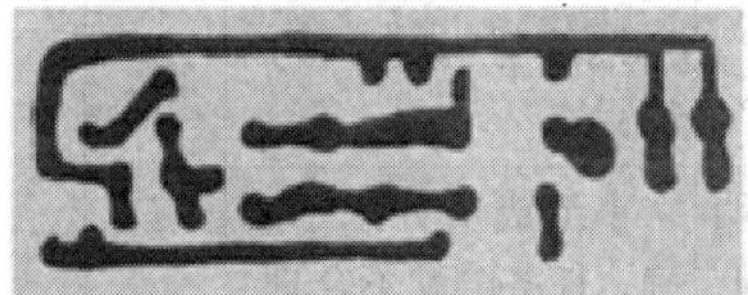

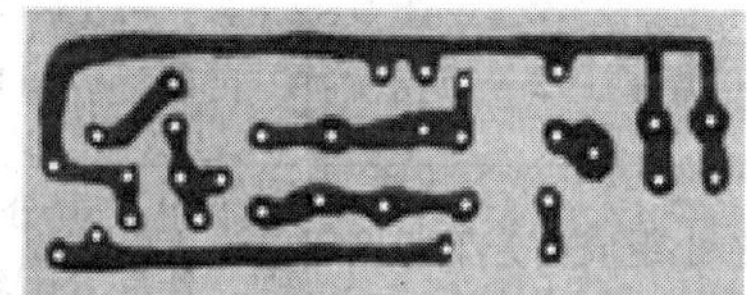

（d）印制板腐蚀、钻孔图

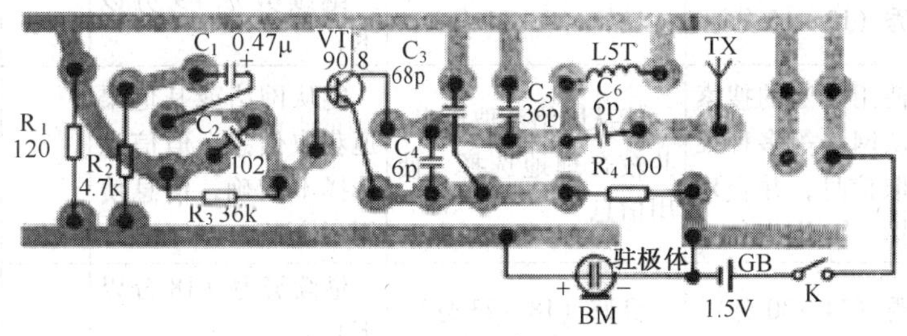

（e）印制电路板装配图

图8-15　原理图过渡到印制板电路图的过程

三、项目评价评分表

1. 个人知识和技能评价表

班级：__________ 姓名：__________ 成绩：__________

评价方面	评价内容及要求	分值	自我评价	小组评价	教师评价	得分
项目知识内容	① 熟练了解单面板和双面板的应用	5				
	② 熟练掌握元件布局的方法	5				
	③ 熟练理解印制板布线原则	10				
	④ 熟练掌握焊盘的设计形状和尺寸要求	10				
项目技能内容	① 熟练掌握印制板手工制作的过程	10				
	② 熟练绘图、剪板、打磨等过程	15				
	③ 熟练描图、涂漆、腐蚀等过程	20				
	④ 熟练除漆、钻孔等过程	10				
	⑤ 熟练涂层过程	5				
安全文明生产和职业素质培养	① 熟练安全用电，规范操作	5				
	② 熟练文明操作，不迟到早退，操作工位卫生良好，按时按要求完成实训任务	5				

2. 小组学习活动评价表

班级：__________ 小组编号：__________ 成绩：__________

评价项目	评价内容及评价分值			自评	互评	教师点评
分工合作	优秀（12～15 分）	良好（9～11 分）	继续努力（9 分以下）			
	小组成员分工明确，任务分配合理，有小组分工职责明细表	小组成员分工较明确，任务分配较合理，有小组分工职责明细表	小组成员分工不明确，任务分配不合理，无小组分工职责明细表			
获取与项目有关质量、市场、环保等内容的信息	优秀（12～15 分）	良好（9～11 分）	继续努力（9 分以下）			
	能使用适当的搜索引擎从网络等多种渠道获取信息，并合理地选择、使用信息	能从网络获取信息，并较合理地选择、使用信息	能从网络或其他渠道获取信息，但信息选择不正确，信息使用不恰当			
实操技能操作	优秀（24～30 分）	良好（18～23 分）	继续努力（18 分以下）			
	能按技能目标要求规范完成每项实操任务，能准确说明每步操作要领	能按技能目标要求规范完成每项实操任务，但对操作要领不够清晰	能按技能目标要求完成每项实操任务，但操作存在问题，要领掌握不够			

续表

评价项目	评价内容及评价分值			自评	互评	教师点评
基本知识分析讨论	优秀（16～20 分）	良好（12～15 分）	继续努力（12 分以下）			
	讨论热烈、各抒己见，概念准确、原理思路清晰、理解透彻，逻辑性强，并有自己的见解	讨论没有间断、各抒己见，分析有理有据，思路基本清晰	讨论能够展开，分析有间断，思路不清晰，理解不透彻			
成果展示	优秀（16～20 分）	良好（12～15 分）	继续努力（12 分以下）			
	能很好地理解项目的任务要求，成功展示效果良好，思路清晰	能较好地理解项目的任务要求，成果展示较好，思路不太清晰	基本理解项目的任务要求，成果展示停留在制作印制板实物展示			
总分						

项目9 直流稳压电源的制作

项目情景创设

电源有交流电源和直流电源。在日常生活中，很多用电器通常由直流电源供电，如电视机内部电路供电、手机电路供电等。电子设备中也常通过一定的电路将交流电转化为直流电。本项目通过直流稳压电源的制作，来介绍直流稳压电源电路图的识读、一般检测方法和常见故障处理方法。图9-1所示为制作完毕的稳压电源内部图。

图9-1 制作完毕的稳压电源

项目教学目标

项目教学目标		学时	教学方式
技能目标	① 正确识读直流稳压电源电路图 ② 熟悉直流稳压电路元器件的检测方法 ③ 了解直流稳压电源的制作步骤和注意事项 ④ 熟悉直流稳压电源的检测和故障处理方法	4课时	教师安装演示，学生实际操作 分组学习，以小组为单位进行活动 重点：变压器初级、次级的判断，元器件的插装，焊接工艺，稳压电源的检测和故障检修 教师指导、答疑
知识目标	① 掌握直流稳压电源的工作原理 ② 了解整流滤波电路的作用 ③ 了解78、79系列，317、337系列稳压块的应用	2课时	教师讲授、自主探究
情感目标	激发学生对电子制作的学习兴趣，培养信息素养、团队意识	课余时间	网络查询、小组讨论、相互协作

项目任务分析

本项目通过直流稳压电源的制作，主要掌握以下基本技能和基本知识。

（1）能识读直流稳压电源电路图，并掌握其工作原理。

（2）能正确识别和检查直流稳压电源中的元器件。

（3）掌握直流稳压电源的制作过程和制作工艺。

（4）能对直流稳压电源进行检测和维修。

（5）了解串联型直流稳压电源的工作原理。

（6）了解集成稳压块的应用。

项目基本功

9.1　项目基本技能

任务 1　直流稳压电源原理图的识读方法

1. 直流稳压电源整机电路图

直流稳压电源原理图如图 9-2 所示。

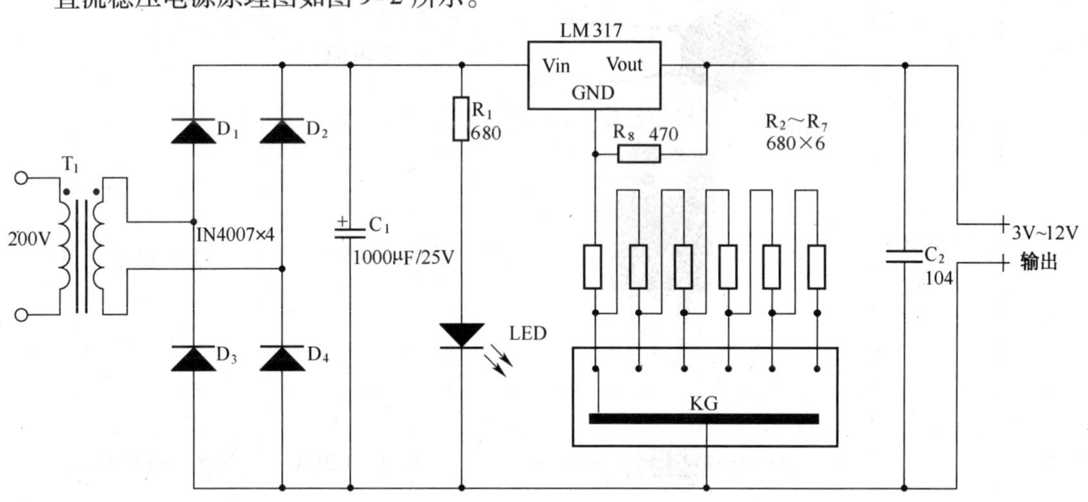

图 9-2　直流稳压电源原理图

2. 电路工作原理

220V 的交流电 u_1 加到变压器初级，经过变压器 T_1 降压，从次级 u_2 输出 15V 的电压，经 D_1 ~ D_4 桥式整流和滤波电容 C_1 滤波后，变成 18 ~ 20V 的直流电压。此直流电压加在三端稳压器 LM317 的输入端 3 脚，从输出端 2 脚输出稳定的直流电压。改变调节电阻的阻值，可改变输出电压的大小。图 9-2 中 R_1 与 LED 构成直流电源指示电路，C_2 为滤波电容器。

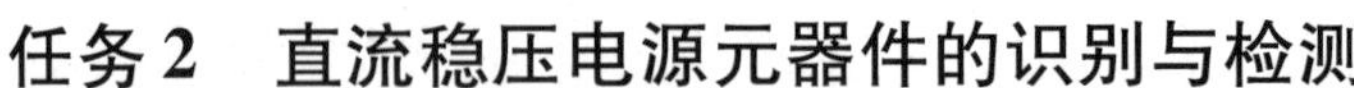

任务2 直流稳压电源元器件的识别与检测

1. 直流稳压电源元器件的识别

直流稳压电源包含的元器件不多，但每个元器件在电路中所起的作用各不相同，读者可对应图9-2和表9-1逐一进行识别。

表9-1 直流稳压电源元器件的功能

编号	元器件名称	实 物 图	参 数	元器件作用
T_1	变压器		220V/12V/5W	降压
$D_1 \sim D_4$	整流二极管		1N4007	将交流电转换成脉动直流电
C_1	电容器		1 000μF/25V	滤波（滤除脉动直流电中的交流成分，使其变成稳恒直流电）
C_2		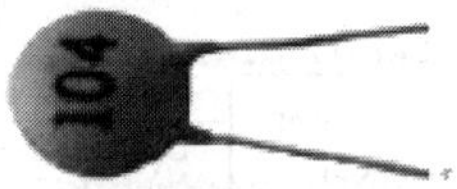	0.01μF	
LM317	三端稳压器		LM317	稳压
R_1	电阻器		680Ω/0.25W	发光二极管限流电阻
$R_2 \sim R_7$			680Ω/0.25W	调压电阻
R_8			470Ω/0.25W	分压电阻

续表

编号	元器件名称	实 物 图	参 数	元器件作用
KG	挡位开关			输出不同电压值
LED	发光二极管		$\phi 5$	电源指示灯

2. 直流稳压电源元器件的检测

在直流稳压电源中，重要的元器件有变压器、硅整流桥、三端稳压器和发光二极管等。下面分别介绍对它们的检测。

（1）变压器的检测

220V/12V/5W 变压器为降压变压器，其正常初级电阻约 1.4kΩ，次级电阻约 7.7Ω。变压器输入端、输出端的判别方法：由于电源变压器属于降压变压器，所以初级绕组匝数多、线号细，绕组阻值大，而次级绕组少，线号粗，所以绕组阻值小。用万用表电阻挡测量这类变压器初、次级电阻值，既可判断变压器的初级与次级，又可以判断变压器的好坏。

例如，当测定电阻值与正常电阻值接近时，说明变压器正常；当测定电阻值约为 0Ω 或 ∞ 时，说明变压器损坏。

（2）整流二极管检测

桥式整流电路由 4 个整流二极管 1N4007 构成，其整流二极管的检测方法参考项目 2 相关内容。

（3）LM317 三端稳压器的检测

判断 LM317 三端稳压器管脚的方法：将 LM317 管脚朝下，把标记有“LM317”的一面正对自己，从左边管脚开始依次是调整端、输出端和输入端，如图 9-3 所示。

判断 LM317 三端稳压器的好坏的检测方法如图 9-4 所示。

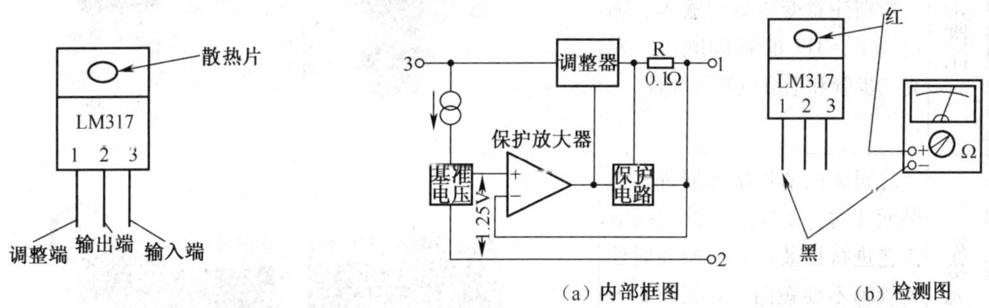

图 9-3　三端稳压器管脚排列图

图 9-4　LM317 三端稳压器的检测

将万用表拨至 R×1k 挡，红表笔接散热片（带小圆孔），黑表笔依次接 1、2、3 脚，检测的正确结果如表9-2所示。如果所测数据与表9-2中所示数据不同，说明LM317存在质量问题。

表9-2　　LM317引脚参数

引　脚	电 阻 值	说　明
1	24kΩ	调整端
2	0Ω	输出端
3	4kΩ	输入端

（4）发光二极管的检测

用万用表R×10k挡测量发光二极管两引脚间的电阻，如果万用表读数较小，发光二极管发光，说明黑表笔接的是发光二极管正极，红表笔接的是发光二极管负极，而且发光二极管是好的，否则发光二极管存在质量问题。

（5）电容器、电阻器和可变电阻器的检测（检测方法可参考前面相关章节的内容）

任务3　直流稳压电源的制作与故障检测

1. 直流稳压电源制作的步骤

直流稳压电源制作的步骤及注意事项如表9-3所示。

表9-3　　直流稳压电源制作的步骤及注意事项

制作步骤		制作要点及注意事项	图　示
1	清理电路板	除去印制板上的毛刺、氧化层，对照原理图、装配图检查有无短路、断路之处，如有则进行清理	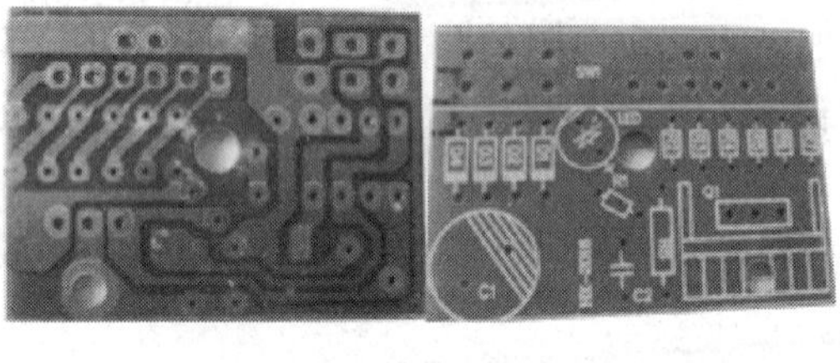
2	检测元器件	测量元器件好坏，并判断引脚序号，见本项目任务2 特别注意变压器的输入、输出端子，317的管脚顺序，发光二极管和电解电容的极性	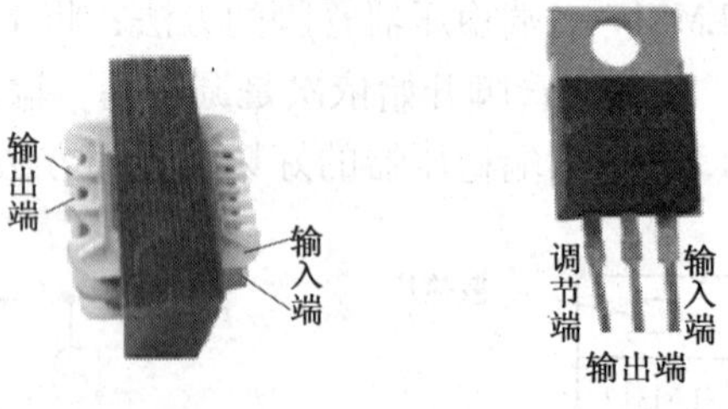 输出端　输入端　调节端　输出端　输入端
3	焊接元器件	对照装配图焊接元器件。插装元件时，要按照元件的插装工艺进行插装，立式插装时注意管脚不要短路。焊接时，要注意按照焊接工艺进行，不要出现漏焊、虚焊、假焊和连焊的现象	

续表

制作步骤		制作要点及注意事项	图　示
4	连接线路板和变压器	将变压器的输出端和线路板相连接。连接时要注意分清变压器的输入、输出端，千万不要接反。变压器的输出端引线一般是漆包线，焊接前要将线头的绝缘漆去掉再上锡，焊接引线尽量短	
5	连接输出导线	将输出的多功能引线连接到电路板上，注意保证焊接要牢靠，不要出现短接现象 将变压器的输入引线焊接到输入端上，注意焊接质量，不要将外壳塑料烫伤	
6	安装	将变压器、印制板依次装入电源盒中，将发光二极管对准电源盒上的小孔，合上盖子，拧紧螺钉，安装完成 螺钉的松紧度应恰到好处	

2. 直流稳压电源的检测

直流稳压电源安装完毕后要进行检查，主要过程如下。

（1）直观检查法检查

直流稳压电源安装完毕后，首先进行直观检查，根据原理图和线路板上的元件符号进行检查，查看元器件插装是否有误，包括元器件位置、电阻阻值、电容的容量和极性，二极管的极性等；查看元器件插装是否存在短路；进行焊接质量检查，查看焊点是否符合要求；查看变压器输入/输出端接线、稳压电源输出线接线位置是否正确等。如果发现有误，要及时进行更正。

（2）电阻测量法检查

首先通过检查稳压电源输入外接电阻的测量，来判断线路连接情况和变压器输入端是否有误，如果外接端子间的电阻为 1.4kΩ 左右，说明安装正确；如果电阻为 10Ω 左右，说明变压器输入、输出端接反；如果外接端子间电阻为无穷大，说明焊接存在虚焊或变压器初级绕组断路。用同样的方法检查直流稳压电源线路板的输入和输出电阻，确保电路没有短路、断路等故障。

(3) 电压检测法检查

用电压检测法检查过程如下。

① 直流稳压电源安装完毕后，经检查无误方可通电检测。

② 将万用表置于交流 50V 挡，测变压器次级电压，测量值应近似于变压器标称值 15V 左右。

③ 将万用表置于直流电压 50V 挡，测硅整流桥输出电压，即滤波电容两端电压（红表笔接滤波电容“+”极，黑表笔接滤波电容“-”极），测量值为 18~20V。

④ 将万用表置于直流电压 10V 挡，黑表笔接 LM317 的 1 脚，红表笔接 LM317 的 2 脚，万用表的读数应为 1.25V，并且不随外界条件的变化而变化。

⑤ 将万用表置于直流电压 50V 挡，黑表笔接地，红表笔接 LM317 的 2 脚，测试 LM317 的 2 脚电位的同时，调节输出转换开关，2 脚输出电压应在 3~12V 变化（不接负载时输出电压偏高），并且电源指示灯的发光二极管发光。

如果上述所有条件都满足，说明直流稳压电源制作成功。

3. 直流稳压电源常见故障检修

直流稳压电源能否正常工作与 220V 交流电的波动、所带负载的大小、选用电路元器件质量的好坏以及使用者的使用方法都有密切的联系。上述因素中任一方面的变化都可能使直流稳压电源产生故障。检查方法可参考电压检测法，常见故障如下。

(1) 稳压电源无输出电压。

将稳压电源插入 220V 交流源，无输出电压，按照电压检测法逐个检查对应点电压，较容易找到故障点。故障多为变压器初、次级绕组断路；输出引线断路；焊点脱焊等断路性故障，如检查均正常，试换稳压块 LM317，一般故障均能排除。

(2) 输出电压正常，发光二极管不亮，故障点为：限流电阻 R_1 开路、发光二极管损坏或接反。

(3) 输出电压含有交流成分偏多，故障点多为：某一个整流二极管开路或滤波电容失效。

(4) 直流稳压电源输出电压为最大值 14V 左右，并且不可调，原因可能有两种：LM317 击穿或输出转换开关接触不良。

(5) 输出电压只有 3V 左右，并且不可调，则 R_1 电阻开路或虚焊。

9.2 项目基本知识

知识点 1 串联稳压电路简介

在实际的电子电路中，通常都需要稳定的直流电供电，所以需要将交流电转换成稳定的直流电，串联稳压电路可以完成上述任务。

串联稳压电路主要由电源变压器、整流电路、滤波电路和稳压电路 4 部分构成，如图 9-5所示。

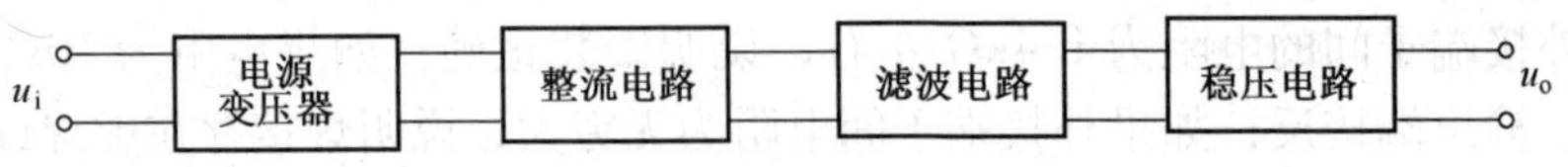

图 9-5 直流稳压电路方框图

各部分作用如下。

电源变压器：将市电 220V 交流电变成合适的低压交流电。

整流电路：利用二极管的单向导电性可以将交流电转化成脉动的直流电，而其中含有大量的交流成分。

滤波电路：利用电容的充放电可以滤除脉动直流电中的交流成分。

稳压电路：由于市电的波动、负载的变化，输出电压也会发生变化。稳压电路的作用是，当市电波动、负载变化时，输出电压保持基本不变。

1. 整流滤波电路

常见的整流电路有半波整流、全波整流和桥式整流 3 种。整流电路与电容滤波电路组合以后包括 3 种基本类型，如表 9-4 所示。

表 9-4　整流滤波电路的 3 种基本类型

类别 / 性能	半波整流电容滤波	全波整流电容滤波	桥式整流电容滤波
原理图	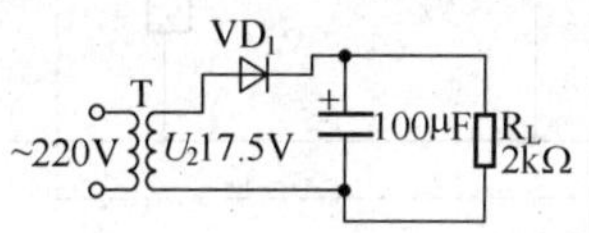 T, VD$_1$, ~220V, $U_2$17.5V, 100μF, R_L 2kΩ	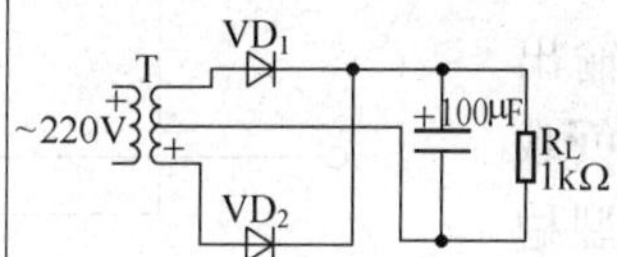 T, VD$_1$, VD$_2$, ~220V, 100μF, R_L 1kΩ	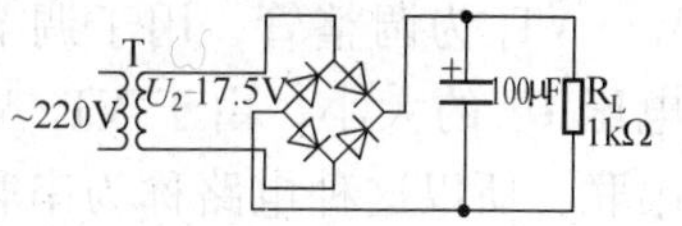 T, ~220V, U_2-17.5V, 100μF, R_L 1kΩ
不同 τ 值的充放电曲线 $\tau=R_L\cdot C$	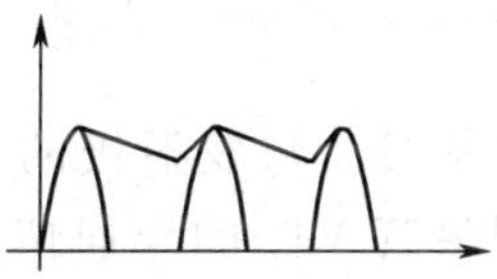		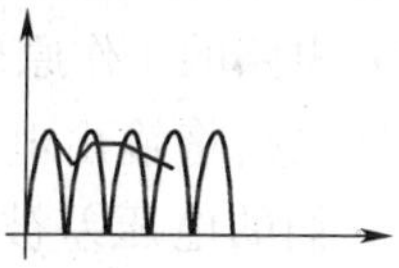
正常工作时的 U_o	$U_o=U_2=17.5V$	$U_o=(1.0\sim1.2)U_2=17.5\sim21V$	$U_o=(1.0\sim1.2)U_2=17.5\sim21V$
R_C 开路时的 U_o	$U_o=1.4U_2=1.4\times1.75V=24.5V$	$U_o=1.4U_2=24.5V$	$U_o=24.5V$
C 开路时的 U_o	$U_o=0.45U_2=7.8V$	$U_o=0.9U_2=15.7V$	$U_o=15.7V$

说明：电容的参数选择要兼顾两个方面，一是充放电时间常数 τ 的大小，二是电路接通时浪涌电流 I 的大小。单从滤波效果来看，电容越大，滤波效果越好，输出电压越高，但可能引起浪涌电流过大而损坏整流管。

下面以半波整流电容滤波电路为例，介绍整流滤波电路中电容容量的选择。

电容量的选择可由公式 $\tau=R_L\cdot C\geqslant(3\sim5)T$ 来计算，此处取 $\tau=R_L\cdot C=5\cdot T$，则 $C=5T/R_C=5\times0.02/1000F=100\mu F$。

该电容容量的选择是否合适，这需要进行验证。先计算浪涌电流 I 的大小，因为 $U_C = q/c$，而 $I = q/t$，故 $I = q/t = U_C \cdot C/t = 1.4U_2 \cdot C/T/4 = 4 \times 1.4C \cdot U_2/T = 4 \times 1.4 \times 100 \times 10^{-6} \times 17.5/0.02\text{A} = 0.49\text{A}$。可见，浪涌电流 I 不大，中功率的整流二极管可以承受，显然电容的选择是合适的。

在上例中，若电容容量增大10倍，即 C 取1mF是否合适呢？读者可自行计算验证。

2. 串联型稳压电路

市电经过电源变压器、整流电路、滤波电路后可以得到稳恒的直流电，但输出电压容易受到外界因素的改变而波动。为了能够输出稳定的电压，在整流滤波之后还需要加上稳压电路进行稳压。图9-6所示为可以调节的串联型稳压电路的原理图。

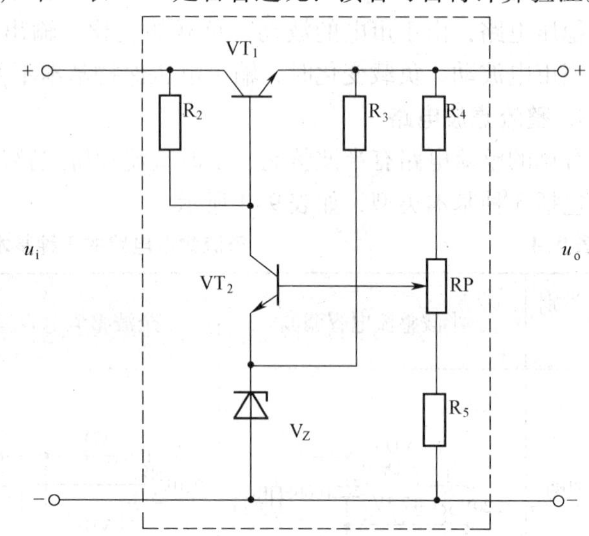

图9-6 输出可以调节的串联型稳压电路

(1) 电路元件的作用

VT_1 为调整管，用于调节输出电压 U_o 的大小，由于 VT_1 与负载串联，所以这种电路称为串联型稳压电源；V_Z 为基准电压，R_3 为 V_Z 提供合适的工作电流；R_4、RP、R_5 为取样电路；VT_2 为比较放大管，R_2 既是 VT_1 的偏置电阻，又是 VT_2 的集电极电阻。

(2) 电路的工作原理

取样电路将输出电压的波动加到比较放大管 VT_2 的基极，与发射极的基准电压相比较，它们的电压差被比较放大管 VT_2 放大后去控制调整管 VT_1 的导通情况，从而调节输出电压的变化。下面以外界环境改变使输出电压 U_o 升高为例，说明稳压电路的工作过程。

$$U_o\uparrow \rightarrow U_{b2}\uparrow \xrightarrow{U_{e2}\text{不变}} U_{c2}\ (U_{b1})\downarrow \xrightarrow{U_{e1}\ (U_o)\ \uparrow} U_{ce1}\uparrow$$

$$U_o\downarrow \leftarrow$$

(3) 输出电压的计算

输出电压 U_o 可以用下列计算公式计算

$$U_o = \frac{R_4 + RP + R_5}{RP_{下} + R_5}\left(U_{be2} + U_Z\right)$$

式中：$RP_{下}$ 表示电位器 RP 下面的电阻，U_{be2} 表示 VT_2 发射结电压，U_Z 表示稳压管的稳压值。

调节电位器的阻值可以改变输出电压的大小，如果不用电位器，仅用 R_4、R_5 分压，则变成输出电压固定的稳压电源。

知识点2　三端稳压器简介

随着半导体工艺的发展，稳压电路也实现了集成化。集成稳压器有多端式和三端式，以

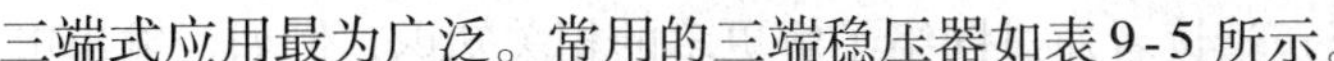

三端式应用最为广泛。常用的三端稳压器如表9-5所示。

表9-5　常用三端稳压器

种类	输出电压极性	输出电压值（V）	管脚说明	应用图示
三端固定稳压器	78**正电压（**表示输出电压，7805表示输出电压为+5V）	5、6、9、12、15、18、24	输入端 公共端 输出端	78** 1 2 3 C1 C2 C3
	79**负电压（**表示输出电压，7905表示输出电压为-5V）		公共端 输入端 输出端	79** 2 1 3 C1 C2 C3
三端可调稳压器	317输出正可调电压	输出电压可调	调节端 输出端 输入端	317 3 1 2 R1 RP
	337输出负可调电压	输出电压可调	调节端 输入端 输出端	T 337 1 2 3 $-U_i$ $-U_o$

317系列可调稳压器应用范围很广泛，电路特点是317的2端比1端电位高1.25V，并且两端电压不变，根据输出电压的要求，接在1端的可以是电位器（输出电压连续可调），也可以是分压电阻，但要根据输出电压的要求使分压电阻比例合适。如表9-5所示317应用图示中，输出电压为

$$U_o = \left(1 + \frac{RP}{R_1}\right)1.25\ (\text{V})$$

如果R_1阻值为120Ω，*RP*为1k电位器，则输出电压为1.25V（*RP*为0时）～12V（*RP*为1kΩ时）。再如R_1阻值为470Ω，*RP*为680Ω，输出电压为3.06V。

三端稳压器种类较多，应用广泛，请读者通过网络了解更多的相关知识，例如，输出电流的大小、输出最高电压（可调输出系列）等参数，拓展相应的知识面。

项目学习评价

一、思考题

（1）试根据三端稳压器输出电压的计算公式，计算出图 9-2 中转换开关在不同挡位时的输出电压，与输出标称电压加以比较。

（2）在图 9-2 中，如果转换开关接触不良，输出电压值会出现什么样的情况？

（3）直流稳压电源的组装经过哪几个步骤？

（4）串联型稳压电源由哪几部分组成？各起什么作用？

（5）如图 9-6 所示，如果 R_4 虚焊，输出电压 U_o 的电压是多少？

二、技能训练

将参加实训的同学分组（注意使各组的同学水平相当），进行下列训练。

（1）将实训元器件进行检测：要求记录测量数值和本组最后一名成员检测所用时间，然后进行评比。

（2）直流稳压电源的组装：记录各组的组装时间和成功率，以及经过检修后的成功率；再加上插装工艺和焊接工艺的得分，最后进行评比。（评比表需自行设计）

三、项目评价评分表

1. 个人知识和技能评价表

班级：________________ 姓名：________________ 成绩：__________

评价方面	评价内容及要求	分值	自我评价	小组评价	教师评价	得分
项目知识内容	① 了解直流稳压电源的组成及各部分作用	10				
	② 掌握整流滤波的种类及特点	5				
	③ 了解三端稳压器的相关知识	10				
项目技能内容	① 掌握直流稳压电源原理图的识读	10				
	② 掌握直流稳压电源的元件识别与检测	15				
	③ 掌握直流稳压电源的组装、检测	30				
	④ 掌握直流稳压电源的检修	10				
安全文明生产和职业素质培养	① 安全用电，规范操作	5				
	② 文明操作，不迟到早退，操作工位卫生良好，按时按要求完成实训任务	5				

2. 小组学习活动评价表

班级：＿＿＿＿＿＿＿＿＿＿　小组编号：＿＿＿＿＿＿＿＿＿＿　成绩：＿＿＿＿＿＿＿

评价项目	评价内容及评价分值			自评	互评	教师点评
分工合作	优秀（12 ~ 15 分）	良好（9 ~ 11 分）	继续努力（9 分以下）			
	小组成员分工明确，任务分配合理，有小组分工职责明细表	小组成员分工较明确，任务分配较合理，有小组分工职责明细表	小组成员分工不明确，任务分配不合理，无小组分工职责明细表			
获取与项目有关质量、市场、环保等内容的信息	优秀（12 ~ 15 分）	良好（9 ~ 11 分）	继续努力（9 分以下）			
	能使用适当的搜索引擎从网络等多种渠道获取信息，并合理地选择、使用信息	能从网络获取信息，并较合理地选择、使用信息	能从网络或其他渠道获取信息，但信息选择不正确，信息使用不恰当			
实操技能操作	优秀（24 ~ 30 分）	良好（18 ~ 23 分）	继续努力（18 分以下）			
	能按技能目标要求规范完成每项实操任务，能准确说明每步操作要领	能按技能目标要求规范完成每项实操任务，但对操作要领不够清晰	能按技能目标要求完成每项实操任务，但操作存在问题，要领掌握不够			
基本知识分析讨论	优秀（16 ~ 20 分）	良好（12 ~ 15 分）	继续努力（12 分以下）			
	讨论热烈、各抒己见，概念准确、原理思路清晰、理解透彻，逻辑性强，并有自己的见解	讨论没有间断、各抒己见，分析有理有据，思路基本清晰	讨论能够展开，分析有间断，思路不清晰，理解不透彻			
成果展示	优秀（16 ~ 20 分）	良好（12 ~ 15 分）	继续努力（12 分以下）			
	能很好地理解项目的任务要求，成功展示效果良好，思路清晰	能较好地理解项目的任务要求，成果展示较好，思路不太清晰	基本理解项目的任务要求，成果展示停留在制作稳压电源实物展示			
总分						

项目 10 功放电路的制作

项目情景创设

在电子设备中，有时需要放大信号的功率，使信号具有足够的功率去控制或驱动一些设备工作。例如，控制电动机的转动，驱动扬声器使之发声等，凡用作放大信号功率的放大器称为功率放大器，简称功放。图 10-1 所示为单声道音频功率放大电路。本项目将学习功放电路的制作过程和相关知识。

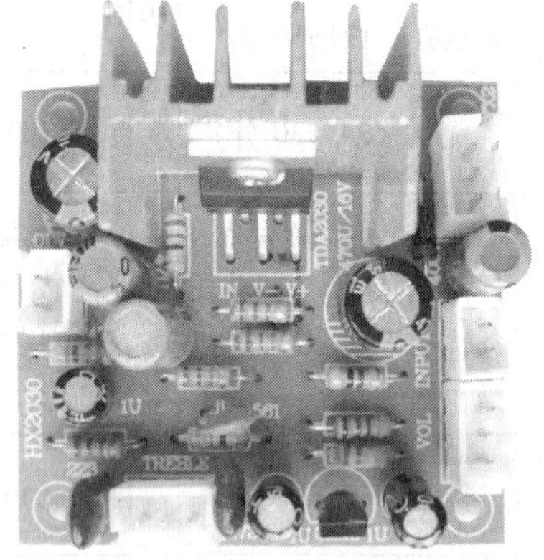

图 10-1 单声道音频功率放大电路

项目教学目标

项目教学目标		学时	教学方式
技能目标	① 进一步掌握元件的插装工艺 ② 掌握接插件的插装安装工艺 ③ 学习散热片的安装工艺 ④ 功放电路的检测、维修方法	4 课时	教师演示，学生实际操作；分组学习，以小组为单位进行活动 重点：元件插装工艺、接插件的安装、散热片的安装和功放电路的检修训练 教师指导、答疑
知识目标	① 了解功率放大电路的分类，OTL、OCL 电路的工作原理 ② 了解 TDA2030 的应用	3 课时	教师讲授、自主探究
情感目标	激发学生对 OTL、OCL 电路制作的兴趣，培养信息素养	课余时间	网络查询、相互协作

项目任务分析

本项目通过功率放大器的制作，主要掌握以下基本技能和基本知识。

（1）能识读由 TDA2030 构成的功率放大器电路图，并掌握其工作原理。

（2）能正确识别和检查功率放大器中的元器件。

（3）掌握功率放大器的制作过程和制作工艺。

（4）能对功率放大器进行检测和维修。

（5）了解功率放大器的任务和工作特点。

（6）掌握 OTL 电路和 OCL 电路的工作原理。

（7）了解 TDA2030 的基本特点。

项目基本功

10.1　项目基本技能

任务 1　功率放大器电路原理图的识读

1. 功率放大器电路原理图

需要制作的功率放大器电路原理图如图 10-2 所示。

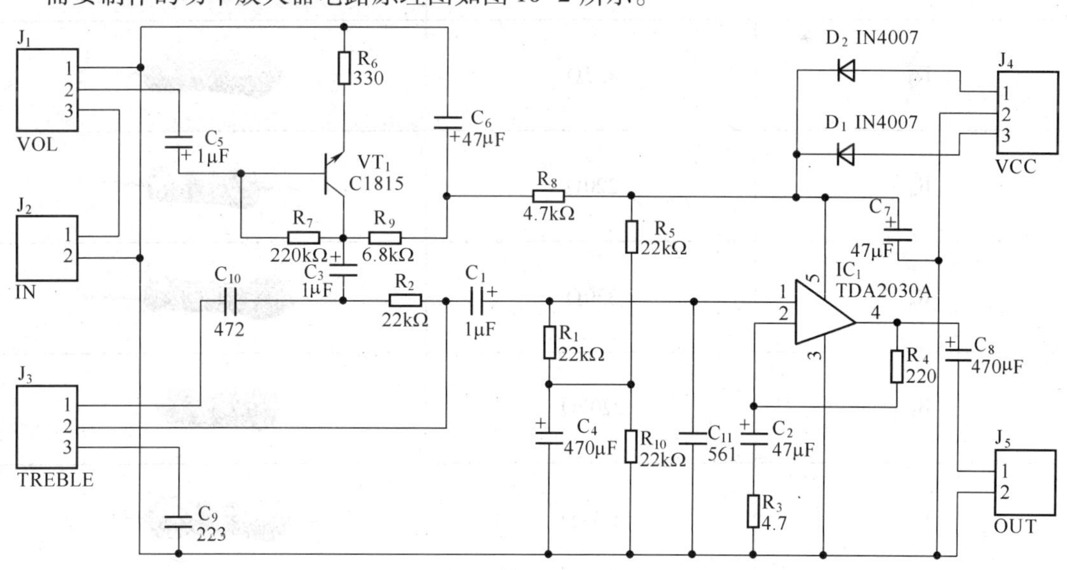

图 10-2　功率放大器原理图

2. 功率放大器的信号流程和主要元器件作用

（1）信号流程

音频信号由 J_2 插孔输入，经过由 J_1 外接电位器调节输入信号的大小，由 C_5 将信号输入

到由 VT_1 构成的前置放大电路进行放大，放大后的音频信号经过 C_3 的耦合，送入音调控制电路，音调控制电路由 C_{10}、C_9、R_2 和 J_3 外接电位器构成，经过音调控制电路的调节，信号由耦合电容 C_1 将音频信号送入集成功率放大器 TDA2030A 的输入端，信号经过功率放大器的放大由 4 脚输出，经过耦合电容 C_8 输出给外接扬声器。

电源由 J_4 输入，经过 D_1、D_2 的整流和 C_7 的滤波，把交流电变换成直流电，为电路提供直流电源。

（2）主要元器件作用

电容 C_5、C_3、C_1、C_8 为耦合电容。

三极管 VT_1、R_6、R_7、R_9 构成前置放大电路。

IC_1（TDA2030A）与 R_4、C_2、R_3 组成功率放大电路，其中，R_4、C_2、R_3 组成负反馈电路，起改善音质的作用。

任务 2　功率放大电路元器件的识别与检测

1. 功率放大电路元器件

功率放大电路除了功率放大集成电路 IC_1（TDA2030A）外，其他元器件多为阻容元件和接插件。具体元器件如表 10-1 所示。

表 10-1　元器件名称、规格型号和实物图

元件标号	元件值（型号）	实　物　图
R_1、R_2、R_5、R_{10}	22kΩ	
R_3	4.7Ω	
R_4	220Ω	
R_6	330Ω	
R_7	220kΩ	
R_8	4.7kΩ	
R_9	6.8kΩ	
C_1、C_3、C_5	1μF	

续表

元件标号	元件值（型号）	实 物 图
C_2、C_4、C_6	47μF	
C_7、C_8	470μF	
C_9	223	
C_{10}	472	
D_1、D_2	561	
IC_1	TDA2030A	
J_1、J_3、J_4	3 头插座	
J_2、J_5	2 头插座	

2. 元器件检测

功率放大器所用阻容元件的检测方法在项目 2 中已学习过，可按照项目 2 的测量方法进行测量，集成电路 TDA2030A 在焊接前可用电阻法进行检测，参考数值如表 10-2 所示。如果已装入电路，可采用电压法测量。

表 10-2　　TDA2030A 电阻参考值（MF47 表、1k 挡）

	1	2	3	4	5
R⊕	10k	10k	0	7.5k	7.5k
R⊖	∞	∞	0	40k	16k

说明：R⊕红表笔接地“3”黑表笔接测量管脚；R⊖黑表笔接地“3”红表笔接测量管脚。

任务3　功率放大器的制作与故障检测

1. 功率放大器制作的步骤

功率放大器的安装图如图10-3所示。

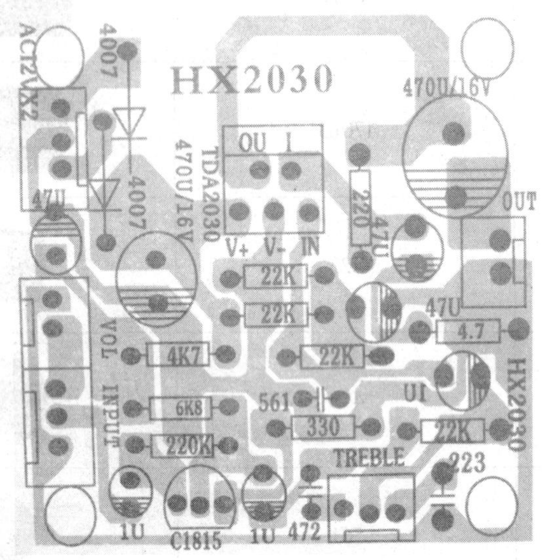

图10-3　功率放大器的安装图

直流稳压电源制作的步骤及注意事项如表10-3所示。

表10-3　　直流稳压电源制作的步骤及注意事项

制作步骤		制作要点及注意事项	图　示
1	清理电路板	除去印制板上的毛刺、氧化层，对照原理图、装配图检查有无短路、断路之处，如有则进行清理	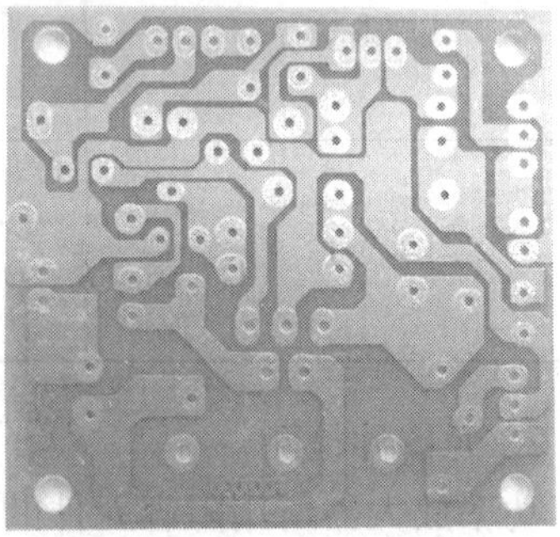
2	安装电阻、二极管元件	对照装配图插装、焊接部分元器件。将检测过的电阻元件和二极管插入电路板的相应位置。注意二极管的极性要正确；电阻元件插装时同样要注意工艺要求，水平放置元件从左向右读数，竖直放置的元件从上向下读数，元件放置尽量美观，如右图所示。检查无误后焊接元件，焊接过程中要注意焊接工艺	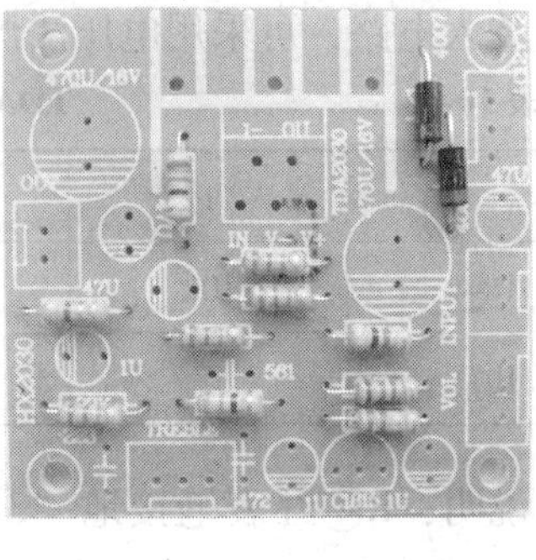

续表

制作步骤		制作要点及注意事项	图　示
3	安装电容元件	对照装配图插装、焊接部分元器件。将检测过的电容元件插入电路板的相应位置。要注意极性电容的极性不要装错，非极性电容安装时使数字方便读数，如右图所示。检查无误后按照焊接工艺进行，不要出现漏焊、虚焊、假焊和连焊的现象	
4	安装接插件和三极管	将接插件插装到电路板的相应位置，将检测过的三极管插入线路板，注意三极管的管脚位置不要插错。检查无误后进行焊接。在进行焊接时，注意把工作台垫平，防止接插件从线路板脱落或倾斜	
5	集成电路和散热片的组装	将集成电路和散热片进行组装，如果位置不能确定，组装前先将两者在线路板上进行试装以确定位置。用螺钉将集成电路固定到散热片上，螺钉不要拧得太紧，以便调节	
6	安装集成电路和散热片的组件	将散热片和集成电路组件插入线路板，当集成电路管脚插入线路板时注意调整管脚位置，不要用力过大，以免损坏集成电路管脚，当组合件插入线路板后，紧固螺钉以便发挥散热性能，然后进行焊接 焊接完成后，功放电路组装完毕	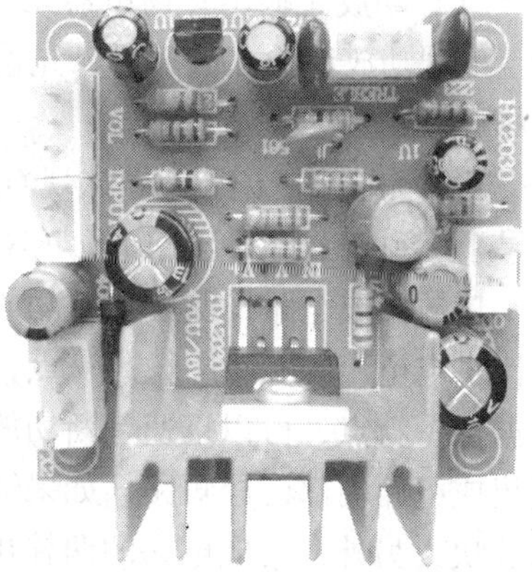

2. 功放电路的检测

直流稳压电源安装完毕后要进行检测，主要过程如下。

(1) 直观检查法检查。功放电路安装完毕后，首先进行直观检查，根据原理图和线路板上的元件符号进行检查，查看元器件插装是否有误，包括元器件位置、电阻阻值、电容的容量和极性，二极管的极性等；查看元器件插装是否存在短路；焊接质量检查，焊点是否符合要求等。如果发现有误，要及时进行更正。

(2) 电压检测法检查。用电压检测法检查过程如下。

① 直流稳压电源安装完毕后，经检查无误方可通电检测。

② 功放块 TDA2030A 各级的静态电压和在路电阻如表 10-4 所示。

表 10-4　　TDA2030A 参考值（电源供电 12V）

管脚	1	2	3	4	5
参考电压（V）	5.59	5.59	0	6.67	11.59
R⊕	9.5k	7.8k	0	7.4k	7
R⊖	41k	32k	0	32	13.5k

三极管 C1815 的在路电压如表 10-5 所示。

表 10-5　　三极管 C1815

C1815		
e	b	c
0.28	0.91	2.89

(3) J_1 ~ J_5 接入音量电位器、音频信号、音调电位器、12V 电源和扬声器，监听功放实际效果，并调节音量电位器、音调电位器是否满足个人需要。

如果上述所有条件都满足，说明直流稳压电源制作成功。

3. 功放电路常见故障检修

功放电路的作用是将输入的信号进行功率放大，以满足带动负载的要求，对于音频放大电路来说，还应该使高低音按要求能够调节，以满足不同听众的要求。功放电路常见故障的检修方法如下。

(1) 功放无输出，扬声器无声

出现功放无输出故障时，先检查供电电路是否正常，如果供电正常，再进行其他电路的检修。

功放无输出，说明电路出现断路性故障，可以用干扰法从 TDA2030 的 1 脚开始向前检测，如果干扰到某一单元电路时扬声器无声，说明该单元电路出现故障，再有重点的进行检查。

功放集成电路检测方法：功放集成电路多用 OTL 电路，OTL 电路的特点是，输出端电压比供电电压的一半略微高一点，如果供电电压为 12V，那么输出端电压一般为 6.8V 左右，根据这一特点，可以迅速判断功放输出级是否正常。如果输出端电压接近电源电压，则可怀疑集成电路内部已经短路，如果输出端电压为零，说明集成电路内部已经断路，须更换集成功放块。另外，集成电路的两输出端（同相输入端、反相输入端）正常情况下两点电压相等，这一特点也可以迅速判断集成电路的好坏。

VT_1 和周围元件构成的前置放大电路的检查方法：如果 VT_1 的 V_{be} 为0.6V左右，说明前置放大电路工作基本正常，如果 VT_1 的集电极电压为零，可检查集电极供电电阻是否变质。

除了上述两个放大电路外，出现无声故障时，还要重点检查耦合电容的质量。

（2）输出音量小

功放输出音量小，可能是功率放大电路出现问题，应重点检查IC1的2、4脚构成的负反馈电路，比如检测 C_2、R_4、R_3 等元件是否已变质。也可能是耦合电容的容量减小，信号耦合衰减等。同时不要忘记对 VT_1 构成的前置放大电路进行检查。

10.2　项目基本知识

知识点1　功率放大器

1. 功率放大器的任务和特点

功率放大器的主要任务是放大信号的功率，它的输入、输出电压和电流都较大，属于大信号放大器，它消耗的能量多，信号容易失真，输出的功率大。

功率放大器的主要特点有：在输出信号基本不失真的情况下，要求输出尽可能地大；工作效率要高；非线性失真要小和要保证功放安全使用，电路的散热性能要好，并要加保护电路。

2. 常用的功率放大器的类型

功率放大器的分类方法很多，按照工作状态可以分为甲类、乙类、甲乙类和丙类4种。按照输入信号频率可分为低频功率放大器和高频功率放大器两种。按照电路结构可分为变压器倒相式功率放大器和互补对称功率放大器两大类，变压器倒相式功率放大器由于电路笨重、体积大等缺点，仅用于比较简单的电路，如收音机。现在比较常用的功率放大电路为互补对称功率放大器，互补对称功率放大器又可分为OCL电路和OTL电路。

（1）OCL电路

OCL电路又称双电源互补对称功率放大电路。其特点是输出功率高，但供电电路比较复杂，需要双电源供电，常用于输出功率较大的场合。OCL典型电路如图10-4所示。

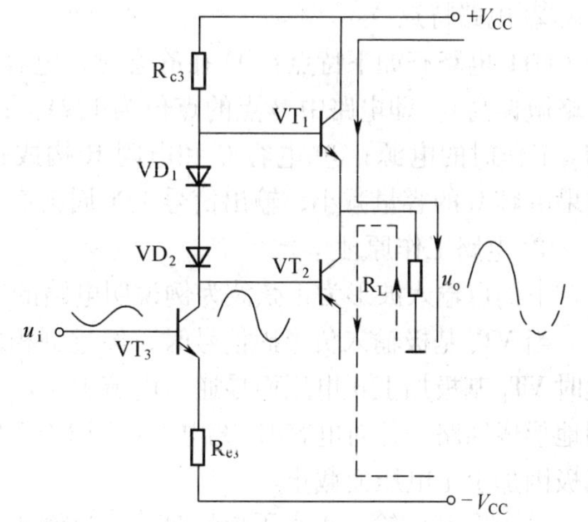

图10-4　OCL电路

① 电路主要元件作用

电路主要元件作用：+V_{CC}、−V_{CC} 分别为 VT_1、VT_2 提供能量；VT_3 起前置放大作用，把输入信号进行电压放大，R_{c3} 为 VT_3 的集电极负载电阻，R_{e3} 为发射极电阻，起负反馈作用；VD_1、VD_2 的作用是，使 VT_1、VT_2 基极有一定的电压差，使两管工作在甲乙类状态，消除交越失真；VT_1、VT_2 各工作于信号的半个周期，对信号进行功率放大。

② 电路工作原理

下面以输入波形为正弦波为例来分析电路的工作原理。

当 VT_3 基极输入负半周信号时，经过倒相放大的信号由集电极输出，信号变为正半周，

此时 VT_1 基极加上正电压而导通，电流由 $+V_{CC}$ 经过集电极、发射极、负载 R_L 到地形成回路，如图 10-4 所示，实线表示电路中的电流方向，此时，VT_2 基极因加上正电压而截止。

当 VT_3 基极输入正半周信号时，经过倒相放大的信号由集电极输出，信号变为负半周，此时 VT_2 基极加上负电压而导通，电流由地经过负载电路 R_L、VT_2 集电极、发射极回到 $-V_{CC}$ 形成回路，如图 10-4 所示，虚线表示电路中的电流方向，此时，VT_1 基极因加上负电压而截止。

这样，当输入一个周期的信号时，负载 R_L 可以得到完整的信号。

（2）OTL 电路

OTL 电路又称单电源互补对称功率放大电路。其特点是电源供电比较简单，只需要一个供电电路，输出功率基本可以满足正常需要，应用广泛。OTL 典型电路如图 10-5 所示。

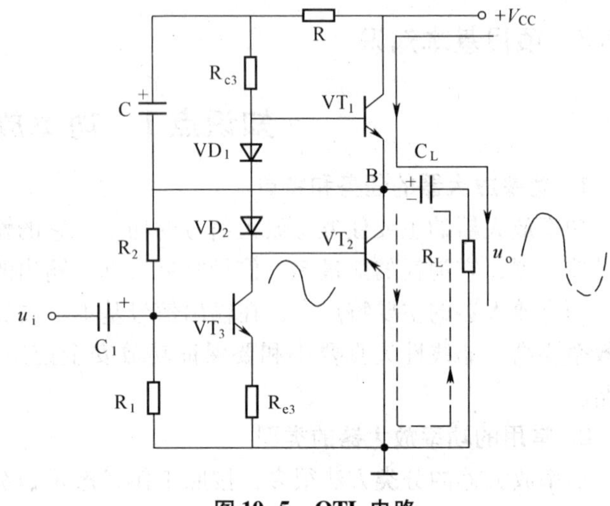

图 10-5　OTL 电路

① 电路主要元器件作用

电路主要元件作用：VT_3 为前置放大作用，把输入信号进行电压放大，R_{c3} 为 VT_3 的集电极负载电阻，R_{e3} 为发射极电阻，R_1、R_2 为 VT_3 的基极偏置电阻；VD_1、VD_2 的作用使 VT_1、VT_2 基极有一定的电压差，使两管工作在甲乙类状态，消除交越失真；电容 C 和电阻 R 构成自举电路；电容 C_L 为输出耦合电容，同时兼作 VT_2 工作时的电源；VT_1、VT_2 各工作于信号的半个周期，对信号进行功率放大。

② 电路特点

OTL 电路有如下特点：① 在静态时，电容 C_L 两端的电压为电源电压的一半（实际电路中略微偏高），即电路中 B 点的点位为 $1/2V_{CC}$；② 电容 C_L 不仅是输出耦合电容，同时充当 VT_2 工作时的电源；③ 电容 C 和电阻 R 构成自举电路，可以扩大 VT_1 工作时的动态范围，如果电容 C 的容量减小，输出信号上半周会产生失真现象。

③ 电路工作原理

下面以输入波形为正弦波为例说明电路的工作原理。

当 VT_3 基极输入负半周信号时，经过倒相放大的信号由集电极输出，信号变为正半周，此时 VT_1 基极加上正电压而导通，电流由 $+V_{CC}$ 经过集电极、发射极、耦合电容 C_L、负载 R_L 到地形成回路，并对电容 C_L 充电，如图 10-5 所示，实线表示的是电流的方向，此时，VT_2 基极因加上正电压而截止。

当 VT_3 基极输入正半周信号时，经过倒相放大的信号由集电极输出，信号变为负半周，此时 VT_2 基极加上负电压而导通，电流由电容 C_L 正极经过 VT_2 集电极、发射极、负载电阻 R_L、回到 C_L 负极形成回路，如图 10-5 所示，虚线表示的是电流的方向，此时，VT_1 基极因加上负电压而截止。调节电阻 R_2，可以改变 B 点的静态电压。

这样，当输入一个周期的信号时，负载 R_L 可以得到完整的信号。

功放电路种类繁多、应用广泛，请读者通过网络了解更多的功放电路知识。

知识点2　TDA2030A简介

1. TDA2030A基本介绍

TDA2030A是德律风根生产的音频功放电路，采用V型5脚单列直插式塑料封装结构，如图10-6所示。集成电路广泛应用于汽车立体声收录音机、中功率音响设备，具有体积小、输出功率大、失真小等特点。并具有内部保护电路，一旦输出电流过大或管壳过热，集成块能自动地减流或截止，使自己得到保护。多家公司均有同类产品生产，虽然其内部电路略有差异，但引出脚位置及功能均相同，可以互换。

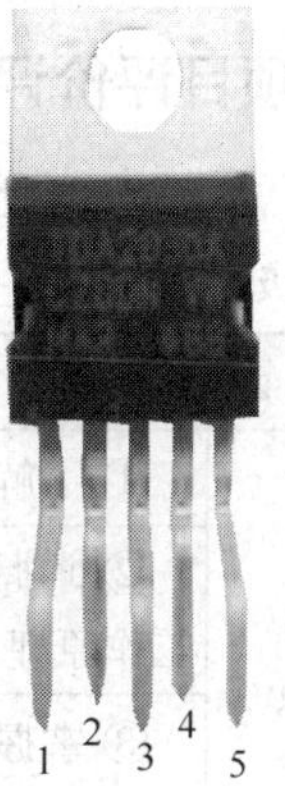

图10-6　TDA2030A封装

TDA2030A管脚功能说明：1脚是正向输入端；2脚是反向输入端；3脚是负电源输入端，单电源供电时，该脚接地；4脚是功率输出端；5脚是正电源输入端。

2. TDA2030A构成电路的特点

（1）外接元件非常少，外围电路简单。

（2）输出功率大，$P_o = 18W$（供电电压16V，$R_L = 4\Omega$）。

（3）采用超小型封装（TO-220），可提高组装密度。

（4）开机冲击极小。

（5）内含各种保护电路，因此工作安全可靠。主要保护电路有：短路保护、热保护、地线偶然开路、电源极性反接（Vsmax = 12V）以及负载泄放电压反冲等。

TDA2030A可以单电源供电，也可以双电源供电，也可由两块TDA2030A构成BTL（桥接式负载）电路，如果读者有兴趣，可以通过网络了解更多有关TDA2030A的应用。

项目学习评价

一、思考题

（1）前置放大器起什么作用？（通过查阅资料回答问题）

（2）如图10-2所示，电容C_1、C_3、C_5这3个电容起什么作用，这3个电容有一个失效，导致的故障现象是什么？

（3）TDA2030A在工作时一般加有散热片，结合功放电路的特点，说明散热片的作用。

（4）元件的插装有一定的工艺要求（请参阅项目5相关知识），结合表10-3，如果操作步骤2和操作步骤3对调，会出现哪些问题？

（5）如图10-4所示，VD_1、VD_2两二极管起什么作用，如果两个二极管有一个二极管击穿，或者一个二极管断路，产生的故障现象是什么？

（6）什么是自举电路，起什么作用？（通过查阅资料回答问题）

二、技能训练

（1）按照项目基本技能分组进行功率放大器的制作训练，训练步骤应按照3个任务依次进行，并进行项目评价。

（2）制作分立元件 OTL 功率放大电路。要求：① 电路原理图可以查阅资料；② 从线路板的制作、元件采购到成品制作完成，均由小组成员分工负责，协作完成。最后从制作工艺、产品性能进行综合评价。综合评价表由小组长共同制作。

三、项目评价评分表

1. 个人知识和技能评价表

班级：＿＿＿＿＿＿＿＿ 姓名：＿＿＿＿＿＿＿＿ 成绩：＿＿＿＿＿＿

评价方面	评价内容及要求	分值	自我评价	小组评价	教师评价	得分
项目知识内容	① 了解功率放大器的任务和工作特点	5				
	② 掌握 OCL 功率放大器的元件作用和工作原理	10				
	③ 掌握 OTL 功率放大器的元件作用和工作原理	10				
	④ 了解 TDA2030A 的电路特点及应用	5				
项目技能内容	① 能够识读功率放大器的原理图，理解信号流程和元器件作用	15				
	② 掌握元器件的识别和检测方法	5				
	③ 按功率放大器的制作步骤进行制作	20				
	④ 功率放大器的检测和检修	20				
安全文明生产和职业素质培养	① 安全用电，规范操作	5				
	② 文明操作，不迟到早退，操作工位卫生良好，按时按要求完成实训任务	5				

2. 小组学习活动评价表

班级：＿＿＿＿＿＿＿＿ 小组编号：＿＿＿＿＿＿＿＿ 成绩：＿＿＿＿＿＿

评价项目	评价内容及评价分值			自评	互评	教师点评
分工合作	优秀（12～15 分）	良好（9～11 分）	继续努力（9 分以下）			
	小组成员分工明确，任务分配合理，有小组分工职责明细表	小组成员分工较明确，任务分配较合理，有小组分工职责明细表	小组成员分工不明确，任务分配不合理，无小组分工职责明细表			
获取与项目有关质量、市场、环保等内容的信息	优秀（12～15 分）	良好（9～11 分）	继续努力（9 分以下）			
	能使用适当的搜索引擎从网络等多种渠道获取信息，并合理地选择、使用信息	能从网络获取信息，并较合理地选择、使用信息	能从网络或其他渠道获取信息，但信息选择不正确，信息使用不恰当			

续表

评价项目	评价内容及评价分值			自评	互评	教师点评
实操技能操作	优秀（24～30 分）	良好（18～23 分）	继续努力（18 分以下）			
	能按技能目标要求规范完成每项实操任务，能准确说明每步操作要领	能按技能目标要求规范完成每项实操任务，但对操作要领不够清晰	能按技能目标要求完成每项实操任务，但操作存在问题，要领掌握不够			
基本知识分析讨论	优秀（16～20 分）	良好（12～15 分）	继续努力（12 分以下）			
	讨论热烈、各抒己见，概念准确、原理思路清晰、理解透彻，逻辑性强，并有自己的见解	讨论没有间断、各抒己见，分析有理有据，思路基本清晰	讨论能够展开，分析有间断，思路不清晰，理解不透彻			
成果展示	优秀（16～20 分）	良好（12～15 分）	继续努力（12 分以下）			
	能很好地理解项目的任务要求，成功展示效果良好，思路清晰	能较好地理解项目的任务要求，成果展示较好，思路不太清晰	基本理解项目的任务要求，成果展示停留在制作功放电路实物展示			
总分						

项目 11　声、光控延时开关电路的制作

项目情景创设

控制技术的核心是各种传感器的应用。随着科学技术的迅猛发展，控制技术不仅广泛地应用于生产和科学技术研究等领域，而且也越来越多地进入人们的日常工作和生活中。例如，利用接近开关制作的仪器可以对工厂生产传输线上的产品进行自动计数；当人们走近某些银行大门时，门自动被打开；利用光控、声控电路制作的楼道自控灯只要是在光线非常暗淡和有声音响动时就会自动点亮，等等。本项目通过声、光控制延时开关的制作，介绍声、光控制延时开关电路的识读、调试与检测。图 11-1 所示为制作的声、光控延时开关电路。

图 11-1　声、光控延时开关电路

项目教学目标

项目教学目标		学时	教学方式
技能目标	① 正确识读声、光控制延时开关电路图 ② 熟悉光敏电阻、驻极体话筒和集成与非门的一般检测方法 ③ 了解声、光控制延时开关的制作过程和注意事项 ④ 熟悉声、光控制延时开关电路的检测和故障处理方法	5 课时	教师演示，学生实际操作；分组学习，以小组为单位进行活动 重点：元器件的检测工艺、焊接工艺及检修方法 教师指导、答疑

续表

项目教学目标		学时	教学方式
知识目标	① 了解传感器基本知识 ② 学习与非门电路和单向可控硅的工作特点	2 课时	教师讲授、自主探究
情感目标	激发学生学习电路制作的兴趣，培养信息素养、团队意识	课余时间	网络查询、小组讨论、相互协作

项目任务分析

本项目通过声、光控延时开关的制作，主要掌握以下基本技能和基本知识。

（1）能识读声、光控延时开关的电路图，并掌握其工作原理。

（2）能正确识别和检查声、光控延时开关套件的元器件。

（3）掌握声、光控延时开关的制作过程和工艺。

（4）能对声、光控延时开关进行检测和维修

（5）了解集成与非门电路的工作原理和检查方法。

（6）了解单向可控硅应用。

项目基本功

11.1　项目基本技能

任务 1　声、光控延时开关电路的识读

1. 声、光控制延时开关电路

图 11-2 所示的是声、光控制延时开关的电路原理图，它由 5 个单元电路组成，各单元电路的核心元器件及其功能如表 11-1 所示。声、光控制延时开关的用途在于：如果通电后环境光线较暗，那么只要靠近开关拍一下手掌，灯泡就会自动点亮并持续一段时间，然后自动熄灭。

根据单元电路可以画出声、光控制延时开关电路的组成方框图，其各部分之间的关系如图 11-3 所示。

声、光控制延时开关电路的交、直流供电线路如图 11-4 中的黑体实线部分所示。

2. 声、光控制延时开关电路的信号流程

（1）环境较安静时：驻极体话筒阻值很大→直流电压通过电阻 R_3 使三极管 VT 饱和→三极管 VT 的集电极输出低电平→集成与非门 IC 的 2 脚为低电平。

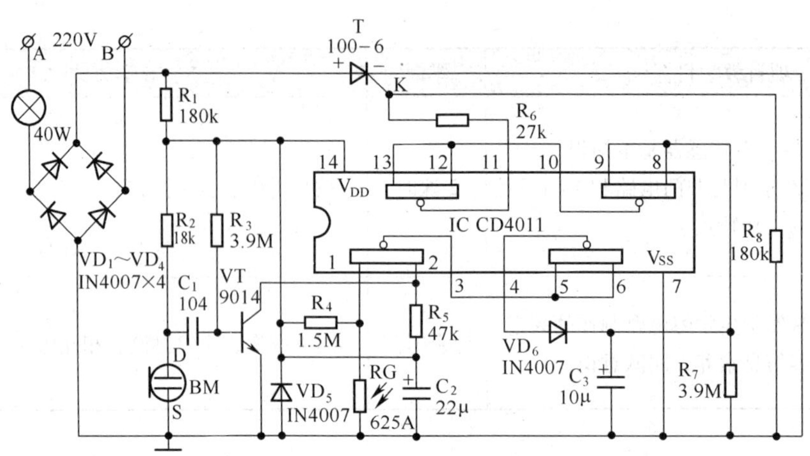

图 11-2　声、光控制延时开关电路原理图

表 11-1　　声、光控制延时开关电路

单元电路	单元电路核心元器件	功　能
光电和声电转换器件	光敏电阻 RG	将光信号转换为电信号
	驻极体话筒 BM	将声信号转换为电信号
直流电源电路	二极管 VD_1 ~ VD_4	将 220V 交流电压整流转换为直流电压
	电阻器 R_1、电容器 C_2	构成 RC 滤波电路，为集成与非门 IC 和三极管 VT 等元器件提供 12V 直流工作电源
电子开关电路	可控硅 T	控制灯泡两端交流电压
声、光控制电路	三极管 VT、集成与非门 IC 和二极管 VD_6 等	输出触发信号控制可控硅 T 的导通
延时电路	电容器 C_3、电阻器 R_7	使灯泡点亮的状态能持续一段时间

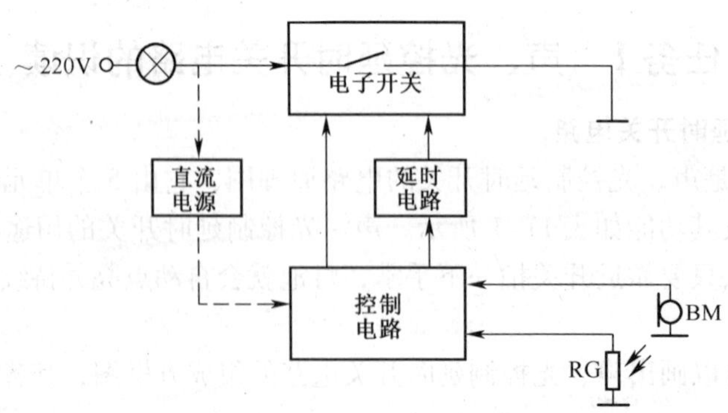

图 11-3　声、光控制延时开关电路的组成方框图

（2）当驻极体话筒 BM 接收到声音信号时：驻极体话筒阻值发生变化→波动电压信号（R_2 与 BM 分压产生）→C_1 耦合→三极管 VT 发射结正向电压下降→三极管 VT 截止→三极管 VT 的集电极输出高电平→集成与非门 IC 的 2 脚为高电平。

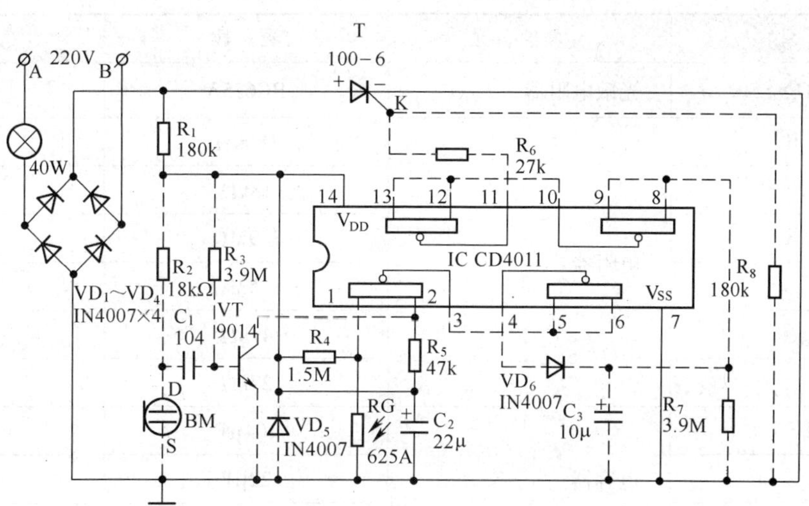

图 11-4　声、光控制延时开关电路的供电图

（3）当光线较亮时：光敏电阻 RG 阻值低→RG 两端电压较低（直流电压经电阻 R_4 与光敏电阻 RG 分压）→集成与非门 IC 的 1 脚为低电平。

（4）当光线较暗时：光敏电阻 RG 阻值很高→RG 两端电压较高（直流电压经电阻 R_4 与光敏电阻 RG 分压）→集成与非门 IC 的 1 脚为高电平。

分析以上流程可知以下内容。

（1）当光线较亮或环境较安静时：集成与非门 IC 的 1、2 脚中至少有一个为低电平→IC 的 3、5、6 脚均为高电平→IC 的 4 脚为低电平→二极管 VD_6 截止→电阻 R_7 两端电压很低→IC 的 8、9 脚均为低电平→IC 的 10、12、13 脚均为高电平→IC 的 11 脚为低电平→可控硅 T 的控制极 K 无触发信号，可控硅 T 截止→灯泡不亮。

（2）当光线较暗且驻极体话筒 BM 收到声音信号时：集成与非门 IC 的 1、2 脚均为高电平时，IC 的 3、5、6 脚均为低电平→IC 的 4 脚为高电平→二极管 VD_6 导通→IC 的 4 脚高电平给电容器 C_3 充电（充电极性为上正下负）→C_3 两端电压迅速升高→IC 的 8、9 脚均为高电平→IC 的 10、12、13 脚均保持低电平→IC 的 11 脚持续为高电平，通过电阻 R_6 给可控硅 T 控制极 K 加触发信号→可控硅 T 导通，灯泡获得 220V 交流电压→灯泡发光。

（3）当驻极体话筒 BM 收到的声音信号刚消失时：集成与非门 IC 的 2 脚为低电平→IC 的 3、5、6 脚均为高电平→IC 的 4 脚为低电平→二极管 VD_6 截止，但由于电容器 C_3 上储存的电荷不会立刻消失，所以只能通过电阻 R_7 缓慢放电（放电时间长短由 $R_7 \cdot C_3$ 时间常数决定）→IC 的 8、9 脚继续维持高电平并缓慢下降→灯泡持续发光。

改变 C_3 的容量或 R_7 的阻值可以改变可控硅的导通时间。

（4）电容器 C_3 上的端电压低于某值时：IC 的 8、9 脚电平下降为低电平→可控硅 T 控制极 K 失去触发信号→可控硅 T 不导通→灯泡两端电压瞬间下降→灯泡熄灭。

任务 2　声、光控延时开关电路元器件的识别与检测

1. 声、光控制延时开关电路元器件的参数

声、光控制延时开关电路元器件的参数如表 11-2 所示。

表 11-2　　　　声、光控制延时开关电路元器件参数表

编　号	元器件名称	参　数	数　量
RG	光敏电阻器	RG625A	1
R_1、R_8	电阻器	180kΩ	2
R_2		18kΩ	1
R_3、R_7		3.9MΩ	2
R_4		1.5MΩ	1
R_5		47kΩ	1
R_6		27kΩ	1
C_1	电容器	104μF	1
C_2		22μF	1
C_3		10μF	1
VD_1 ~ VD_6	二极管	1N4007	6
VT	三极管	9014	1
T	可控硅	97A6	1
IC	集成电路	CD4011	1
BM	驻极体话筒	二端式	1

2. 声、光控制延时开关电路元器件的检测

(1) 光敏电阻器

光敏电阻器是实现将光信号转换为电信号的关键元器件。光敏电阻器的阻值随照射在其表面上光的强弱（明暗）而变化，光照越强阻值越小，光照越弱阻值越大。

声、光控制延时开关电路选用的光敏电阻 RG 的型号为 625A，其实物如图 11-5 所示。用万用表检测光敏电阻器的方法如表 11-3 所示。

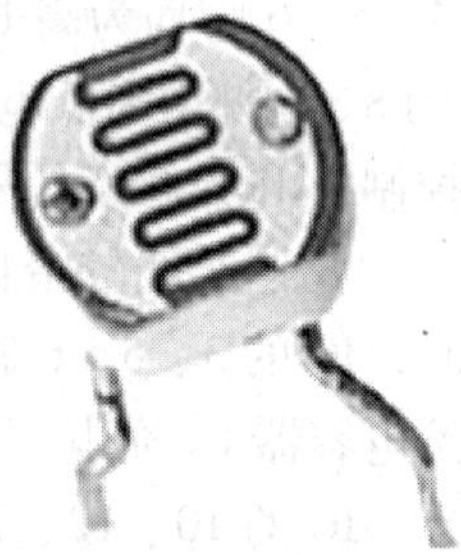

图 11-5　光敏电阻 625A 实物图

表 11-3　　　　用万用表检测光敏电阻

项目	测量方法（用万用表的 R×1k 挡）	说　明
测量暗电阻		用黑纸片将照射在光敏电阻器上的光线完全遮住，只露出引脚，测试其电阻值不小于 1MΩ。若测得阻值很小或接近于零，说明光敏电阻内部短路而损坏

续表

项　目	测量方法（用万用表的 R×1k 挡）	说　明
测量亮电阻	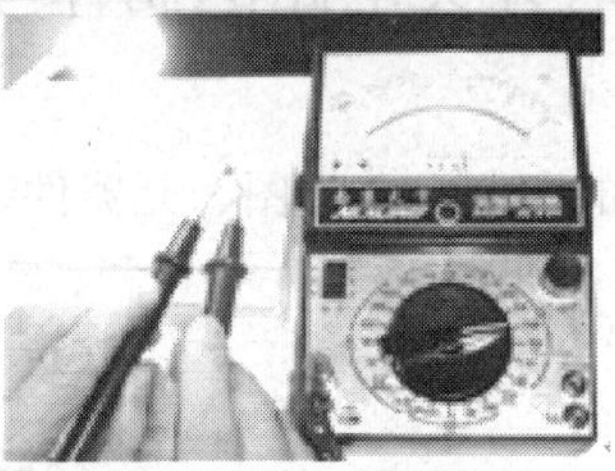	在光照条件下，光敏电阻阻值明显减小，在 20kΩ 左右。若测得值很大甚至无穷大，说明光敏电阻内部开路而损坏
检测电阻的变化	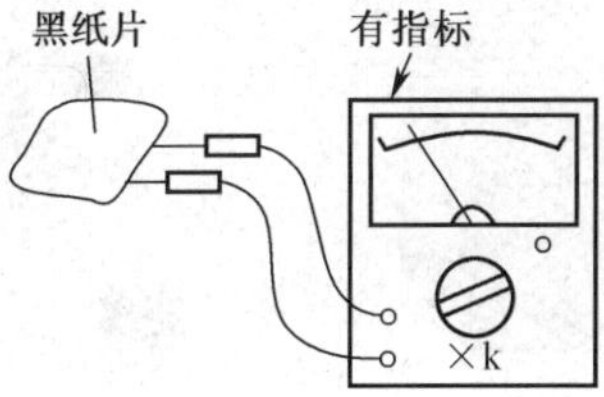 黑纸片　有指标　×k	将黑纸片左右移动，万用表的指针应来回摆动。如果万用表指针始终停在某一位置不随纸片移动而摆动，说明光敏电阻已损坏

（2）驻极体话筒

驻极体话筒是实现将声音信号转换为电信号的关键元器件。

声、光控制延时开关电路选用的是二端式驻极体话筒，其中，D、S 端的判断及检测方法如表 11-4 所示。

表 11-4　　二端式驻极体话筒 D、S 端判断及检测

项　目	操作（用万用表的 R×100 挡）	说　明
判断话筒的 S 极		分别测话筒的两电极与外壳之间的电阻值，如电阻值为零，则该电极为 S 极
判断话筒的 D 极	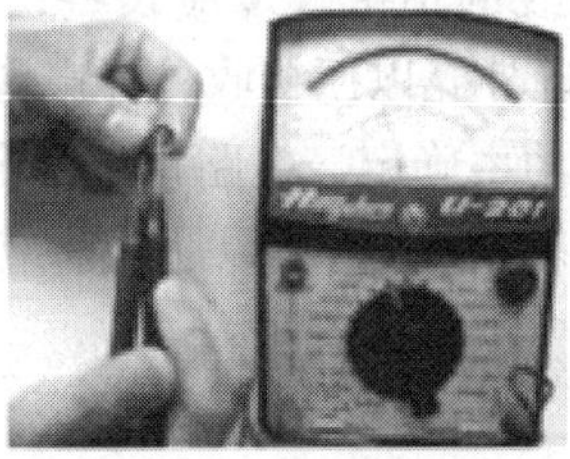	分别测话筒的两电极与外壳之间的电阻，如电阻值为几千欧，则该电极为 D 极
检测话筒灵敏度	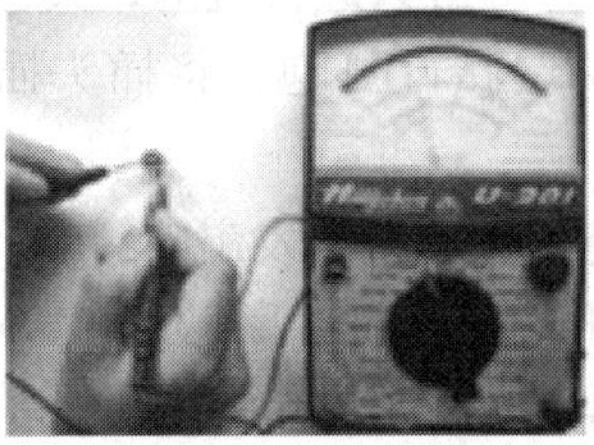	① 将红表笔接外壳 S 极，黑表笔接 D 极 ② 用嘴对准话筒轻轻吹气（要求吹气速度慢且均匀），在吹气瞬间表针摆动幅度越大，说明话筒灵敏度就越高；如果表针摆动幅度不大或根本不摆动，说明此话筒性能差，不宜使用

二极管、电阻器、电容器和灯泡的测量（参照相关章节，此处不作介绍），可控硅的内

容见本项目的基本知识部分。

任务3 声、光控延时开关电路的制作与检测

1. 声、光控制开关电路的安装

图11-6所示的是声、光控制延时开关的印制电路板图、元器件装配图和成品实物图。

（a）印制电路板图

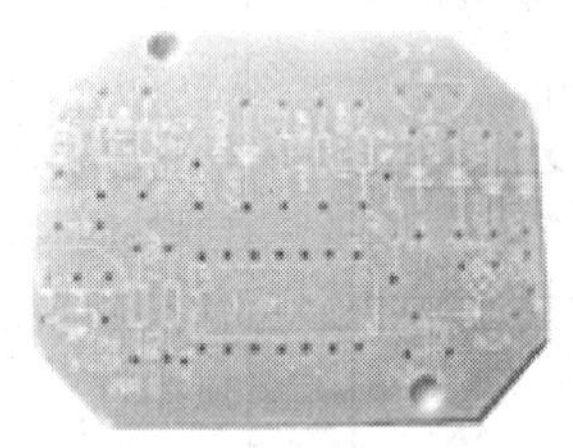

（b）元器件装配图

（c）成品实物图

图11-6 声、光控制延时开关

制作声、光控制延时开关所用的元器件既可购买套件进行组装，也可将散件组装在万能电路板上。

在进行安装前，首先对各元器件进行质量检测，再结合元器件装配图安装体积小的二极管、电阻、瓷片电容和三极管，然后安装体积较大的电容和集成芯片的插座，即先按图11-6（b）、图11-6（c）所示安排好各元器件的位置，再结合图11-6（a）将所有元器件引脚用焊锡连接好。

2. 注意事项

（1）三极管9014和可控硅97A6外形封装一样，注意区别。

（2）集成芯片CD4011的插座缺口和集成芯片CD4011的缺口应相对应，对照安装图不要装反，等其他元器件安装好后，在通电之前插上集成芯片。

（3）安装光敏电阻和话筒时，引脚或导线的预留长度应长些，其目的是要考虑到使光敏电阻能感受到外界光线的变化和话筒要靠近外壳以便接收外界声音信号。

（4）连接灯泡的导线应根据灯泡的额定功率确定，电路板应固定。

（5）由于声、光控开关电源供电为220V交流电，所以通电前应认真检查各元器件是否接错或存在短路故障，通电后应注意安全。

3. 声、光控制延时开关电路的检测

当声、光控制延时开关电路安装完成后，应对其进行检测，其检测过程如下。

（1）全部元器件安装完毕并检查无误后，接好灯泡，将插头插入220V交流电插座为声、光控制延时开关通电。

（2）让光线照射到光敏电阻上时，灯泡不亮；拍手发出响声时，灯泡不亮。

（3）用黑布遮住光敏电阻且不发声，灯泡不亮；拍手发出响声时，灯泡发亮。

如果上述一切正常，则说明声、光控制延时开关制作成功。

4. 声、光控制延时开关电路常见故障

声、光控制延时开关电路常见故障分析如表11-5所示。

表 11-5　　声、光控制延时开关电路常见故障分析

故障现象	故障元器件	特　　点
很大声音灯泡才亮	三极管 VT	性能变差或损坏
	电阻器 R_2、R_3	开路
	电容器 C_1	变质
灯一直亮	三极管 VT9014	开路
	二极管 VD_1 ~ VD_4	短路
	可控硅	击穿
	集成芯片	损坏
灯亮时间太短	电容器 C_3	漏电或电容量变小
	电阻 R_7	阻值太小
	二极管 VD_6	存在反向电阻值

11.2　项目基本技能

知识点 1　集成与非门电路功能简介

声、光控制延时开关电路选用的是集成与非门 CD4011，它的内部包含 4 个二输入端与非门，其外形及引脚排列如图 11-7 所示。

（a）集成与非门插座和集成与非门外形

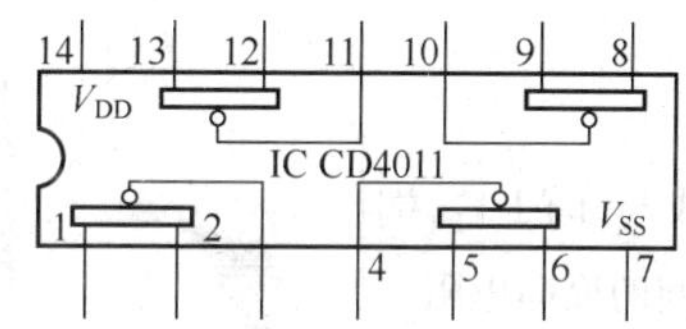

（b）CD4011 内部方框图和引脚排列

图 11-7　集成与非门 CD4011

CD4011 的逻辑关系是：只有当两个输入端均为高电平时，输出端才会翻转为低电平，否则，无论输入端处在何种状态，输出端总保持高电平。表 11-6 所示为 CD4011 的真值表（0 表示低电平，1 表示高电平）。

表 11-6　　CD4011 真值表

A	B	Y	A	B	Y
0	0	1	0	1	1
1	0	1	1	1	1

常用的数字集成电路的内部，每一个输入端分别与 V_{DD} 和 V_{SS} 之间都反接了一个二极管，采用万用表检测二极管的方法可测出它们之间的电阻值。在一般情况下，V_{DD} 与 V_{SS} 之间电阻值在 20kΩ 以上，低于 1kΩ 说明它们是坏的。

用万用表简单判断常用集成电路好坏的方法如表 11-7 所示。

表 11-7　　用万用表判断常用集成电路的方法

测量部位	图示（用万用表 R×1k 挡）	说　明
测量每个与非门输入端与 V_{SS} 端之间的正向电阻		将黑表笔接集成与非门的 V_{SS} 端，测得的电阻值为 4kΩ 左右
测量每个与非门输入端与 V_{SS} 端之间的反向电阻		将红表笔接集成与非门的 V_{SS} 端，测得的电阻值为 50kΩ 左右
测量集成与非门 V_{DD} 端与 V_{SS} 端之间的正向电阻		将黑表笔接集成与非门的 V_{SS} 端，测得的电阻值为 1.5kΩ 左右
测量集成与非门 V_{DD} 端与 V_{SS} 端之间的反向电阻	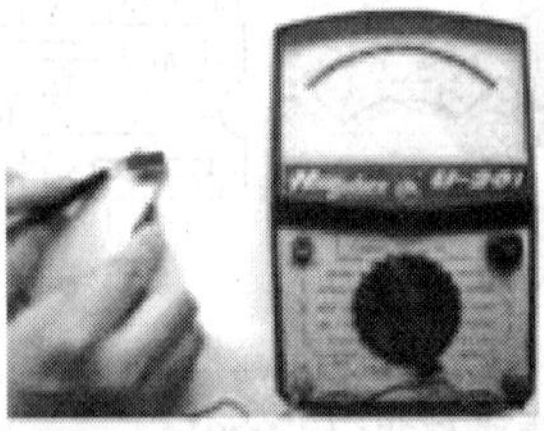	将红表笔接集成与非门的 V_{SS} 端，测得的电阻值为 150kΩ 左右

知识点 2　单向可控硅知识简介

可控硅又称晶闸管，有单向可控硅、双向可控硅、可关断可控硅和光控可控硅几种类型。它具有体积小、重量轻、效率高、寿命长、控制方便等优点，被广泛用于可控整流、调压、逆变以及无触点开关等各种自动控制和大功率电能转换的场合。

单向可控硅是一种可控整流电子元件，共有 3 个电极，分别是阳极（A）、阴极（K）和控制极（G），符号如图 11-8（a）所示，应用时阳极接高电位，阴极接低电位。本知识点中所用到的型号为 97A6 的单向可控硅外形及管脚排列顺序如图 11-8（b）所示。

1. 单向可控硅的导通与关断条件

（1）单向可控硅导通条件

要使单向晶闸管导通，必须同时满足两个条件：

① 可控硅的阳极要加上正极性电压，即阳极电压要高于阴极电压；

② 可控硅的控制极要加上一定大小的正极性电压，即控制极电压也要高于阴极电压。

单向可控硅一旦满足上述两个条件，可控硅即可导通，可控硅导通后，控制极便失去作用，去掉控制极电压，可控硅仍然导通。

（2）可控硅关断的条件

可控硅的关断指的是可控硅的阳极和阴极之间无电流流过，处于断路状态。要想使导通的可控硅关断，必须降低阳极电压到一定值（或去掉阳极电压），使流过可控硅的电流小于维持电流。

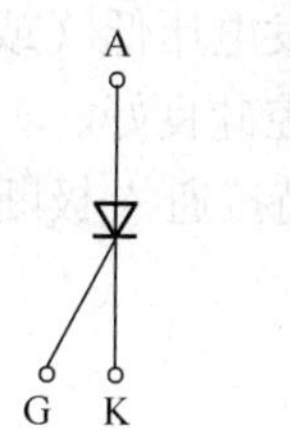

(a) 符号

(b) 97A6

图11-8　单向可控硅

2. 单向可控硅的主要参数

单向可控硅的主要参数如表11-8所示。

表11-8　单向可控硅的主要参数

参数名称	含　义
额定正向平均电流	在规定环境温度和散热条件下，允许通过阳极和阴极之间的电流平均值
维持电流	在规定环境温度、控制极断开的条件下，保持可控硅处于导通状态所需要的最小正向电流。一般为几毫安到几十毫安不等
控制极触发电压和电流	在规定环境温度及一定正向电压条件下，使可控硅从关断到导通，控制极所需的最小电压和电流。小功率可控硅约1V，触发电流零点几到几毫安，中功率以上的可控硅触发电压约为几伏或几十伏，电流为几十毫安到几百毫安
正向阻断峰值电压	在控制极开路和可控硅正向阻断的条件下，可以重复加在可控硅两端的正向峰值电压，使用时，正向电压若超过此值，可控硅即使不加触发电压也能从正向阻断转向导通
反向阻断峰值电压	控制极断开时，可以重复加在可控硅上的反向峰值电压。通常正、反向峰值电压是相等的，统称为峰值电压。使用时，所加电压若超过此值，可控硅便反向导通

声光控所用的97A6的参数为：额定正向平均电流为0.8A；维持电流为0.5mA左右；控制极触发电流为10～30mA；峰值电压为400V。

3. 单向可控硅的简易测量

（1）单向可控硅的管脚判别

先任意测量两个极，若正、反向测量指针均不动（R×1挡），可能是A、K或G、A极。若其中有一次测量指示为几十至几百欧，则红笔所接为K极，黑笔接的为G极，剩下的电极即为A极。

（2）单向可控硅性能检测

将旋钮拨至R×1挡，对于小功率单向可控硅，红笔接K极，黑笔同时接通G、A极，在保持黑笔不脱离A极状态下断开G极，指针应指示几十欧至一百欧，此时可控硅已被触发，且触发电压低（或触发电流小）。然后瞬时断开 A 极再接通，指针应退回“∞”位置，则表明可控硅良好。

若保持接通 A 极断开 G 极，指针立即退回“∞”位置，则说明可控硅触发电流太大或已损坏。

项目学习评价

一、思考题

（1）简述声光控开关的工作原理。

（2）声光控开关导通时间由哪些因素决定？

（3）将声光控改为声控（或光控），电路将如何改造？

（4）单向可控硅导通的条件有哪些？控制极起什么作用？

二、技能训练

分组进行技能训练，将实训学生根据不同情况分成若干小组。

（1）主要元器件的检测，包括光敏电阻、话筒、三极管和可控硅，注意三极管和可控硅的区分。

（2）按照项目基本功的要求进行声光控延时开关的制作，最后根据制作工艺、制作效果进行综合评定。

三、项目评价评分表

1. 个人知识和技能评价表

班级：__________ 姓名：__________ 成绩：__________

评价方面	评价内容及要求	分值	自我评价	小组评价	教师评价	得分
项目知识内容	① 了解与非门的工作原理	5				
	② 了解单向可控硅的导通条件、关断条件	5				
	③ 理解单向可控硅的参数	10				
项目技能内容	① 能识读声光控延时开关的原理图	10				
	② 能检测光敏电阻、驻极话筒、单向可控硅和阻容元件	10				
	③ 按工艺制作声光控延时开关	20				
	④ 能检测、维修声光控延时开关	30				
安全文明生产和职业素质培养	① 安全用电，规范操作	5				
	② 文明操作，不迟到早退，操作工位卫生良好，按时按要求完成实训任务	5				

2. 小组学习活动评价表

班级：＿＿＿＿＿＿　小组编号：＿＿＿＿＿＿　成绩：＿＿＿＿＿

评价项目	评价内容及评价分值			自评	互评	教师点评
分工合作	优秀（12～15分）	良好（9～11分）	继续努力（9分以下）			
	小组成员分工明确，任务分配合理，有小组分工职责明细表	小组成员分工较明确，任务分配较合理，有小组分工职责明细表	小组成员分工不明确，任务分配不合理，无小组分工职责明细表			
获取与项目有关质量、市场、环保等内容的信息	优秀（12～15分）	良好（9～11分）	继续努力（9分以下）			
	能使用适当的搜索引擎从网络等多种渠道获取信息，并合理地选择、使用信息	能从网络获取信息，并较合理地选择、使用信息	能从网络或其他渠道获取信息，但信息选择不正确，信息使用不恰当			
实操技能操作	优秀（24～30分）	良好（18～23分）	继续努力（18分以下）			
	能按技能目标要求规范完成每项实操任务，能准确说明每步操作要领	能按技能目标要求规范完成每项实操任务，但对操作要领不够清晰	能按技能目标要求完成每项实操任务，但操作存在问题，要领掌握不够			
基本知识分析讨论	优秀（16～20分）	良好（12～15分）	继续努力（12分以下）			
	讨论热烈、各抒己见，概念准确、原理思路清晰、理解透彻，逻辑性强，并有自己的见解	讨论没有间断、各抒己见，分析有理有据，思路基本清晰	讨论能够展开，分析有间断，思路不清晰，理解不透彻			
成果展示	优秀（16～20分）	良好（12～15分）	继续努力（12分以下）			
	能很好地理解项目的任务要求，成功展示效果良好，思路清晰	能较好地理解项目的任务要求，成果展示较好，思路不太清晰	基本理解项目的任务要求，成果展示停留在制作声光控延时开关实物展示			
总分						

项目12　数字钟的制作

项目情景创设

数字电子技术是当前电子技术的先锋，目前已渗透到工业、农业、制造业和人们的日常生活中。它是从事电子技术工作的人们应该去学习、去掌握的电子技能基本功。本项目通过数字钟的制作过程来让读者了解、熟悉一些数字集成电路方面的基本知识、使用方法和检测手段。图12-1所示为制作的数字钟。

图12-1　制作的数字钟

项目教学目标

项目教学目标		学时	教学方式
技能目标	① 了解数字钟电路的基本组成 ② 能识读数字钟电路图 ③ 正确识读时基电路、分频器/计数器和译码显示电路 ④ 能对数字钟电路进行检测和简单故障的排除	6课时	教师演示，学生上机操作；分组学习，以小组为单位进行活动 重点：各单元电路的作用、单元电路之间的信号传递教师指导、答疑
知识目标	① 了解数字钟原理 ② 了解数字钟所用集成电路的作用	3课时	教师讲授、自主探究
情感目标	激发学生对电路制作的兴趣，培养信息素养、团队意识	课余时间	网络查询、小组讨论、相互协作

项目任务分析

本项目通过数字钟的制作，主要掌握以下基本技能和基本知识。

（1）能识读数字钟电路图，并掌握其工作原理。

（2）能正确识别和检查数字钟中的元器件。

（3）掌握数字钟的制作过程和工艺。

（4）能对数字钟进行检测和维修。

（5）了解数字钟的工作原理。

（6）了解数字钟集成块的应用。

项目基本功

12.1　项目基本技能

任务1　数字钟电路的识读

1. 数字钟电路原理图的识读

数字钟由几种逻辑功能不同的COMS数字集成电路构成，共使用了10片数字集成电路，在原理图中它们分别用U_1 ~ U_{10}表示。另外还包含一个集成稳压电路，用U_{11}表示，数字钟电路原理图如图12-2所示。

数字钟工作原理方框图如图12-3所示，它由秒信号发生器（时基电路）、小时—分钟计数器及译码驱动显示电路3部分组成，其基本工作过程是：时基电路产生精确周期的脉冲信号，经过分频器分频作用给后面的计数器输送1Hz的秒信号，最后由计数器及驱动显示单元按位驱动数码管显示时间。

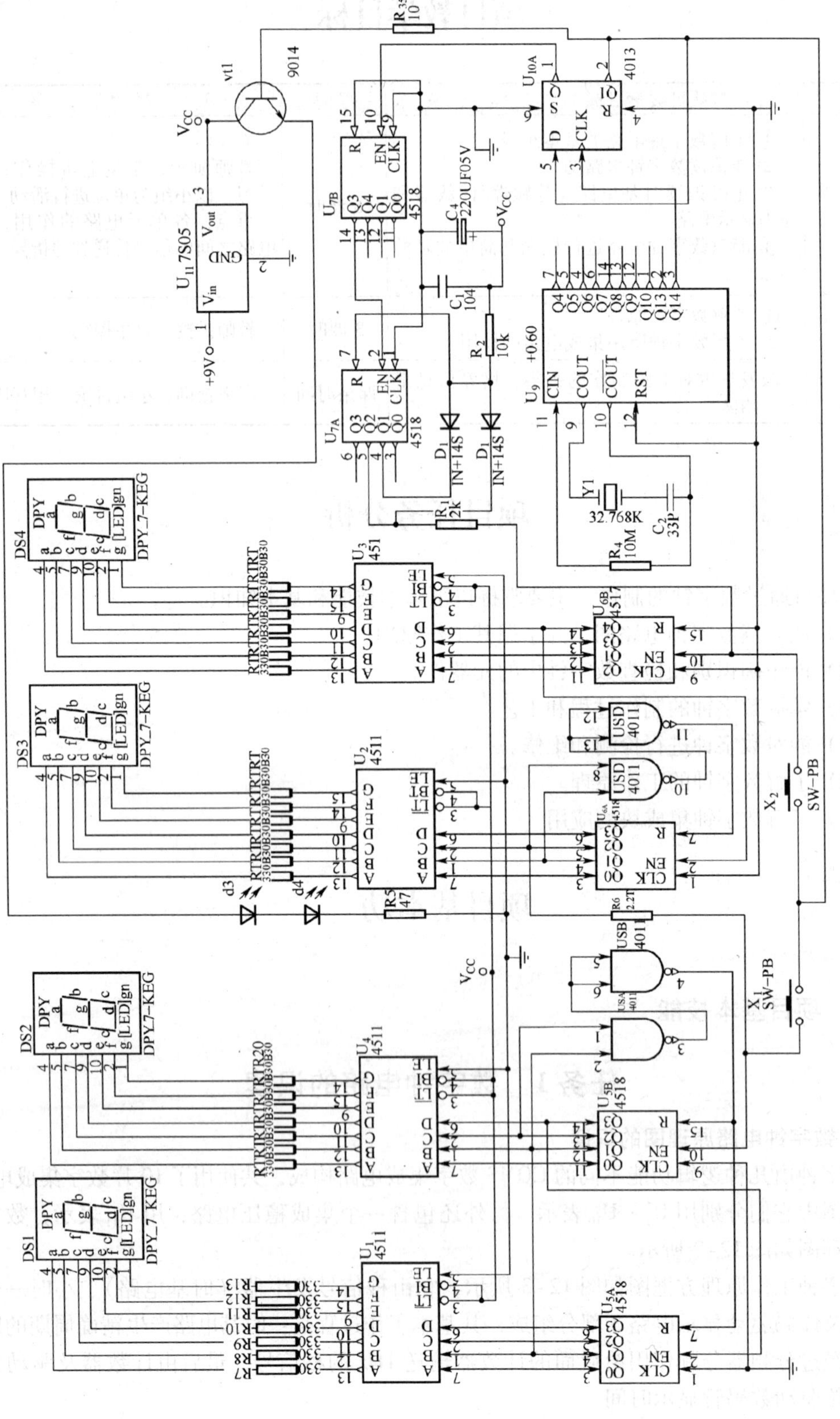

图 12-2　数字钟电路原理图

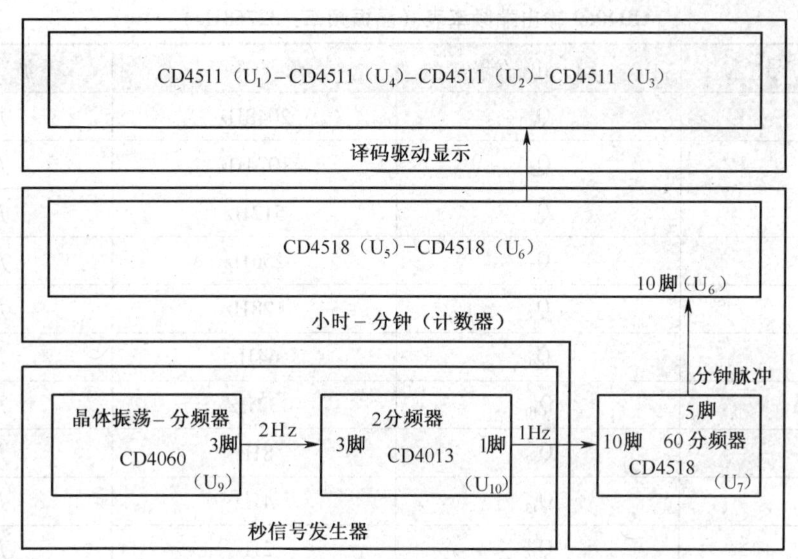

图 12-3 数字钟工作原理方框图

2. 数字钟组成部分简介

为了便于理解和实验操作，现将数字钟的 3 个部分逐一进行介绍。

(1) 信号发生器

① 秒信号发生器

秒信号发生器是数字钟的心脏，是电子钟基准脉冲的来源，它以数字集成电路 CD4060 为核心组成时基电路。时基电路由振荡器和 14 位二进制计数器组成，如图 12-4 所示。引脚 9、10、11 所接元器件为电阻、电容和半导体谐振器，它们构成半导体振荡器。其振荡频率由半导体固有频率所决定，但与半导体串联的外部元器件 C_2 可对振荡频率产生较小的影响，因此，改变电容器 C_2 的数值可精确校准振荡频率。

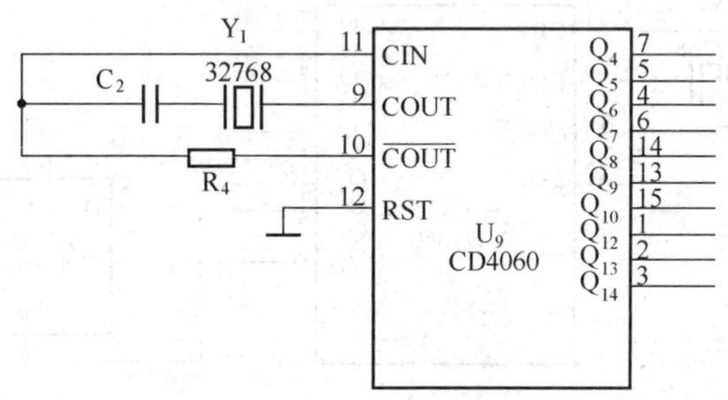

图 12-4 时基电路

秒信号发生器的工作过程为：振荡器产生脉冲信号，脉冲信号经 CD4060 内部连接到由 14 个触发器组成的 14 位二进制计数器，先进行串行计数，再在相应的输出端输出不同分频比的信号。

例如，频率为 32 768Hz 的半导体，分频系数为 16 ~ 16384，则从 Q_{14} 端（CD4060 的 3 脚）输出的脉冲信号频率为 32768/16384 = 2Hz。

以频率为 32 768Hz 的半导体与 CD4060 构成的秒信号发生器为例，CD4060 引脚输出端 Q_4 ~ Q_{14} 对应的输出脉冲频率如表 12-1 所示。

表 12-1　　CD4060 输出端频率表（晶振频率：32768Hz）

管脚号	输出端	频率	波形
7	Q_4	2048Hz	方波
5	Q_5	1024Hz	方波
4	Q_6	512Hz	方波
6	Q_7	256Hz	方波
14	Q_8	128Hz	方波
13	Q_9	64Hz	方波
15	Q_{10}	32Hz	方波
1	Q_{12}	8Hz	方波
2	Q_{13}	4Hz	方波
3	Q_{14}	2Hz	方波

如图 12-5 所示，电路从 Q_{14}端（CD4060 的第 3 脚）引出时间基准信号，从表 12-1 中可知，该脚输出的信号频率是 2Hz。为了能为下一级电路提供所需的秒信号（1Hz），还需对 2Hz 的频率进行分频，即将 CD4060 的 Q_{14}接至 CD4013 时钟的 CK 端，经过 D 触发器组成的分频器进行 2 分频，最后由 1 脚输出 1Hz 的秒信号。

图 12-5 所示的数字集成电路 U_{2B}是 CD4013 集成电路内部两个 D 触发器中的一个当有脉冲送入 CD4013 的时钟端 CK 时，D 型触发器就能把 D 端的数据传输到输出端。输入端无 CK 信号时，D 端信号对触发器不起作用。如图 12-5 所示，触发器的 D 端连接在 Q 非端，所以每次时钟过后，D 端的数据和 Q 端的数据总是不同，只有在 CK 端有两个时钟脉冲形成时，它才能在 Q 端输出一个完整周期的信号，进而完成 2 分频的过程。

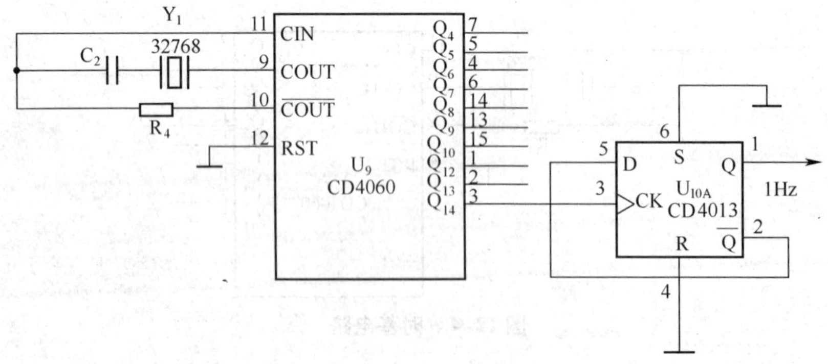

图 12-5　秒信号发生器

② 分钟信号发生器

由于通常只要求数字钟显示小时和分钟，所以送入显示计数器的信号应是分钟脉冲。所以应对 CD4013 输出的秒信号加一级 60 分频的计数器，使其构成分钟信号发生器。分钟信号发生器即 60 秒分频器，它由单片 CD4518 组成，其数字集成电路由两个独立十进制计数器单元构成，如图 12-6 所示。

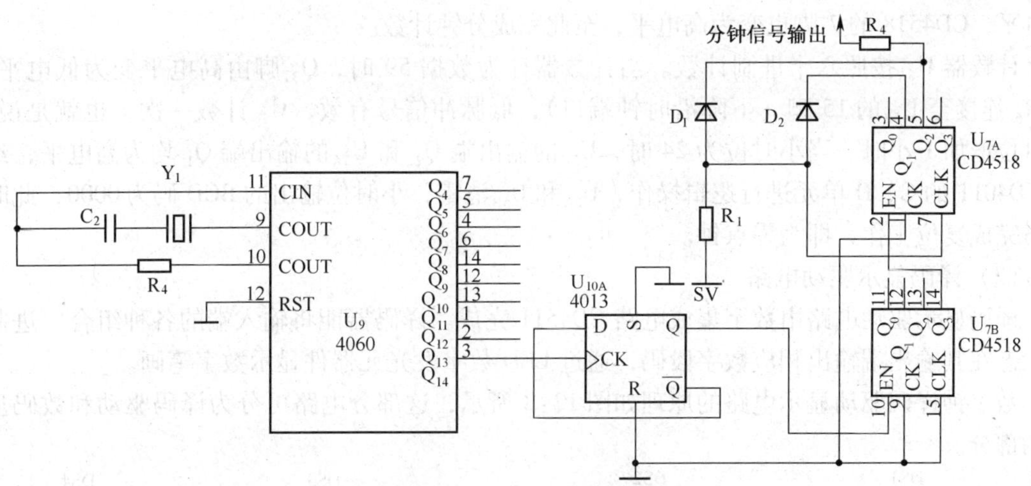

图 12-6　计数器触发电路

由图 12-6 可知，9 脚接低电平，信号由 10 脚接入，7 脚和 15 脚分别为相应单元输出端数据清除控制端。当 15 脚为高电平时，CD4518 中 B 单元所有的 Q 端被强制清零，即复位，此时无论输入端有无信号，输出端 Q_0、Q_1、Q_2、Q_3 的数据均保持低电平；直到 15 脚为低电平时，计数器的控制权才交给信号输入端。

当计数器的数值达到 60 时，U_{7B}（CD4518 – B）输出的二进制数为 0000，U7A（CD4518 – A）输出端的二进制数为 0110，即 Q_3 为 0、Q_2 为 1、Q_1 为 1、Q_0 为 0；由图12-6 可知，Q_2 和 Q_1 分别连接二极管 D_1、D_2，而 D_1、D_2 和电阻 R_3 组合成一个与门电路，当 Q_1、Q_2 为高电平时，该与门电路输出高电平并在 CD4518 – A 的 7 脚设置 1，促使 U_{7A}（CD4518 中的一个计数器单元）复位，即输出端被清零。由于 U7B 是十进制计数，所以只要自动回零就可以完成六十进制的计数分频任务，为下一级提供分钟脉冲信号。

（2）计数器

图 12-7 所示为两个六十进制的计数器。每个计数器由两个集成电路 CD4518 和 CD4011 组成。

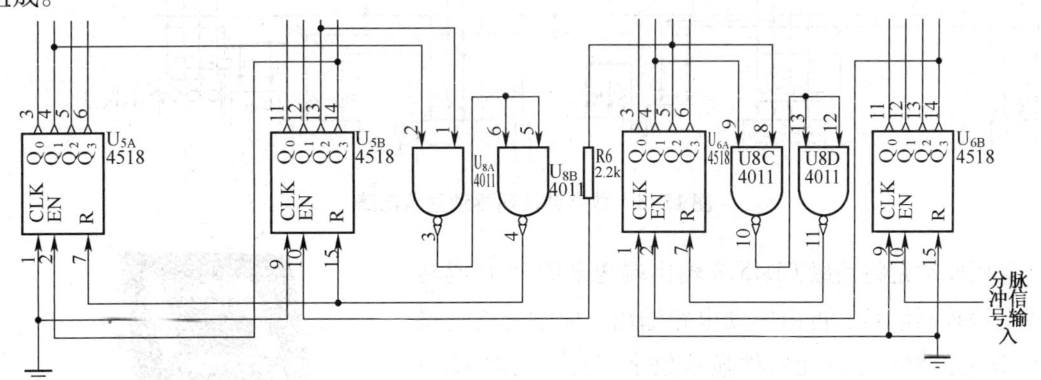

图 12-7　计数器电路

CD4011 是输入与非门电路，其逻辑关系是：只有当两个输入端均为高电平时，输出端才会翻转为低电平，否则，无论输入端处在何种状态，输出端总保持高电平。

两个 CD4518 和一个 CD4011 分别可以完成小时位计数和分钟位计数。当分钟位达到 60 时，Q_2、Q_3 为高电平，经 CD4011 进行逻辑操作，CD4011 的 10 脚输出低电平，11 脚输出高电平，CD4518 的 7 脚也变为高电平，至此完成分钟计数。

计数器 U_{6A}按照六十进制计数。当计数器计为数据 59 时，Q_3 脚由高电平变为低电平，经 R_6 连接至 U_{5B}的 15 脚（下降沿时钟端口），低脉冲信号有效，U_{5B}计数一次，也就是说，小时位增加 1 小时。当小时位为 24 时，U_{5B}的输出端 Q_2 和 U_{5A}的输出端 Q_1 均为高电平，经过 CD4011 的 C、D 单元进行逻辑操作，U_{5A}和 U_{5B}清零，小时位输出的 BCD 码为 0000，此时电路完成复位工作，即为零点钟。

（3）译码显示驱动电路

译码显示驱动电路由数字集成电路 CD4511 完成。译码器能将输入端的各种组合二进制数状态在其输出端输出相应数字段码，通过 LED 数字发光元器件显示数字笔画。

数字钟译码驱动显示电路的原理如图 12-8 所示，这部分电路可分为译码驱动和数码显示两部分。

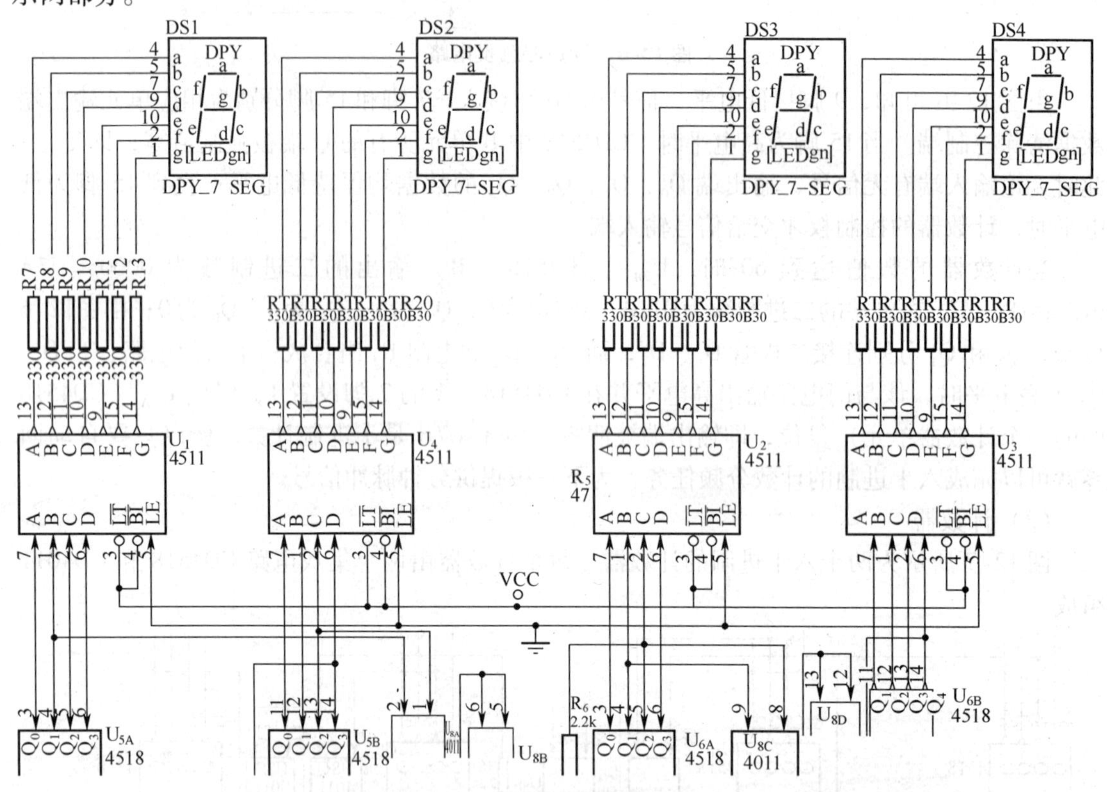

图 12-8　数字钟译码驱动显示电路

译码驱动是将前级 CD4518 输出端送来的 BCD 码转换成七段控制信号，再由驱动电路输出，驱动与之连接的 LED 七段数码显示元器件显示数字字符。从图 12-8 上可以看出，4 支数码管是共阴极数码管。CD4511 的 7 个输出端与数码管之间均接有 330Ω 的电阻，此电阻起限流作用，以保护 CD4511 和数码管运行的安全。

常用的 LED 数码、数位发光显示元器件的实物如图 12-9 所示。

图 12-9　数码发光显示元器件

任务 2　数字钟电路元器件的安装

1. 数字钟的元件识别与检测

数字钟元件较多，但元件种类并不是太多，制作数字钟所选用的元器件如表 12-2 所示。

表 12-2　　数字钟元件清单

元件标号	实物图	元件值
DS1 ~ DS4		数码管
R_1		2k
R_2		10k
R_4		10M
R_5		47
R_6		2.2k
R_7 ~ R_{34}		330
R_{35}		10
D_1 ~ D_2		1N4148
d_3 ~ d_4		发光管
U_1 ~ U_4		4511

续表

元件标号	实物图	元件值
U_5、U_6、U_7		4518
U_8		4011
U_9		4060
U_{10}		4013
U_{11}		7805
VT_1	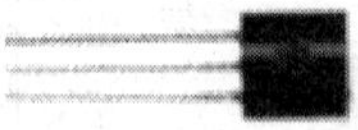	9014
Y_1		32768
C_1		104
C_2	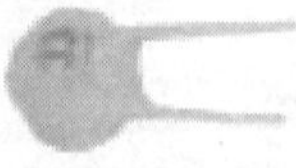	33p
C_4	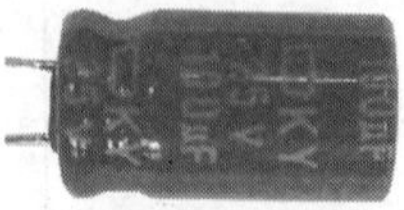	100μ/25V
S_1 ~ S_2		SW－PB

在制作之前，应对所有的元器件进行检测。电阻、电容、二极管、发光器件、按键开关等元器件可用万用表很容易地进行检测，安装前一定要对上述器件进行检测，检测方法见项目 2。但对于 CMOS 数字集成电路来说，建议不要用万用表检测，手也尽量不要接触集成电路的管脚，如果没有专门仪器，待安装完成后可使用在线检测的方法，即将元器件装上电路板，根据组合的逻辑关系测量其相应管脚的状态或电压。所以，使用集成电路插座进行操作，是为了方便更换不合格的元器件。

2. 数字钟的安装、注意事项与调试

（1）数字钟的安装

数字钟的安装图，印制电路板正面图、反面图如图 12-10 所示。

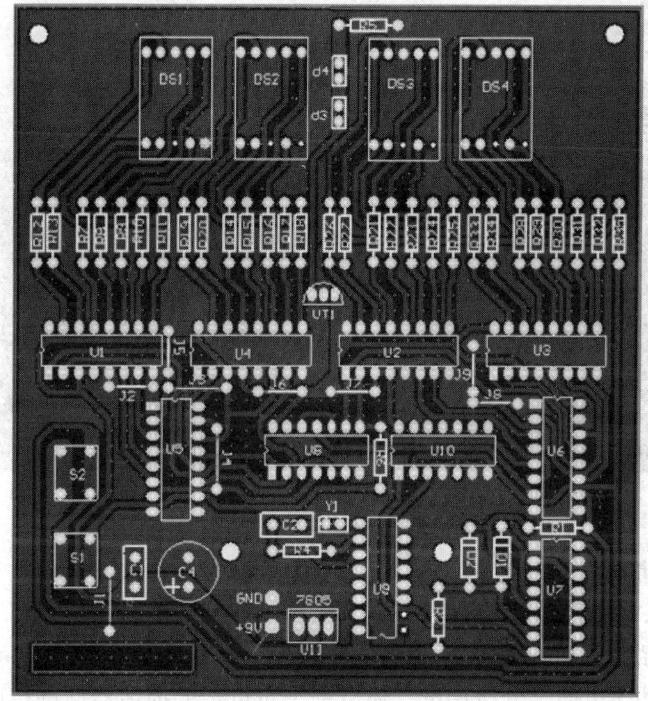

(a) 安装图

(b) 正面图

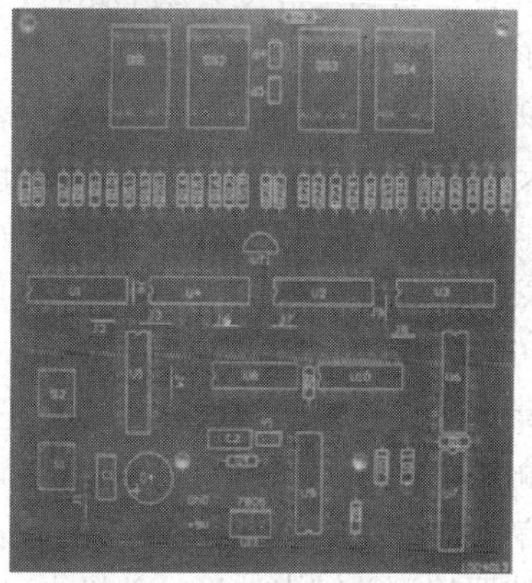

(c) 反面图

图 12-10　数字钟的安装

(2) 安装过程

对照原理图 12-2、元件清单表 12-2 和安装图 12-10，把原件进行分类放置，安装过程如下。

① 检查线路板铜箔是否有断路故障，如果有，及时维修。对照元件清单核准元件数量。

② 根据元器件的插装工艺，将元件插入相应位置。

③ 根据焊接工艺，将元件进行焊接。

④ 将短路线（可用电阻管脚代替）装入线路板，进行焊接。

⑤ 将电源引线按工艺要求进行处理，并焊接。

⑥ 检查元器件管脚、短路线、电源引线等管脚是否安装完毕、焊点质量是否符合要求，检查无误后，说明安装完毕。

安装完毕的线路板如图 12-11 所示。

元件面

焊接面

图 12-11 安装完毕的线路板

(3) 安装注意事项

① 插装元件时，注意集成电路的安装方向。

② 安装集成电路时，一般都使用集成电路插座。使用集成电路插座可防止在装配、焊接过程中损坏元器件，也便于分段调试，还有利于对可疑的损坏器件进行更换。

③ 焊接元件，特别是焊接集成电路时，最好使用防静电烙铁。

(4) 电子钟的调试

① 数字钟供电电路检测。将 47 型万用表拨至 R×1k 挡，万用表的黑表笔接电路板电路的正极，红表笔接地（负极），在测试接入的瞬间，可以看到表针突然向右摆动，而后转入缓慢回落过程，且在电阻值为 200～500kΩ 的范围内稳定下来，说明电路板可以供电。在测量过程中，表针摆动的现象是由电路板上电解电容器的充放电造成的。数字钟的供电电压应在 5～9V，一般使用 6V 直流稳压电源供电，以使电流小于 60mA。

② 数字集成电路检测。通过万用表、逻辑笔或示波器等设备，检测数字逻辑集成电路各输入端和输出端的电位，译码、驱动集成电路 CD4511 输出端的电位。当数字集成电路各脚电位随着信号的有无或脉冲数量的变化而改变时，说明数字集成电路正常工作。

③ 用示波器检测关键点波形，关键点可参考图 12-3。

一般在连接和调试之前一定要熟悉数字钟的电路原理及信号流程结构，这对制作和调试工作有极大的帮助。

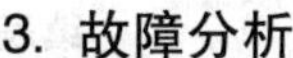

3. 故障分析

当总装完成之后通电，会发现多种原因都可能促使所制作的数字钟产生故障，表 12-3 所示的是数字钟常见的故障及对其进行的分析和处理（数据测定均在供电电压为 6V 的条件下进行）。

数字钟电路故障比较单一，多为焊接质量引起的故障或集成电路损坏，可用示波器按信号流程进行逐级测量。如果没有正常的波形输出，焊接质量没有问题，一般更换集成电路可以解决问题；如果没有示波器，用万用表按表 12-3 检查。

表 12-3　　数字钟常见故障明细表

序号	故障现象	故障原因	检查部位	说　明
1	数码管不亮	电源未接通	① 电源回路未接或接触不良 ② CD4511 的 16 脚未接电源正极或 8 脚未接地 ③ 数码管公共端未接地	万用表测量
		译码、驱动集成电路熄灭，“使能端”有效	检查 CD4511 是否错误接地	万用表测量
2	数码管显示数字乱跳	总电源电压低于 3V	检查电路板是否有短路现象，供电电路是否存在故障	万用表测量
3	秒显示位不亮	电阻器 R_7 未接通	检查 R_7 是否损坏或连接线未接通	万用表测量
		三极管 VT_1 被击穿	更换三极管 VT_1	
		电阻器 R_6 连接错误	电阻 R_6 错误接入电源正极	
4	显示位常亮	VT_1 未连入电路	三极管 VT_1 的集电极 C 极有无电压脉冲，正常在 2V 左右	万用表测量
		电阻器 R_6 开路	检查 R_6 的阻值	万用表测量
5	CD4060 的 3 脚无脉冲信号	CD4060 的 12 脚未接地	CD4060 的 12 脚没有接地或虚焊	万用表测量
		晶振损坏	CD4060 的 9、10、11 脚的电压分别是 0V、6V、1V	
6	通电后数字显示始终没有变化	CD4518 的 1、7、9、15 脚悬空或错接	检查 CD4518 的 7、15 脚的电压，如不为 0V，再检查 CD4011 的连线是否接好或 CD4011（U_6）集成电路是否插反	万用表测量
		集成电路插反		

续表

序号	故障现象	故障原因	检查部位	说　明
7	显示的时间明显不准	二极管 D_1、D_2 接反，电阻 R_3 的一端未接电源正极	检查 U_3 的 15 脚的电压是否为 0V	万用表测量
		CD4013 的 11 脚没有正确连接 CD4060 的 3 脚	仔细检查 CD4060 与 CD4013 的连接线	
8	集成电路发热	集成电路插反	观察集成电路引脚对位是否正确	—
9	整机工作正常，但整机电流大于 100mA	电容器 C_3 漏电	更换 C_3	万用表测量

12.2　项目基本知识

知识点 1　数字钟原理

振荡电路一般由石英半导体振荡器来完成。石英半导体振荡器产生频率精确的正弦波信号，它经过脉冲整形、分频，最后获得频率为 1Hz 的脉冲信号，被送到"秒"显示电路中。秒显示器是一个六十进制的加法计数器，它可以以六十进制计数，并显示 0 ~59s 60 个数码（实验数字钟中"秒"没有用数字显示，而是用两个发光二极管闪烁表示）。当数码显示 59 后，再送入一个脉冲信号，"秒"计数复位，同时向"分"送入一个进位脉冲。"分"电路的工作过程与"秒"相似，计数满 60 就自动复位到零，并向"时"电路送入一个进位脉冲。"时"电路是十二进制计数器加上译码显示器，当它计数满 12 时，自动复位到零。数字钟的原理方框图如图 12-12 所示。

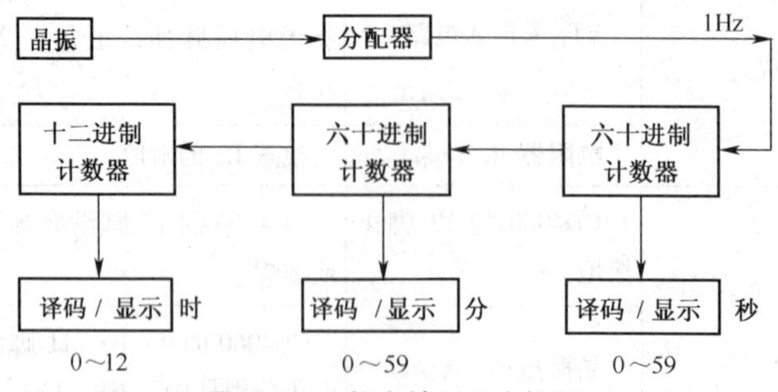

图 12-12　数字钟原理方框图

知识点 2　数字钟集成电路简介

1. CD4060

CD4060 由一振荡器和 14 级二进制串行计数器组成，振荡器的结构可以是 RC 电路或晶振电路。所有的计数器均为主从触发器。在 CP1（和 CP0）的下降沿计数器以二进制进行计数（本例中作分频用）。图 12-13 所示为 CD4060 功能引脚图。

2. CD4013

CD4013 集成电路内部包含两个 D 触发器，如图 12-14 所示。每个 D 触发器的逻辑关系如表 12-4 所示。当有脉冲送入 CD4013 的时钟端 CK 时，D 型触发器就能把 D 端的数据传输到输出端。输入端无 CK 信号时，D 端信号对触发器不起作用。表中的“↑”表示信号为上升沿，“↓”为下降沿，“0”和“1”分别表示低电平和高电平。由真值表可知，如果 D 为高电平 1，当 CP 有上升信号时，D 端的数据就被转移至 Q 端。在数字电路中，一般用字母“Q”来表示输出端口，而 D 触发器的 Q 非端总是与 Q 端反向。

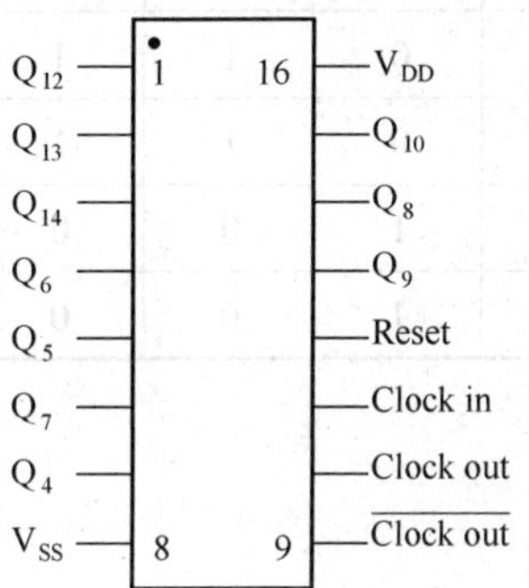

图 12-13　CD4060 功能引脚图

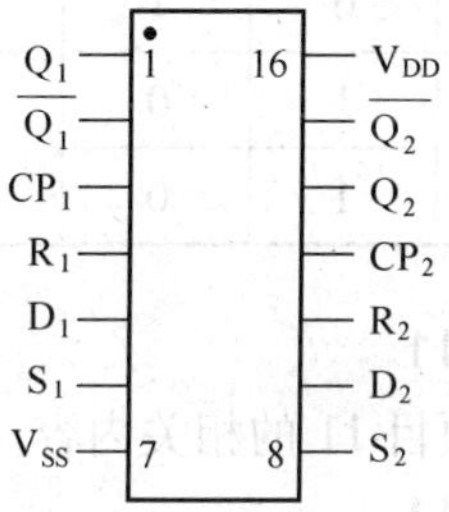

图 12-14　CD4013 引脚图

表 12-4　CD4013 真值表

CP	D	R	S	Q	$\overline{Q}$
↑	0	0	0	0	1
↑	1	0	0	1	0
↓	任意	0	0	Q	$\overline{Q}$
任意	任意	1	0	0	1
任意	任意	0	1	1	0
任意	任意	1	1	1	1

3. CD4518

CD4518 为双十进制计数器，集成电路引脚如图 12-15 所示。7 脚为十进制计数器 A 的控制端，当 7 脚电平为高电平时，CD4518 中 A 单元所有的 Q 端被强制清零，即复位，此时无论输入端有无信号，输出端 Q_0、Q_1、Q_2、Q_3 的数据均保持低电平；直到 7 脚为低电平时，计数器的控制权才交给信号输入端。CD4518 输出端状态如表 12-5 所示。

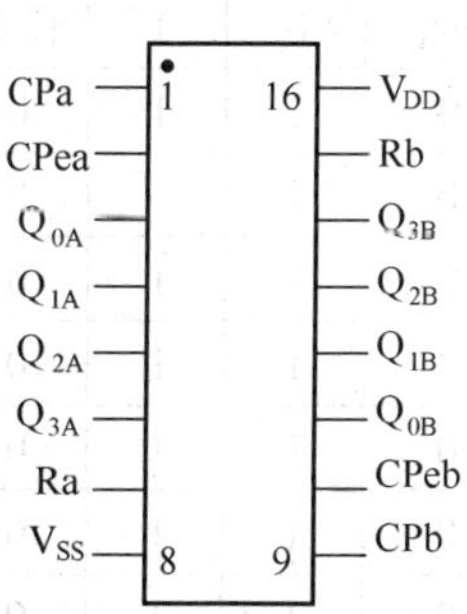

图 12-15　CD4518 引脚图

表 12-5　　　　　　　　**CD4518 输出状态表**

	CD4518-A						CD4518-B				
	CP	Q_1	Q_2	Q_3	Q_4		CP	Q_1	Q_2	Q_3	Q_4
输出数据	0	0	0	0	0	输出数据	0	0	0	0	0
	1	0	0	0	1		1	0	0	0	1
	2	0	0	1	0		2	0	0	1	0
	3	0	0	1	1		3	0	0	1	1
	4	0	1	0	0		4	0	1	0	0
	5	0	1	0	1		5	0	1	0	1
	6	0	1	1	0		6	0	1	1	0
	7	0	1	1	1		7	0	1	1	1
	8	1	0	0	0		8	1	0	0	0
	9	1	0	0	1		9	1	0	0	1

4. CD4011

请参阅项目 11 的相关内容。

5. CD4511

CD4511 的内部有上拉电阻，可直接与七段数码管接口相连，或者通过限流电阻与七段数码管接口相连。

CD4511 是一个用于驱动共阴极 LED（数码管）显示器的 BCD 码—七段码译码器，特点：具有 BCD 转换、消隐和锁存控制、七段译码及驱动功能的 CMOS 电路能提供较大的驱动电流。可直接驱动 LED 显示器。CD4511 真值表如表 12-6 所示。

CD4511 有 4 个输入端口（分别用 A、B、C、D 表示）、7 个输出端口（分别由 Q_a、Q_b、Q_c、Q_d、Q_e、Q_f、Q_g 表示）和 3 个使能端，如图 12-16 所示。

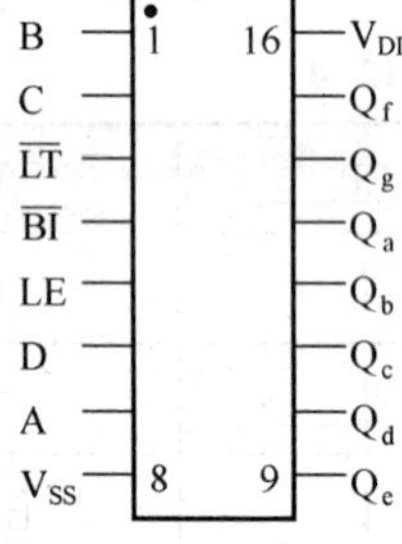

图 12-16　CD4511 引脚图

表 12-6　　　　　　　　**CD4511 真值表**

LE	BI	LT	D	C	B	A	Q_a	Q_b	Q_c	Q_d	Q_e	Q_f	Q_g	显示
任意	任意	0	任意	任意	任意	任意	1	1	1	1	1	1	1	8
任意	0	1	任意	任意	任意	任意	0	0	0	0	0	0	0	熄灭
0	1	1	0	0	0	0	1	1	1	1	1	1	0	0
0	1	1	0	0	0	1	0	1	1	0	0	0	0	1
0	1	1	0	0	1	0	1	1	0	1	1	0	1	2
0	1	1	0	0	1	1	1	1	1	1	0	0	1	3
0	1	1	0	1	0	0	0	1	1	0	0	1	1	4
0	1	1	0	1	0	1	1	0	1	1	0	1	1	5
0	1	1	0	1	1	0	0	0	1	1	1	1	1	6
0	1	1	0	1	1	1	1	1	1	0	0	0	0	7

续表

LE	BI	LT	D	C	B	A	Q_a	Q_b	Q_c	Q_d	Q_e	Q_f	Q_g	显示
0	1	1	1	0	0	0	1	1	1	1	1	1	1	8
0	1	1	1	0	0	1	1	1	1	0	0	1	1	9
0	1	1	1	0	1	0	0	0	0	0	0	0	0	熄灭
0	1	1	1	0	1	1	0	0	0	0	0	0	0	熄灭
0	1	1	1	1	0	0	0	0	0	0	0	0	0	熄灭
0	1	1	1	1	0	1	0	0	0	0	0	0	0	熄灭
0	1	1	1	1	1	0	0	0	0	0	0	0	0	熄灭
0	1	1	1	1	1	1	0	0	0	0	0	0	0	熄灭
1	1	1	任意	任意	任意	任意	锁存							锁存

CD4511使能端的作用如下。

BI：4脚是消隐输入控制端，当BI=0时，不管其他输入端状态是怎么样的，七段数码管都会处于消隐也就是不显示的状态。

LE：锁定控制端，当LE=0时，允许译码输出。LE=1时译码器是锁定保持状态，译码器输出被保持在LE=0时的数值。

LT：3脚是测试信号的输入端，当BI=1，LT=0时，译码输出全为1，不管输入ABCD状态如何，七段均发亮，全部显示。它主要用来检测7段数码管是否有物理损坏。

同学们可以通过网络了解上述集成电路的应用，并了解所涉及的名称的含义，如CD4511中提到的“BCD转换”、“锁存控制”、“七段译码”等。

项目学习评价

一、思考题

（1）数字钟电路共有几个单元电路，各起什么作用？

（2）秒脉冲是如何得到的？U9外接晶振32.768k的晶振频率相差较大会产生什么后果？

（3）分脉冲如何得到？

（4）集成电路4511起什么作用？

（5）试简述数字钟原理。

二、技能训练

分组进行技能训练，将实训学生根据不同情况分成若干小组。

（1）按照项目基本功的要求进行数字钟的制作。根据最后制作工艺、制作效果进行综合评定。

（2）在图12-1所示的电路中，设有两个开关，在总装完成后加入这两个开关，试试分别按动它们会有什么发现？

（3）如果将 CD4518 的 7 脚悬空，会出现什么现象？

（4）如果将 CD4511 的 5 脚悬空，对应的数字位会处于什么状态，该状态能否影响计时精度？

三、项目评价评分表

1. 个人知识和技能评价表

班级：＿＿＿＿＿＿＿ 姓名：＿＿＿＿＿＿＿ 成绩：＿＿＿＿＿

评价方面	评价内容及要求	分值	自我评价	小组评价	教师评价	得分
项目知识内容	① 了解数字钟原理	10				
	② 掌握数字钟所用集成电路的作用和管脚作用	20				
项目技能内容	① 能识读数字钟原理图	10				
	② 掌握数字钟各单元之间的信号传递	10				
	③ 能按工艺正确制作数字钟	25				
	④ 能对数字钟进行检测和故障排除	15				
安全文明生产和职业素质培养	① 安全用电，规范操作	5				
	② 文明操作，不迟到早退，操作工位卫生良好，按时按要求完成实训任务	5				

2. 小组学习活动评价表

班级：＿＿＿＿＿＿＿ 小组编号：＿＿＿＿＿＿＿ 成绩：＿＿＿＿＿

评价项目	评价内容及评价分值			自评	互评	教师点评
分工合作	优秀（12 ~ 15 分）	良好（9 ~ 11 分）	继续努力（9 分以下）			
	小组成员分工明确，任务分配合理，有小组分工职责明细表	小组成员分工较明确，任务分配较合理，有小组分工职责明细表	小组成员分工不明确，任务分配不合理，无小组分工职责明细表			
获取与项目有关质量、市场、环保等内容的信息	优秀（12 ~ 15 分）	良好（9 ~ 11 分）	继续努力（9 分以下）			
	能使用适当的搜索引擎从网络等多种渠道获取信息，并合理地选择、使用信息	能从网络获取信息，并较合理地选择、使用信息	能从网络或其他渠道获取信息，但信息选择不正确，信息使用不恰当			

续表

评价项目	评价内容及评价分值			自评	互评	教师点评
实操技能操作	优秀（24 ~ 30 分）	良好（18 ~ 23 分）	继续努力（18 分以下）			
	能按技能目标要求规范完成每项实操任务，能准确说明每步操作要领	能按技能目标要求规范完成每项实操任务，但对操作要领不够清晰	能按技能目标要求完成每项实操任务，但操作存在问题，要领掌握不够			
基本知识分析讨论	优秀（16 ~ 20 分）	良好（12 ~ 15 分）	继续努力（12 分以下）			
	讨论热烈、各抒己见，概念准确、原理思路清晰、理解透彻，逻辑性强，并有自己的见解	讨论没有间断、各抒己见，分析有理有据，思路基本清晰	讨论能够展开，分析有间断，思路不清晰，理解不透彻			
成果展示	优秀（16 ~ 20 分）	良好（12 ~ 15 分）	继续努力（12 分以下）			
	能很好地理解项目的任务要求，成功展示效果良好，思路清晰	能较好地理解项目的任务要求，成果展示较好，思路不太清晰	基本理解项目的任务要求，成果展示停留在制作数字钟实物展示			
总分						

续表

书　　名	书　　号	定　　价
中职项目教学系列规划教材		
机械基础	978-7-115-24459	21.00元
电工电子技术基本功	978-7-115-23709	24.00元
数控车床编程与操作基本功	978-7-115-20589	23.00元
数控铣削加工技术基本功	978-7-115-23735	24.00元
气焊与电焊基本功	978-7-115-24105	20.00元
车工技术基本功	978-7-115-23957	29.00元
CAD/CAM软件应用技术基础——CAXA数控车2008	978-7-115-24106	25.00元
电动机与控制技术基本功	978-7-115-24739	18.00元
钳工技术基本功	978-7-115-24101	26.00元
数控编程	978-7-115-24331	26.00元
气动与液压技术基本功	978-7-115-25156	26.00元
铣工基本功	978-7-115-25315	21.00元
PLC控制技术基本功	978-7-115-25440	15.00元
电路数学（第2版）	978-7-115-24761	22.00元
电子技术基本功	978-7-115-20996	24.00元
电工技术基本功	978-7-115-20879	21.00元
单片机应用技术基本功	978-7-115-20591	19.00元
电热电动器具维修技术基本功	978-7-115-20852	19.00元
电子线路CAD基本功	978-7-115-20813	26.00元
彩色电视机维修技术基本功	978-7-115-21640	23.00元
手机维修技术基本功	978-7-115-21702	19.00元
制冷设备维修技术基本功	978-7-115-21729	24.00元
变频器与PLC应用技术基本功	978-7-115-23140	19.00元
电子电器产品市场与经营基本功	978-7-115-23795	17.00元
电动机维修技术基本功	978-7-115-23781	23.00元
机械常识与钳工技术基本功	978-7-115-23193	25.00元
中职示范校建设课改系列规划教材		
模拟电子技术（第2版）	978-7-115-25661	24.00元
手机原理与维修实训（第2版）	978-7-115-26204	25.00元
新编电工实训基本功	978-7-115-26386	21.00元
新编电子实训基本功	978-7-115-26474	26.00元
车工技能实训（第2版）	978-7-115-25929	29.00元
电工电子技术基础（第2版）	978-7-115-26203	25.00元

世纪英才·中职教材目录（机械、电子类）

书　　名	书　　号	定　　价
模块式技能实训·中职系列教材（电工电子类）		
电工基本理论	978-7-115-15078	15.00 元
电工电子元器件基础（第 2 版）	978-7-115-20881	20.00 元
电工实训基本功	978-7-115-15006	16.50 元
电子实训基本功	978-7-115-15066	17.00 元
电子元器件的识别与检测	978-7-115-15071	21.00 元
模拟电子技术	978-7-115-14932	19.00 元
电路数学	978-7-115-14755	16.50 元
复印机维修技能实训	978-7-115-16611	21.00 元
脉冲与数字电子技术	978-7-115-17236	19.00 元
家用电动电热器具原理与维修实训	978-7-115-17882	18.00 元
彩色电视机原理与维修实训	978-7-115-17687	22.00 元
手机原理与维修实训	978-7-115-18305	21.00 元
制冷设备原理与维修实训	978-7-115-18304	22.00 元
电子电器产品营销实务	978-7-115-18906	22.00 元
电气测量仪表使用实训	978-7-115-18916	21.00 元
单片机基础知识与技能实训	978-7-115-19424	17.00 元
传感器应用技能实训	978-7-115-23058	21.00 元
模块式技能实训·中职系列教材（机电类）		
电工电子技术基础	978-7-115-16768	22.00 元
可编程控制器应用基础（第 2 版）	978-7-115-22187	23.00 元
数学	978-7-115-16163	20.00 元
机械制图	978-7-115-16583	24.00 元
机械制图习题集	978-7-115-16582	17.00 元
AutoCAD 实用教程（第 2 版）	978-7-115-20729	25.00 元
车工技能实训	978-7-115-16799	20.00 元
数控车床加工技能实训	978-7-115-16283	23.00 元
钳工技能实训	978-7-115-19320	17.00 元
电力拖动与控制技能实训	978-7-115-19123	25.00 元
低压电器及 PLC 技术	978-7-115-19647	22.00 元
S7-200 系列 PLC 应用基础	978-7-115-20855	22.00 元